职业教育·城市轨道交通类专业教材

Anquan　Yongdian
安 全 用 电

郭艳红　许云雅　主　编
王　彭　徐绍桐　副主编

人民交通出版社股份有限公司
China Communications Press Co.,Ltd.

内 容 提 要

本书是职业教育·城市轨道交通类专业教材之一。安全用电作为一般知识,应该为一切用电人员所了解;作为一门专业技术,应该为全体电气工作人员所掌握;作为一项管理制度,应引起有关部门、单位和个人的重视并遵照执行。本书主要内容包括触电及触电救护、安全防护技术、电气设备安全知识、电气设备防火防爆、电力系统安全用具、高压电气设备绝缘测量与试验、电力系统过电压及保护。

本书可作为职业院校电气相关专业学生的教材,也可作为电气工作人员参考学习。

图书在版编目(CIP)数据

安全用电/郭艳红,许云雅主编.—北京:人民
交通出版社股份有限公司,2019.8
ISBN 978-7-114-15411-9

Ⅰ.①安… Ⅱ.①郭… ②许… Ⅲ.①安全用电—职业教育—教材 Ⅳ.①TM92

中国版本图书馆 CIP 数据核字(2019)第 054167 号

职业教育·城市轨道交通类专业教材

书 名:**安全用电**
著 作 者:**郭艳红 许云雅**
责任编辑:**司昌静**
责任校对:**张 贺 宋佳时**
责任印制:**张 凯**
出版发行:**人民交通出版社股份有限公司**
地 址:(100011)北京市朝阳区安定门外外馆斜街 3 号
网 址:http://www.ccpress.com.cn
销售电话:(010)59757973
总 经 销:人民交通出版社股份有限公司发行部
经 销:各地新华书店
印 刷:北京武英文博科技有限公司
开 本:787×1092 1/16
印 张:13
字 数:303 千
版 次:2019 年 8 月 第 1 版
印 次:2023 年 5 月 第 5 次印刷
书 号:ISBN 978-7-114-15411-9
定 价:39.00 元
(有印刷、装订质量问题的图书由本公司负责调换)

　　电力是国家建设和人民生活的重要物质基础。随着我国改革开放的不断深化,电力事业发展迅猛,如今我国成为世界前列的电力大国。遍布城乡的电力网为祖国繁荣昌盛及现代化建设提供源源不断的动力,为国民经济的腾飞打下坚实的基础。如今,各种用电设备及家用电器遍及工业生产及日常生活,电能已成为应用最为广泛的能源。

　　电在造福人类的同时,对人身安全及设备安全也构成很大的潜在危险。如果对安全用电认识不足,如电气设备的安装、维修、操作不当,均可能造成触电事故、线路设备事故或遭受雷击、静电危害、电磁场危害,甚至引起电气火灾和爆炸等事故。全世界每年死于电气事故的人数约占全部事故死亡人数的25%,电气火灾占火灾总数的14%以上。因此,安全用电是衡量一个国家用电水平的重要标志之一。经济发达地区大约每耗电20亿 kW·h,即会触电死亡一人;落后地区大约每耗电1亿 kW·h,即会触电死亡一人。据统计,全国触电死亡总人数中,工业和城市居民仅占15%,而农村占85%;高压触电死亡人数约占12.5%,低压触电死亡人数约占87.5%。

　　我国政府对于安全用电工作十分重视,为了完善供用电制度,加强电力安全技术管理,由国家及有关部委颁布的劳动保护法规、规程及标准达300多种。这对保障电气安全、减少电气事故起到了积极的作用,也为电气管理工作逐步走向科学化、规范化、现代化奠定了良好的基础。

　　安全用电作为一般知识,应该为一切用电人员所了解;作为一门专业技术,应该为全体电气工作人员所掌握;作为一项管理制度,应引起有关部门、单位和个人的重视并遵照执行。

　　本书由辽宁铁道职业技术学院郭艳红、徐绍桐,北京铁路电气化学校许云雅、王彭共同编写完成。其中第五、六单元、第七单元由辽宁铁道职业技术学院郭艳红编写,第一单元、第五章由辽宁铁道职业技术学院徐绍桐编写,第三、四单元由北京铁路电气化学校许云雅编写,第二单元由北京铁路电气化学校王彭编写。

职业院校电气相关专业学生,应通过对安全用电课程的学习,掌握触电急救法,熟悉安全防护技术,掌握电气设备安全技术,熟悉安全用具的使用、保管及检查方法。同时,还应掌握安全作业的具体要求及措施,树立"安全第一,预防为主"的思想和作风。

由于用电安全涉及多个学科,加之作者水平有限,书中错漏之处在所难免,敬请广大读者批评指正。

作 者

2019 年 4 月

目录
MULU

单元 1　触电及触电救护

 单元提示

　　本单元主要介绍在生产和生活中如果不注意用电安全会带来怎样的后果。例如,各种人身触电事故,设备漏电产生的电火花可能酿成的火灾、爆炸,高频用电设备产生的电磁污染等。此外,本单元还介绍了各种触电方式以及触电事故的规律、预防和触电急救措施。

单元 1.1　电流对人体的伤害

　　学习目标

　　1. 了解触电的概念及触电对人体有哪些伤害;
　　2. 了解触电伤害的影响因素;
　　3. 掌握安全电压的概念。

　　学习内容

　　电能是一种方便的能源,它的广泛应用促成了人类近代史上的第二次科技革命,有力推动了人们社会的发展,给人类创造了巨大的财富,改善了人们的生活。但如果不注意用电安全,电能也会给人体带来伤害。

一、触电

　　所谓触电就是当发生人体触及带电体、带电体与人体之间闪击放电或电弧波及人体这三种情况之一时,电流通过人体与大地或其他导体形成闭合回路,致使电流形式的能量通过人体,对人体产生各种生理和病理伤害的过程。这种伤害是多方面的,总体上可分为电击和电伤两类。

1. 电击

　　电击是由于电流通过人体而造成的内部器官在生理上的反应和病变,如刺痛、灼热感、疼挛、昏迷、心室颤动或停跳、呼吸困难或停止等现象。电击是触电事故中最危险的一种,大多数(大约80%以上)触电死亡事故都是电击造成的。电击事故发生时,由于电压大,致命电流较小,伤害主要作用于人体内部,在人体外表没有显著的痕迹。

1

2. 电伤

电伤是指由于电流的热效应、化学效应或机械效应，对人体外表造成的伤害，常常与电击同时发生。最常见的有以下 5 种。

1）电灼伤

电灼伤分为接触灼伤和电弧灼伤。

接触灼伤一般发生在低压设备或低压线路上，是人体与带电体接触，电流通过人体皮肤由电能转化为热能造成的灼伤。

电弧灼伤一般发生在误操作或过分接近感应带电体而产生弧光放电造成的伤害。当其产生电弧放电时，有电流通过人体对皮肤造成烧伤，或者高温电弧发生在人体附近，像火焰一样把皮肤烧伤，包括融化的金属液体飞溅造成的烫伤。

由于电弧温度很高，可造成大面积、深度的烧伤，甚至烧焦、烧掉人体组织。与电击不同的是，电弧灼伤都会在人体表面留下明显痕迹，而且电流也很大。

2）电烙印

电烙印发生在人体与带电体有良好接触的情况下，此时，在皮肤表面将留下与被接触带电体形状相似的永久性斑痕。电烙印有时在触电后并不马上出现，而是相隔一段时间后才出现。电烙印一般不发炎或化脓，但往往造成瘢痕处皮肤失去原有弹性、光泽，表皮坏死，失去知觉。

3）皮肤金属化

由于电弧的温度极高（电弧中心温度可达 8000℃ 以上），可使周围的金属熔化、蒸发并飞溅到皮肤表面，令皮肤表面变得粗糙坚硬，其色泽与金属种类有关，如：灰黄色（铅）、绿色（紫铜）、蓝绿色（黄铜）等。金属化后的皮肤经过一段时间后会自动脱落，一般不会产生不良后果，但皮肤金属化多与电弧灼伤同时发生。

4）机械性损伤

电流作用于人体时，由于中枢神经反射和肌肉强烈收缩等作用导致的机体组织断裂、骨折等伤害，称为机械性损伤。

5）电光眼

发生弧光放电时会产生大量红外线、可见光、紫外线等有害光线，这类光线会对眼睛产生很大伤害，使眼睛感到不适、剧烈疼痛、怕光、流泪、红肿等。

另外，人体触电事故往往伴随着高空坠落或摔跌等机械性创伤，这类创伤虽不属于电流对人体的直接伤害，但可认为是触电引发的二次事故，也应列入电气事故的范畴。

二、电流对人体的伤害

电流通过人体时，对人体的伤害程度与电流的大小、持续时间、途径、电流的种类以及人体状况等多种因素有关，而且各种因素之间有着十分密切的关系。

1. 伤害程度与电流大小的关系

电流通过人体，人体会有麻、痛等感觉，更严重者会引起颤抖、痉挛、心脏停止跳动或死亡。通过人体的电流越大，人体的生理反应越明显，人的感觉越强烈。

对于工频交流电,按照通过人体电流大小的不同,以及人体所呈现的不同状态,可将电流划分为以下 3 级:

(1)感知电流,是人能感觉到的最小电流。试验资料表明,对不同的人,感知电流不相同:成年男性平均感知电流约为 1.2mA,成年女性约为 0.8mA。

(2)摆脱电流,是人触电以后能自主摆脱的最大电流。试验资料表明,对于不同的人,摆脱电流也不相同:成年男性的平均摆脱电流约为 16mA,成年女性约为 11mA;成年男性的最小摆脱电流约为 9mA,成年女性约为 6mA。最小摆脱电流是按 0.5% 的概率考虑的。

(3)致命电流,是指在较短时间内危及生命的最小电流。在电流不超过数百毫安的情况下,电击致死的主要原因是电流引起心室颤动或窒息。因此,可以认为引起心室颤动电流即是致命电流。

心室颤动电流与通过时间有关,如通电时间超过心脏搏动周期时,心室颤动电流仅数十毫安(一般认为是 50mA 以上);如通电时间小于心脏搏动周期,但超过 10ms,并发生在心脏搏动周期的特定时刻(即易激期)时,心室颤动电流在数百毫安以上。

工频电流经由"手—躯干—手"的途径,对人体产生作用时,成年男性的感觉情况见表 1.1。

工频电流对人体(成年男性)作用的试验资料(单位:mA) 　表 1.1

感 觉 情 况	被试验者百分数		
	5%	50%	95%
手表面有感觉	0.7	1.2	1.7
手表面有麻痹的连续针刺感	1.0	2.0	3.0
手关节有连续针刺感	1.5	2.5	3.5
手有轻度颤动,关节有压迫感	2.0	3.2	4.4
前肢部有强力压迫的轻度痉挛	2.5	4.0	5.5
上肢部有轻度痉挛	3.2	5.2	7.2
手硬直有痉挛,但能伸开,已感到有轻度疼痛	4.2	6.2	8.2
上肢部、手有剧烈痉挛,失去感觉,手的前表面有连续针刺感	4.3	6.6	8.9
手的肌肉直到肩部全面痉挛,但还可能摆脱带电体	7.0	11.0	15.0

根据动物试验和统计分析得出工频电流对人体作用的分析资料,见表 1.2。

工频电流对人体作用的分析资料 　表 1.2

电流范围	电流(mA)	通电时间	人的生理反应
0	0～0.5	连续通电	没有感觉
A1	0.5～5	连续通电	开始有感觉,手指手腕等处有痛感,没有痉挛,可以摆脱带电体
A2	5～30	数分钟以内	痉挛,不能摆脱带电体,呼吸困难,血压升高,是可以忍受的极限
A3	30～50	数秒到数分钟	心脏跳动不规则,昏迷,血压升高,强烈痉挛,时间过长即引起心室颤动

电流范围	电流(mA)	通电时间	人的生理反应
B1	50~数百	低于心脏搏动周期	受强烈冲击,但未发生心室颤动
		超过心脏搏动周期	昏迷,心室颤动,接触部位留有电流通过的痕迹
B2	超过数百	低于心脏搏动周期	在心脏搏动特定的部位触电时,发生心室颤动,昏迷,接触部位留有电流通过的痕迹
		超过心脏搏动周期	心脏停止跳动,昏迷,可能出现致命的电灼伤

表中 0 是没有感觉的范围;A1、A2、A3 是一般不引起心室颤动、不致产生严重后果的范围;B1、B2 是容易产生严重后果的范围。

2. 伤害程度与通电时间的关系

通电时间越长,越容易引起心室颤动,电击危险性也越大。其原因是:

(1)通电时间越长,能量的积累增加,引起心室颤动的电流减小。

(2)通电时间短促时,只在心脏搏动的特定时刻才可能引起心室颤动。因此,通电时间越长,与该时刻重合的可能性越大,即电击的危险性也越大。

(3)通电时间越长,人体电阻因出汗等原因而降低,导致通过人体的电流进一步增加,电击危险性随之增加。

3. 伤害程度与电流途径的关系

(1)电流通过心脏会引起心室颤动,促使心脏停止跳动,中断血液循环,导致死亡。

(2)电流通过中枢神经或有关部位,会引起中枢神经严重失调而导致死亡。

(3)电流通过脊髓,可导致半截肢体瘫痪。

(4)从左手到胸部,电流途经心脏而且途径也最短,是最危险的电流途径;从手到手,电流也途经心脏,因此也是很危险的电流途径;从脚到脚的电流是危险性较小的电流途径,但可能因痉挛而摔倒,导致电流通过全身或摔伤、坠落等二次事故。

4. 伤害程度与电流种类的关系

以上介绍的是工频电流对人体的伤害作用。直流电流、高频电流、冲击电流和静电电荷对人体的伤害程度,一般较工频电流轻。以下着重介绍此 4 种电流对人体伤害的情况。

1)直流电流对人体的作用

直流电的最小感知电流,男性约为 5.2mA,女性约为 3.5mA;平均摆脱电流,男性约为 76mA,女性约为 51mA;可能引起心室颤动的电流,通电时间 0.03s 时约为 1300mA,通电时间 3s 时约为 500mA。

表 1.3 是直流电流沿手—躯干—手的途径通过人体(成年男性)的试验资料。

2)高频电流对人体的作用

由于电流的频率不同,对人体的伤害程度也不同。25~300Hz 交流电对人体的伤害最严重,1000Hz 以上时,其伤害程度将明显减轻,但是高压高频电流也有电击致命的危险。

10000Hz 高频交流电,最小感知电流,对于男性约为 12mA,女性约为 8mA;平均摆脱电流,对于男性约为 75mA,女性约为 50mA;可能引起心室颤动的电流,通电时间 0.03s 时约为 1100mA,通电时间 3s 时约为 500mA。

直流电流对人体(成年男性)作用的试验资料(单位:mA)　　表1.3

感 觉 情 况	被试验者百分数		
	5%	50%	95%
手表面及手指尖有连续针刺感	6	7	8
手表面发热,有剧烈连续针刺感,手关节有轻度压迫感	10	12	15
手关节及手表面有针刺似的强烈压迫感	18	21	25
前肢部有连续针刺感,手关节有压痛,手有刺痛,强烈的灼热感	25	27	30
手关节有强烈压痛,直到肩部有连续针刺感	30	32	35
手关节有强烈压痛,手上似针刺般疼痛	30	35	40

3)冲击电流和静电电荷对人体的伤害

雷电和静电都能产生冲击电流,冲击电流能引起强烈的肌肉收缩,给人以冲击的感觉,使人有冲击感觉的最小电流为数十毫安以上。10～100μs 的冲击电流其电流值接近 100mA 时,也不一定引起心室颤动而导致死亡。

静电电荷对人体的伤害与静电能量有关,亦即与带电体的电容和电压有关。如电容器放电,当电容器的电容为 740pF 时,电压与电击程度的关系见表1.4。

静电电荷对人体的作用　　表1.4

电压(kV)	能量(mJ)	电 击 程 度	电压(kV)	能量(mJ)	电 击 程 度
1	0.37	没有感觉	15	83.2	轻微痉挛
2	1.48	稍有感觉	20	148	轻微痉挛
5	9.25	刺痛	25	232	中等痉挛
10	37	剧烈刺痛			

5.伤害程度与人体状况的关系

由于人体条件不同,不同的人对电流的敏感程度,以及不同的人在遭受同样电流电击时其危险程度也不完全相同。

女性对电流较男性敏感,女性的感知电流和摆脱电流约比男性低1/3。

小孩的摆脱电流较低,遭受电击时比成人危险。

人体患有心脏病症时,受电击伤害比健壮人严重。

三、安全电压的确定

安全电压是制定安全措施的依据,安全电压取决于人体允许电流和人体电阻。

1.人体允许电流

在摆脱电流范围内,人触电以后能自主摆脱带电体,解除触电危险。一般情况下,可以把摆脱电流看作是允许电流。在装有防止触电的速断保护装置的场合,人体允许电流可按30mA 考虑。在空中、水面等可能因电击造成严重二次事故的场合,人体允许电流应按不引起强烈痉挛的 5mA 考虑(这里所指的人体允许电流,并不是人体长时间能够承受的电流)。

2.人体电阻

通常所指的人体电阻,实际上并不是纯电阻。人体电阻主要由体内电阻、皮肤电阻和皮肤电容组成。而皮肤电容很小,可以忽略不计。

体内电阻基本上不受外界因素的影响,其数值约为500Ω。

皮肤电阻随着条件的不同,可在很大范围内变化,使得人体电阻也在很大的范围内变化。皮肤表面0.05～0.2mm厚的角质层,其电阻可高达10～100kΩ,但角质层不是一张完整的薄膜,而且很容易遭到破坏,故在计算人体电阻时,不宜将角质层考虑在内。除去角质层,人体电阻一般不低于1000Ω。

不同条件下的人体电阻可按表1.5考虑。一般情况下,人体电阻可按1000～2000Ω考虑。

不同条件下的人体电阻(单位:Ω)　　　　　　　　　　　　　　　表1.5

接触电压(V)	人 体 电 阻			
	皮肤干燥①	皮肤潮湿②	皮肤湿润③	皮肤浸入水中④
10	7000	3500	1200	600
25	5000	2500	1000	500
50	4000	2000	875	440
100	3000	1500	770	375
220	1500	1000	650	325

注:①干燥场所的皮肤,电流途径为单手至双足。

②潮湿场所的皮肤,电流途径为单手至双足。

③有水蒸气等特别潮湿场所的皮肤,电流途径为双手至双足。

④游泳池或浴池中的情况,基本为体内电阻。

影响人体电阻的因素很多,主要如下:

(1)皮肤角质层的厚薄:凡是角质层薄的皮肤电阻小,角质层厚的皮肤电阻较大。

(2)皮肤潮湿、多汗、有损伤、带有导电粉尘等,都会降低人体电阻。

(3)接触面积加大,接触压力增加,也会降低人体电阻。

(4)通过的电流增大、通电的时间加长,会使人体增加发热出汗,从而也会降低人体的电阻。

(5)接触电压增高,会击穿人体的角质层,并增强机体电解,从而使人体电阻降低等。

四、安全电压值

从安全角度看,电对人体的安全条件通常不采用安全电流,而是用安全电压。因为影响电流变化的因素很多,而电力系统的电压却是较为稳定的。

所谓安全电压,是指为了防止触电事故而由特定电源供电时所采用的电压系列。这个电压系列的上限值,在任何情况下都不超过(50～500Hz)有效值500V。

我国规定安全电压等级为42V、36V、12V、6V。当电气设备采用电压超过安全电压时,必须按规定采取防止直接接触带电体的保护措施。一般环境的安全电压为36V。而存在高度触电危险的环境以及特别潮湿的场所,则应采用12V的安全电压。

由于不断引进国外先进设备,这里也简要介绍一下国际电工委员会有关安全电压的规定。国际电工委员会曾规定接触电压的限定值为50V和25V。该规定是以人体允许电流与人体电阻的乘积为依据的。50V一级大体相当于人体允许电流30mA、人体电阻1700Ω的情况,即相应于危险环境的安全电压。25V 一级大体相当于人体允许电流 30mA、人体电阻 850Ω 的情况,即相应于特殊环境的安全电压。此后,则又取消 25V 一级,并规定 25V 以下者不需要考虑其他防止电击的措施。此外,有的国家还规定有 25V 一级安全电压,这一级大体相当于人体允许电流 5mA、人体电阻 500Ω 的情况,即相应于大部分浸入水中,且如果不能摆脱带电体或强烈痉挛即可招致致命的二次事故。

单元 1.2　触电方式

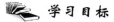 **学习目标**

1. 了解常见的触电方式及其特点;
2. 了解雷电、高频电磁场及静电的危害;
3. 掌握触电事故的规律及如何预防。

 **学习内容**

人体触电的方式多种多样,按照人体触及带电体的方式和电流流过人体的途径,可分为单相触电、两相触电和跨步电压触电。其他还有间接接触电压触电、跨步电压触电、感应电压触电和剩余电荷触电。

一、常见的触电方式

1. 单相触电

当人体直接接触带电设备或线路的一相导体时,电流通过人体而发生的触电现象称为单相触电,如图 1.1 所示。

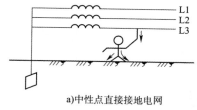 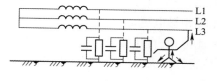

a)中性点直接接地电网　　　　　　　　b)中性点不接地电网

图 1.1　单相触电

(1)在中性点直接接地电网中发生单相触电的情况如图 1.1a)所示。

电流从一根相线经过电气设备、人体再经大地流回到中性点,这时加在人体的电压是相电压,其危险程度取决于人体与地面的接触电阻。

设人体与大地接触良好,土壤电阻忽略不计,由于人体电阻比中性点工作接地电阻大得多,加于人体的电压为系统相电压,这时流过人体的电流为:

$$I = \frac{U}{R_1 + R_2}$$

式中:I——流过人体的电流(A);

U——电网相电压(V);

7

R_1——电网中性点工作接地电阻(Ω);

R_2——人体电阻(Ω)。

对于380/220V三相四线制电网,$U = 220V$,$R_1 = 4\Omega$,若取人体电阻 $R_2 = 1700\Omega$,则由上式可算出人体的电流 $I = 129mA$,远大于安全电流30mA,足以危及触电者的生命。

如果人站在干燥绝缘的地板上,这时人体与大地间的绝缘电阻值很大,通过人体的电流很小,就不会有触电的危险。但如果地板潮湿,则有触电危险。

(2)中性点不接地电网中发生单相触电的情况如图1.1b)所示。

这时电流将从一根相线经电气设备,通过人体到另外两根相线对地绝缘电阻和分布电容而形成回路。此时,通过人体的电流大小与线路绝缘电阻和对地电容有关。在1kV以下低压电网中,对地电容 C 很小,通过人体的电流主要取决于线路绝缘电阻。正常情况下,设备的绝缘电阻相当大,通过人体的电源很小,一般不会造成人体的伤害。但当线路绝缘性下降,或者绝缘被破坏时,仍有触电危险。而在 6 ~ 10kV 高压电网中(特别在对地电容较大的电缆线路上),由于电压高,线路对地电容较大,所以触电电流大,通过人体的电容电流将危及触电者的安全,加上电弧灼伤,易产生致命危险。

2. 两相触电

人体同时触及带电设备或线路中的两根相线,电流从一根相线通过人体流入另一根相线,构成一个闭合回路而发生的触电现象称为两相触电,如图1.2所示。

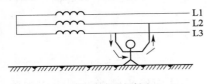

图1.2　两相触电

两相触电时,作用于人体上的电压为线电压,电流将从一根相线经人体流入另一根相线,在电流回路中只有人体电阻,这种情况下,触电者即使穿上绝缘鞋或站在绝缘台上也起不到保护作用,所以这是很危险的。设线电压为380V,人体电阻按 1700Ω 考虑,则流过人体内部的电流将达到224mA,只需0.19S就足以致命。所以两相触电要比单相触电更加危险。

由上述可知,直接接触触电时,通过人体的电流较大,危害性也大,往往导致死亡事故。

3. 间接接触电压触电

当电气设备因绝缘损坏而发生接地故障时,原本不带电的外露可导电部分(如设备外壳)便带有危险电压(这种现象俗称"碰壳"或"漏电")。此时,如果人体的两个部位(通常是手和脚)同时触及漏电设备的外壳和地面,人体两部分分别处于不同的电位,其间人体所承受的电位差便称为接触电压,用 U_j 表示。显然,它的大小与设备(或接触设备外壳的人体立地点)离接地体的远近有关,若离得越近则接触电压越小,离得越远其值便越大,如图1.3所示。

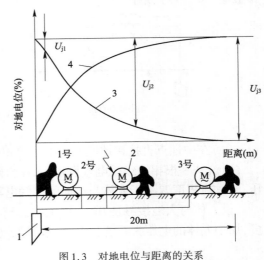

图1.3　对地电位与距离的关系

1-接地体;2-漏电设备;3-设备出现接地故障时,接地体附近各点电位分布曲线;4-人体距接地体位置不同时,接触电压变化曲线

图中所示触电者手(电压 U_1)、脚(电压 U_2)之间的电位差 $U_j = U_1 - U_2$ 就是该触电者承受的接触电压。由接触电压引起的触电现象称为接触电压触电。

接触电压的大小随人体所处的位置不同而不同。人体距离接地体越远,受到的接触电压越高,人体距离接地体越近,受到的接触电压越低。如图 1.3 所示,当 2 号电动机漏电时,距接地体远的 3 号电动机的接触电压比距接地体近的 1 号电动机的接触电压高,这是因为三台电动机外壳都等于接地体电位的缘故。

4.跨步电压及跨步电压触电

当电气设备发生接地故障,接地电流通过接地体向大地流散,并在接地体周围地面产生一个很大的电场,电场强度随离接地体距离的增加而减小。距接地短路点 1m 范围内,约有 60% 的压降;距接地短路点 2 ~ 10m 范围内,约有 24% 的压降;距接地短路点 11 ~ 20m 范围内,约有 8% 的压降。若此时有人在接地短路点周围行走,其两脚之间会产生电位差,这个电位差就是跨步电压。其值随人体离接地体的距离和跨步的大小而改变。离得越近或跨步越大,跨步电压就越高,反之则越小,一般人的跨步为 0.8m。由跨步电压引起的人体触电称为跨步电压触电,如图 1.4 所示。

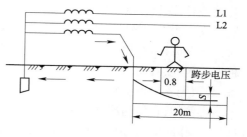

图 1.4　跨步电压触电示意图

人受到跨步电压时,电流虽然是沿着人的下肢,从脚经腿、胯部又到脚与大地形成通路,没有经过人体的重要器官,好像比较安全,但是实际并非如此!因为人受到较高的跨步电压作用时,双脚会抽筋,使身体倒在地上。这不仅使作用于身体上的电流增加,而且使电流经过人体的路径改变,完全可能流经人体重要器官,如从头到手或脚。经验证明,人倒地后电流在体内持续作用大于 2s,这种触电就会致命。

跨步电压触电一般发生在高压电线落地时,但对低压电线落地也不可麻痹大意。根据试验,当牛站在水田里,如果前后跨之间的跨步电压达到 10V 左右,牛就会倒下,电流常常会流经它的心脏,触电时间长了,牛会死亡。

接触电压和跨步电压的大小与接地电流的大小、土壤电阻率、设备接地电阻及人体位置等因素有关。当人穿有鞋靴时,由于地面和鞋靴的绝缘电阻上有电压降,人体受到的接触电压和跨步电压将显著降低,因此严禁裸臂赤脚操作电气设备。

5.感应电压触电

由于带电体的电磁感应和静电感应作用,会在靠近带电体停电设备或金属导体感应出一定的电压,例如,一些不带电的线路由于大气变化(如雷电活动),会产生感应电荷。停电后一些可能感应电压的设备和线路如果未接临时地线,则这些设备和线路对地均存在感应电压。此外,在超高压输电线路和配电装置周围存在着强大的电场,处在电场内的物体会因静电感应作用面也带有电压。它的大小决定了带电体的电压强度和靠近带电体的平行距离等因素。当人触及带有感应电压的设备和线路时,造成的触电事故称为感应电压触电。

研究表明,人体对高压电场下静电感应电流的反应更加灵敏,0.1 ~ 0.2mA 的感应电流通过人体时,便会有明显的刺痛感。在超高压线路附近站立或行走的人,往往会感到不舒服、精神紧张、毛发耸立、皮肤有刺痛的感觉,甚至还会在头和帽子间、脚与鞋之间产生火花。

在电气工作中,感应电压触电事故常常发生,甚至可能造成伤亡。近年来随着系统电压的不断提高,感应电压触电的问题更为突出,例如国外曾有人触及 500kV 输电线路下方的铁栅栏而发生触电事故的报道。我国某地在 330kV 线路跨越汽车站处曾发生过乘客上下车时感到麻电的情况。有些地方的居民在高压线路附近用铁丝晾晒衣服,也发生过触电事故。

6. 剩余电荷触电

电气设备的各相之间和对地之间都存在着一定的电容效应,当断开电源时,由于电容具有储存电荷的特点,因此在刚断开电源的停电设备上将保留一定的电荷,就是所谓的剩余电荷。当人体触及带有剩余电荷的设备时,带有电荷的设备对人体放电所造成的触电事故称为剩余电荷触电。

例如,在检修中用摇表测量停电后的并联电容器、电力电缆、电力变压器及大容量电动机等设备时,因检修前没有对其充分放电,就会造成剩余电荷触电。又如,并联电容器因其电路发生故障而不能及时放电,退出运行后又未进行人工放电,从而使电容器储存着大量的剩余电荷。当人员接触电容或电路时,也会造成剩余电荷触电。设备的电容量越大,遭受的触电伤害越大。因此,在电气工作中对电气设备进行各项试验时,对未装地线且有较大容量的被试设备,必须先放电再试验。

再例如,在做高压直流试验时,每告一段落或试验结束时,应将设备对地放电数次并短路接地,操作时应对各相逐相进行放电。对并联补偿的电力电容器,即使装有能自动进行放电的装置,工作前也应该逐相对地进行多次放电;对星形连接的电力电容器,还必须对设备中性点进行多次对地放电。此外在工作开始前,还应将停电设备三相短路接地,以达到将剩余电荷泄放到大地保障人员安全的目的。

二、雷电、高频电磁场及静电的危害

1. 雷电的危害

雷电是自然界中的一种放电现象,在本质上与一般电容器的放电现象相同,但雷电所蕴含的能量巨大,其电压可高达数百万到数千万伏,雷电流可高达几十到数百千安,因此雷电具有很大的破坏性。雷电的危害有很多,但主要体现为直击雷、雷电波侵入和雷电反击 3 种形式。

1) 直击雷

雷电云与大地之间的放电现象,称为直击雷。它的破坏力十分巨大,若不能将其迅速泄放入大地,将导致放电通道内的物体、建筑物、设施、人畜遭受严重的破坏或损害,如火灾、建筑物损坏、电子电气系统摧毁,甚至危及人畜的生命安全。

2) 雷电波侵入

雷电不直接对建筑或设备本身进行放电,而是对布放在建筑物外部的架空线路或金属管道放电。雷电波或过电压以极快的速度沿着管线扩散,侵入室内并危及人身安全或损坏设备。

3) 雷电反击

如果雷电直接击中具有避雷装置的建筑物或设施,接地网的地电位会在数微秒之内被抬高数万或数十万伏。高度破坏性的雷电流将从各种装置的接地部分,流向供电系统或各种网络信号系统,或者击穿大地绝缘而流向另一设施的供电系统或各种网络信号系统,从而反击破坏或损害电子设备。同时,在未实行等电位连接的导线回路中,可能诱发高电位而产生火花放电的危险。

雷电危害所涉及的范围几乎遍布各行各业。最新统计资料表明,雷电造成的损失已经上升到自然灾害的第三位。全球每年因雷击造成人员伤亡、财产损失的案例不计其数。据不完全统计,我国每年因雷击以及雷击负效应造成的人员伤亡达 3000 ~ 4000 人,财产损失约 50 亿 ~ 100 亿元人民币。

2. 高频电磁场的危害

频率超过 0.1MHz 的电磁场称为高频电磁场,人体在高频电磁场的作用下,吸收高频电磁场辐射的能量后,器官组织及其功能将受到不同程度的损伤。主要表现为神经系统功能失调,如头痛、头晕乏力、睡眠失调、记忆力减退等;其次是出现明显的心血管症状。电磁场对人体的伤害主要是功能性改变,一般具有可恢复特征,在脱离接触后,症状往往会逐渐消失,但在高强度电磁场作用下长期工作,一些症状可能持续成痼疾,甚至遗传给后代。此外,高频电磁场还可能干扰通信、测量等电子设备的正常工作,甚至造成事故。还可能因感应产生高频火花,引起火灾或爆炸事故。

3. 静电的危害

当两种物体相互摩擦时,一种物体中的电子因受原子核的束缚较弱,跑到另一个物体上,使得到电子的物体由于其中的负电荷多于正电荷,因而带负电;失去电子的物体由于其中的正电荷多于负电荷,因而带正电,这就是摩擦起电现象。如玻璃棒与绸子摩擦,玻璃棒带正电。物体由此方式所带的电称为"静电",当其积聚到一定程度时就会发生火花放电现象。这种现象与生活生产密切相连,往往会带来一些不便或危害。

静电的危害很多,它的第一种危害来源于带电体的互相作用。在飞机机体与空气、水气、灰尘等微粒摩擦时会使飞机带电,如果不采取措施,将会严重干扰飞机无线电设备的正常工作,使飞机变成"聋子"和"瞎子"。在印刷厂里,纸页之间的静电会使纸页粘在一起,难以分开,给印刷带来麻烦。在制药厂里,由于静电吸引尘埃,会使药品达不到标准的纯度。就连在混纺衣服上常见而又不易拍掉的灰尘,也是静电捣的鬼。静电的第二大危害,是有可能因静电火花点燃某些易燃物体而发生爆炸。漆黑的夜晚,我们脱尼龙、毛料衣服时,会发出火花和"叭叭"的响声,这对人体基本无害。但在手术台上,静电火花可能会引起麻醉剂的爆炸,伤害医生和病人。在煤矿,则会引起瓦斯爆炸,导致工人死伤或矿井报废。

三、触电事故的规律及预防

1. 触电事故的规律

根据国内外有关资料的分析统计,触电事故有如下规律。

(1)触电事故的发生有明显的季节性。一年中春冬两季触电事故较少,夏秋两季,特别是 6 ~ 9 月触电事故特别多。其主要原因是气候炎热、多雷雨、空气湿度大,这些因素降低了电气设备的绝缘性能,人体也因炎热多汗,皮肤接触电阻变小、衣着单薄、身体暴露部分较多,大大增加了触电的可能性。

（2）携带式和移动式设备触电事故多。这些设备经常移动，工作条件差，容易发生故障，同时经常在人紧握下工作，易发生触电事故。

（3）电气连接部位触电事故多。这主要是由于开关、接头等连接部位机械牢固性差、带电部位易外露，容易发生触电事故。

（4）低压工频电源的触电事故多。据统计，此类电源所引起的事故占总数90%以上。低压设备较高压设备应用广泛，人们接触的机会较多，加上220～380V的交流电源习惯被称为"低压"，好多人不够重视而丧失警惕，因此容易引起触电事故。

（5）误操作事故多。主要是由于教育培训不够、安全措施不完备以及违章操作等造成的。

（6）农村触电事故多。主要是由于农村用电设备简陋、人员技术水平低、管理不严造成的。

2. 触电事故的预防

触电事故具有多发性、突发性、季节性、高死亡率等特点，但如果注意其发生规律并且防范得当，可防患于未然，最大限度减小事故发生概率。做好触电事故的预防工作，应做到以下几点：

（1）电气作业人员对安全必须高度负责，应认真贯彻执行有关各项安全工作规程，安全技术措施必须落实。安装电气必须符合绝缘和隔离要求，拆除电气设备要彻底干净。对电气设备金属外壳一定要有效接地。

（2）电气作业人员要正确使用绝缘手套、鞋、垫、夹钳、杆和验电笔等安全工具。

（3）加强全员的防触电事故教育，提高防触电意识。健全安全用电制度，严禁无证人员从事电工作业，使用电气设备要严格执行安全规程。

（4）针对发生触电事故高峰值带有季节性这一特点做好防范工作。在高温多雨季节到来以前，要全面组织好电气安全检查，对流动式电动工具要列入重点检查，要做好日常对电气的保养、检查工作。

（5）在对电气设备进行检修工作时应建立必要的工作票制度和监护制度。需停送电时，应按停送电操作顺序与注意事项执行。在经合闸即可送电的被检设备开关上，必须挂上"有人工作，禁止合闸"的警告牌。在没有接到送电手续前，不允许拿掉停电警告牌和供电。

（6）36V以上临时用电必须进行申报审批，电缆线必须架空，并用红白安全旗做警示标志。

（7）在金属结构内如上边柜、双层底、干隔舱、油舱、油柜内应使用36V照明灯具，地沟等特别潮湿的场所应使用12V照明灯具；易燃易爆场所必须使用防爆设备及灯具，任何人不得随意改变此类灯具的位置。

（8）进行用电安全教育，禁止随意触摸电器设备。高压电器设备应有明显的警告标志。

单元1.3 触电急救及外伤救护

学习目标

1. 理解并掌握触电急救的原则和要点；
2. 掌握触电急救的方法和注意事项；

3. 掌握心肺复苏法的基本步骤和要点；

4. 掌握触电外伤救治的注意事项。

学习内容

在电力生产中，尽管人们采取了一系列安全措施，但也只能减少事故的发生，人们还是会遇到各类意外伤害事故，如触电、高空坠落、烧伤、烫伤等。在工作现场发生这些伤害事故时，在将伤员送到医院治疗之前，往往因抢救不及时或救护方法不得当使得伤势加重甚至死亡，因此每个现场工作人员都应该掌握一定的救护知识。

一、触电急救

人触电以后，会出现神经麻痹、呼吸中断、心脏停止跳动等征象，外表呈现昏迷不醒的状态。但此时不应该轻率地认定触电者已经死亡，应该迅速而持久地对其进行抢救。触电急救的要点是"动作迅速，救护得法"，切不可惊慌失措、束手无策。应以最快的速度在现场采取急救措施，保护伤员生命，使伤情得到有效控制。

发现有人触电，首先要尽快使触电者脱离电源，然后根据触电者的具体情况，进行相应的救治。但经抢救无效死亡者为数众多，究其原因除了发现过晚外，主要是救护人员没有掌握正确的触电急救方法。因此，掌握触电急救方法显得十分重要，对急救方法，要认真领悟，经常练习，只凭单纯文字学习是不够的。

1. 触电急救的原则

根据现场抢救触电者的经验，触电急救的原则是八字方针，即迅速、就地、准确、坚持。

迅速——争分夺秒，尽量使触电者能够第一时间脱离电源，以减少触电时间。

就地——必须在触电现场附近就地施救，切不可长途跋涉将触电者送医院再行抢救，以免错过最佳抢救时机，有统计材料表明：从触电后 1min 开始救治者，存活率可达 90% 左右；从触电后 6min 开始救治者，存活率降至 60% 左右；而从触电后 12min 开始救治者，存活希望则微乎其微。

准确——施救方法及人工呼吸动作必须准确。

坚持——有触电者在经过 4 小时甚至更长时间的连续抢救而最终抢救成功的先例，所以只要有百分之一的希望就要尽百分之百的努力去抢救。

2. 脱离电源

人触电以后，可能由于身体痉挛或失去知觉等原因而紧抓带电体，不能自行摆脱电源。这时，首先要使触电者尽快脱离电源，并且越快越好。因为电流作用时间越长，对人体的伤害就越大。

脱离电源就是要把触电者接触的那一部分带电设备的开关、刀闸或其他断路设备断开，或者设法将触电者与带电设备脱离。在脱离电源时，救护人员既要救人，也好注意保护自身。触电者未脱离电源前，救护人员不得直接触碰伤员，以免发生触电；如触电者处于高处，脱离电源后还可能会有高空坠落的危险，因此，需事先采取预防措施。

在不同触电场合，应采取有效措施帮助触电者脱离电源。

1) 低压触电事故

对于低压触电事故,可采用下列方法使触电者脱离电源:

(1) 如果触电地点附近有电源开关或电源插头,可立即拉开开关或拔出插头,以断开电源。但应注意拉线开关和平开关只能控制一根线,有可能只切断零线,火线并未切断,而没有真正达到切断电源的目的。

(2) 如果触电地点附近没有电源开关或电源插头,可用有绝缘柄的电工钳或有干燥木柄的斧子等带有绝缘防护的利器将电线切断,以断开电源;或者用干木板等绝缘物插入触电者身下,使触电者与大地隔离,以隔断电流。

(3) 当电线搭落在触电者身上或被压在身下时,可用干燥的衣服、绳套、竹竿、木棒等绝缘物作为工具,拉开触电者或挑开电线,使触电者脱离电源。

(4) 如果触电者的衣服是干燥的,又没有紧缠在身体上,可以用一只手抓住他的衣服,拉离电源。但是,因为触电者的身体是带电的,其鞋子的绝缘也可能遭到破坏,救护人员不得接触触电者的皮肤,也不能够触摸触电者的鞋子,并尽可能站立在绝缘物或木板上进行。

2) 高压触电事故

由于设备的电压等级高,一般绝缘物品不能保证救护人员的安全,而且高压电源开关距离现场较远,不便拉闸,因此,使触电者脱离高压电源的方法与脱离低压电源的方法有所不同。通常的做法是:

(1) 立即打电话通知有关部门拉闸停电。

(2) 如果电源开关离触电现场不太远,则可用适合该电压等级的绝缘工具,如戴上绝缘手套、穿上绝缘鞋、用绝缘棒拉开高压断路器或用绝缘棒拉开高压跌落熔断器以切断电源。

(3) 对触电事故发生在架空线路上时,应向架空线路抛掷裸金属导线使线路短路接地,迫使保护装置动作,断开电源。抛掷金属导线前,应当注意先将金属导线的一端可靠接地,另一端系重物,然后抛掷另一端,抛掷的一端应注意不可触及触电者和其他人。抛掷短路线时,救护人员应防止电弧伤人或断线造成人员伤亡,也要防止重物砸伤人。

(4) 对触电者及断落在地上的带电高压导线,如尚未确认线路无电,救护人员在未做好安全措施前(如穿绝缘靴或临时双脚并紧跳跃地接近触电者),不能接近断线点至周围8m的范围内,防止跨步电压伤人。触电者脱离带电导体后,应迅速将其带至10m以外的地方立即开始触电急救。只有在确认线路已经无电后,才可以让触电者离开触电导线。

3. 使触电者脱离电源的注意事项

上述使触电者脱离电源的办法,应当根据具体情况,以迅速和安全为原则选择采用。在触电事故现场,要遵循下列注意事项:

(1) 救护人员不得直接用手、其他金属或潮湿的物件作为救护工具,未采取绝缘措施前,救护人员不得直接接触触电者的皮肤和潮湿的衣服,而必须使用适当的绝缘工具。救护人员最好用一只手操作,以防自身触电。

(2) 防止触电者在脱离电源后可能造成的二次伤害。特别是当触电者在高处的情况下,应当采取防止摔伤的措施。即使触电者在平地上,也一定要注意触电者倒下的方向,以防止摔伤。

(3) 如果触电事故发生在夜间,应当第一时间解决临时照明的问题,以利于抢救,并避免事故扩大。

二、现场急救方法

当触电者脱离电源以后,应当根据触电者的具体情况,迅速地对症进行救护,同时通知医务人员到现场。现场应用的主要救护方法是心肺复苏法。

1.对触电者救治时,按照以下3种情况分别处理

1)触电者未失去知觉

如果触电者所受的伤害不太严重,神志尚清醒,只是头晕、出冷汗、恶心、呕吐、四肢发麻、全身乏力,或是在触电过程中曾一度昏迷,但已经恢复清醒,则可让触电者在通风、暖和的地方静卧休息,不要走动,并派人严密观察,同时请医生前来诊治或送医院。

2)触电者已失去知觉

若触电者已失去知觉,但心脏跳动、呼吸还正常,应使触电者安静、舒适地平卧,解开衣服以利呼吸。四周不要围人,保持空气流畅,如天气寒冷,还要注意保暖,并立即请医生诊治或者送往医院。如触电者发生呼吸困难或心跳失常,应立即实施人工呼吸或胸外心脏按压。

3)触电者出现"假死"症状

如果触电者呈现"假死"症状,则可能有三种临床表现:一是心跳停止,但尚能呼吸;二是呼吸停止,但心跳尚存(脉搏很弱);三是呼吸和心跳均已停止。"假死"症状的判别方法是"看""听""试"。

看:观察触电者的胸部、腹部有无起伏动作;

听:用耳贴近伤员的口鼻处,听有无呼气声音;

试:用手或小纸条测口鼻有无呼气的气流,再用两手轻试一侧(左或右)喉结旁凹陷处的颈动脉有无搏动。

若既无呼吸又无颈动脉搏动,则可判定触电者呼吸、心跳均停止。如同时出现触电者瞳孔放大,皮肤出现尸斑,身体呈僵硬状态,血管硬化,才可以判定触电者已经死亡。如一至两个象征没有出现,则应当作"假死"继续抢救。

2.心肺复苏法

当触电者呼吸和心跳均停止时,应立即采取心肺复苏法进行就地抢救。心肺复苏法有3个基本步骤,即:通畅气道,口对口(鼻)人工呼吸,胸外按压,并以此循环。

1)通畅气道

若触电者呼吸停止,重要的是始终确保气道通畅。

如发现触电者口内有异物,应先清除口中异物。使触电者仰面躺在平硬的地方,迅速解开其领口、围巾、紧身衣和腰带。可将其身体及头部同时侧转,迅速用一个手指或用两手指交叉从口角处插入,取出异物。操作中要注意防止将异物推到咽喉深部。

另可采用仰头抬颏法通畅气道。用一只手放在触电者前额,另一只手的手指将其下颌骨上抬起,气道即可通畅,为使触电者头部后仰,可于其颈部下方垫适量厚度的物品,但严禁垫在头下,因为头部抬高会阻塞气道,且使胸外按压时流向脑部的血量减少,甚至消失。

2)口对口(鼻)人工呼吸

救护人员在完成气道通畅的操作后,应立即对触电者施行口对口(鼻)人工呼吸。口对鼻人工呼吸用于触电者嘴巴紧闭的情况。

先用大口吹气刺激起搏。救护人员蹲跪在触电者一侧,用放在伤员额上的手捏住伤员鼻翼,用另一只手的食指和中指轻轻托住其下巴;救护人员深吸气后,与伤员口对口紧合,在不漏气的情况下,先连续大口吹气两次,每次 1 ~ 1.5s。如两次吹气后试测颈动脉仍无搏动,可判断心跳已停止,要立即同时进行胸外按压。

大口吹气两次测试搏动后,立即转入正常的口对口人工呼吸阶段。正常的吹气频率是每分钟约 12 次,吹气量不需过大,以免引起胃膨胀,对儿童每分钟 20 次,吹气量应小些,以免肺泡破裂。救护人员换气时,应将触电者的口或鼻放松,让其凭借自己的胸部的弹性自动吐气。吹气和放松时,要注意伤员胸部应有起伏的呼吸动作。吹气时如有较大阻力,可能是头部后仰不够,应及时纠正,使气道保持畅通。触电者如牙关紧闭,可改成口对鼻人工呼吸。吹气时要将其嘴唇紧闭,防止漏气。

3)胸外按压

胸外按压是借助人力使触电者恢复心脏跳动的急救方法。其有效性在于选择正确的按压位置和采取正确的按压姿势。

(1)正确的按压位置。

正确的按压位置是保证胸外按压效果的重要前提。确定正确按压位置的步骤如下:

a. 右手的食指和中指沿触电伤员的右侧肋弓下缘向上,找到肋骨和胸骨接合处的中点;

b. 两手指并齐,中指放在切迹中心(剑突底部),食指平放在胸骨下部;另一只手的掌根紧挨食指上缘,置于胸骨上,即为正确的按压位置。

(2)正确的按压姿势。

正确的按压姿势是达到胸外按压效果的基本保证,正确的按压姿势应符合以下要点:

a. 使触电者仰面躺在平硬的地方,解开其衣服,仰卧姿势与口对口人工呼吸法相同;

b. 救护人员立或跪在伤员一侧肩膀,救护人员的两肩位于伤员胸骨正上方,两臂伸直,肘胸壁;

c. 以髋关节为支点,利用上身的重力,垂直将正常成人胸骨压陷 3 ~ 5cm(儿童和瘦弱者酌减);

d. 压至要求程度后,立即全部放松,但放松时救护人员的掌根不得离开胸壁。按压有效的标志是按压过程中可以触及颈动脉搏动。

(3)恰当的按压频率。

a. 胸外按压要以均匀速度进行,每分钟 80 次左右,每次按压和放松的时间相等;

b. 胸外按压与口对口(鼻)人工呼吸同时进行,其节奏为:单人抢救时,每按压 15 次后吹气两次(15:2),反复进行;双人抢救时,每按压 5 次后由另一人吹气 1 次(5:1),反复进行。

3. 现场救护中注意事项

(1)按压吹气 1min 后(相当于单人抢救时做了 4 个 15:2 压吹循环),应用看、听、试的方法在 5 ~ 7s 内完成对伤员呼吸和心跳是否恢复的再判定。若判定颈动脉已有搏动但无呼吸,则暂停胸外按压,而再进行 2 次口对口人工呼吸,接着每 5s 吹气一次(即 12 次/min)。如脉搏和呼吸均未恢复,则继续坚持心肺复苏法抢救。在抢救过程中,要每隔数分钟再判定一次,每次判定时间均不得超过 5 ~ 7s。在医务人员未接替抢救前,现场抢救人员不得放弃现场抢救。

（2）心肺复苏在现场就地坚持进行,不要随意移动伤员,如确有需要移动时,抢救中断时间不应超过 30s。移动伤员或将伤员送医时,应使伤员平躺在担架上并在其背部垫以平硬阔木板。在移动或送医院过程中应继续抢救,心跳、呼吸停止者要继续用心肺复苏法抢救,在医务人员未接替救治前不能中止。应创造条件,用塑料袋装入砸碎的冰屑呈帽状包绕在伤员头部,露出眼睛,使脑部温度降低,争取触电者心、肺、脑能得以复苏。

（3）如伤员的心跳和呼吸系统抢救后均已恢复,可暂停心肺复苏法操作。但心跳和呼吸恢复的早期有可能再次骤停,应严密监护,不能麻痹,要随时准备再次抢救。触电伤员恢复之初,往往神志不清、精神恍惚或情绪躁动不安,应设法使其安静下来。

（4）慎用药物,首先要明确任何药物都不能代替人工呼吸和胸外按压。对触电者用药或注射针剂,应由有经验的医生诊断确定,慎重使用。例如肾上腺素有使停止跳动的心脏恢复跳动的作用,但也会使心跳停止而死亡。因此,如没有准确诊断和足够的把握,不得乱用此类药物。而应在医院内抢救时,由医务人员根据医疗设备诊断的结果决定是否采用这类药物。

（5）禁止采取冷水浇淋、猛烈摇晃、大声呼喊或架着触电者跑步等不科学的办法,因为人体触电后,心脏会发生颤动,脉搏微弱,血液混乱,在这种情况下用上述办法刺激心脏,会使伤员因急性心力衰竭而死亡。

（6）对于触电后失去知觉、呼吸、心跳停止的触电者,在未经心肺复苏急救之前,只能视为"假死",任何在事故现场的人员都有责任及时、不间断地进行抢救。抢救时间应持续 6h 以上,直到救活或医生做出临床死亡的认定为止。只有医生才有权认定触电者已死亡,宣布抢救无效。

三、外伤救护

触电事故发生时,伴随触电者受电击或电伤常会出现各种外伤,如皮肤创伤、出血、摔伤、电灼伤等,应酌情处理。外伤救护在原则上应先抢救、后固定、再搬运,并注意采取相应措施,以防止伤情加重或感染。需要送医院救治的,应立即做好伤员保护措施后送医院救治。

（1）对于一般性的外伤创面,可用无菌盐水或清洁的温开水冲洗后,再用消毒纱布或干净的布包扎,然后将伤员送往医院,在转运期间不得随意用药。

（2）外部出血应立即采取止血措施,以防止失血过多而休克。如用清洁手指压迫出血点上方,也可用止血橡皮带使血流中断,将出血肢体抬高或举高,并迅速送医院处置。

（3）高压电造成的电弧灼伤,往往深达骨髓,为防止伤口感染,应用清洁布片覆盖伤口。救护人员不得直接用手触碰伤口,更不得在伤口内填塞任何异物或随意用药,应迅速送医院处理。

（4）对于因触电摔跌而骨折的触电者,应先止血、包扎,然后用木板、竹竿、木棍等物品将骨折肢体临时固定,迅速送医院处理。发生腰椎骨折时,要使伤员平卧在平硬的木板上,并将腰椎躯干及两侧下肢一同进行固定,预防瘫痪。搬动时应数人合作,保持平稳,不能扭曲。

（5）搬运伤员时应使伤员平躺在担架上,并采取固定措施,防止伤员从担架上跌落。平地搬运时,伤员头部在后,上下楼、上下坡时伤员头部在上,搬运时应时刻观察伤员状况,防止伤情发生突变。

课后习题

1. 什么是触电?

2. 触电的种类有哪些?

3. 电流对人体伤害的大小由哪些因素决定?

4. 一般情况下,安全电流为多少? 安全电压上限值为多少? 通常情况下人体电阻的计算值是多少?

5 常见的触电方式有哪些?

6. 雷电的危害有哪些?

7. 发现有人触电时应该怎么办?

8. 触电急救的原则是什么?

9. 触电事故现场使触电者脱离电源时的注意事项有哪些?

10. "心肺复苏法"的基本步骤是什么?

11. 简述口对口人工呼吸法的操作要领。

单元2　安全防护技术

 单元提示

为了贯彻"安全第一,预防为主"的工作方针,从根本上杜绝触电事故的发生,必须在制度上、技术上采取一系列的预防和保护性措施,这些措施统称为安全防护技术。

本单元主要介绍电力系统中安全用电防护技术及应用,主要内容有:绝缘防护、绝缘事故的发生原因和预防措施;屏护和间距,漏电保护装置的组成和分类、漏电保护装置的选用和安装,以及漏电保护器的维护;供配电系统中保护接地的方法、保护接零的方法及适用范围和重复接地的作用;电力系统中等电位联结的要求;静电防护的措施、利用以及雷电防护的措施。

单元2.1　绝　　缘

学习目标

1. 掌握预防绝缘事故的措施;
2. 了解绝缘材料的耐热等级;
3. 掌握绝缘防护的措施。

学习内容

绝缘防护是最普通、最基本,也是应用最广泛的安全防护措施之一。所谓绝缘防护就是使用绝缘材料将带电导体封护或隔离起来,使电气设备及线路能正常工作,防止人身触电事故的发生。例如导线的绝缘层(图2.1)、变压器的油绝缘、敷设线路的绝缘子(图2.2)、塑料管、包扎裸露线头的绝缘胶带(图2.3、图2.4)等,都是绝缘防护的实例。良好的绝缘是保证设备和线路正常运行的必要条件,也是防止触电事故的重要措施。

绝缘通常可分为气体绝缘、液体绝缘和固体绝缘3种。由于气体绝缘和液体绝缘都不能阻挡人体的触及,所以只在特定场合下应用。电气绝缘一般都采用固体绝缘。

一、绝缘性能

绝缘材料所具有的绝缘性能一般是指其承受的电压在一定范围内所具备的性能。绝缘性能包括电气性能、力学性能、热性能(如耐热性、耐寒性等)、吸潮性能、化学稳定性以及抗生物性。其中最主要的是电气性能和耐热性。

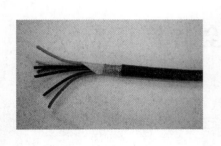

图2.1　导线绝缘层

图2.2　绝缘子

图2.3　绝缘胶带

图2.4　工具绝缘手柄

1. 电气性能

绝缘材料的电气性能主要表现在电场作用下材料的导电性能、介电性能及绝缘强度。电气性能的好坏与电压的高低、环境的温度、湿度等因素有直接的关系。

2. 耐热性

耐热性是指绝缘材料及其制品承受高温而不致损坏的能力。根据绝缘材料长期正常工作所允许的最高温度(极限工作温度),耐热性分为7个等级,见表2.1。

绝缘材料的耐热等级　　　　　　　　　　　　　　　　　　　　　　　　　　表2.1

耐 热 等 级	极限工作温度(℃)	绝缘材料及其制品举例
Y	90	棉纱、纸
A	105	黄(黑)蜡布(绸)
E	120	玻璃布、聚酯薄膜
B	130	黑玻璃漆布、聚酯漆包线
F	150	云母带、玻璃漆布
H	180	有机硅云母制品、硅有机玻璃漆布
C	>180	纯云母、陶瓷

绝缘材料的耐热性对电气设备的正常运行影响很大,若超过极限工作温度运行,会大大加速绝缘材料电气性能的劣化。

20

二、绝缘事故的发生原因和预防措施

1. 绝缘事故产生的原因

所谓绝缘事故是指由于绝缘破坏造成的漏电或短路事故,而绝缘破坏的形式主要有绝缘击穿、老化和损坏。

1)绝缘击穿

绝缘击穿是指绝缘材料在强电场作用下遭到急剧破坏,丧失绝缘性能的现象。当绝缘材料承受的电压超出了相应的范围时,就会出现击穿现象。

2)绝缘老化

电气设备中的绝缘材料,在长期运行中受各种因素影响,其物理、化学、电气和机械等性能逐渐发生不可逆的劣化。绝缘老化的速度与绝缘结构、材料、制造工艺、运行环境、所受电压、负荷情况等有密切关系。绝缘老化最终导致绝缘失效,电力设备不能继续正常运行。为延长电力设备的使用寿命,需针对引起老化的原因,在电力设备绝缘制造和运行时,采取相应的措施,减缓绝缘老化的速度。绝缘老化主要表现为热老化和电老化。

(1)热老化。

电气设备绝缘在运行过程中因周围环境温度过高,或因电力设备本身发热而导致绝缘温度升高。在高温作用下,绝缘材料的机械强度下降,结构变形,因氧化、聚合而导致材料丧失弹性,或因材料裂解而造成绝缘击穿,电压下降。户外电气设备会因热胀冷缩而使密封破坏,水分侵入电气设备;或因瓷绝缘件与金属件的热膨胀系数不同,在温度剧烈变化时,瓷绝缘件破裂。

(2)电老化。

电气设备绝缘在运行过程中会受到工作电压和工作电流的作用。在长期工作电压下,绝缘材料若发生击穿,将使绝缘材料发生局部损坏。绝缘结构过大,则在长期工作电压作用下,绝缘将因过热而损坏。在雷电过电压和操作过电压的作用下,绝缘材料也可能发生局部损坏,以后再承受过电压作用时,损坏处逐渐扩大,最终将导致完全被击穿。

3)绝缘损坏

绝缘损坏是指由于错误选用绝缘材料进行电气设备及线路的安装,以及不合理地使用电气设备等,导致绝缘材料受到外界腐蚀性液体、气体、蒸气、潮气、粉尘的污染和侵蚀,或受到外界热源、机械的作用,在较短的时间内失去其电气性能或力学性能的现象。

2. 预防绝缘事故的措施

预防绝缘事故的措施主要包括以下 6 种:

(1)避开有腐蚀性的物质和外界高温的场所;

(2)正确使用和安装电气设备及线路,保持过流、过热保护装置的完好;

(3)严禁对电气设备及线路乱拉乱扯,防止机械性损伤绝缘物;

(4)应采取防止小动物损伤绝缘的措施;

(5)不使用质量不合格的电气产品;

(6)按照规定的周期和项目对电气设备进行绝缘预防性试验。

单元2.2 屏护与间距

学习目标

1. 了解屏护装置的分类和要求;
2. 掌握屏护、间距和安全距离的规定;
3. 了解架空线路、低压配电线路和电缆线路的安全距离。

学习内容

设置屏护和间距是最常用的电气安全措施之一。从防止电击的角度而言,屏护和间距属于防止直接接触的安全措施。此外,屏护和间距也是防止短路、故障接地等电气事故的安全措施之一。

一、屏护

屏护是指采用遮拦、护罩、护盖等把危险的带电体同外界隔离的安全防护措施。除防止触电的作用之外,有的屏护装置还起防止电弧伤人、防止弧光短路的作用。屏护的特点是屏护装置不直接与带电体接触,对所用材料的电气性能无严格要求,但应有足够的力学强度和良好的耐火性能。

屏护装置按使用要求分为永久性屏护装置和临时性屏护装置,前者如开关的罩盖等,后者如检修工作中使用的临时屏护装置等,如图2.5、图2.6所示。按使用对象分为固定屏护装置和移动屏护装置,如电线的保护网属于固定屏护装置;如跟随天车移动的天车滑触线的屏护装置属于移动屏护装置,如图2.7、图2.8所示。

图2.5 插座护盖

图2.6 遮拦

图2.7 保护网

图2.8 天车滑触线屏护

屏护装置是简单装置,为了保证其有效性,应该满足以下条件:

(1)屏护装置所用材料应有足够的力学强度和良好的耐火性能,金属屏护装置必须实现可靠接地和接零。

(2)屏护装置应有足够的尺寸,与带电体之间保持必要的距离,见表2.2。

(3)遮拦、栅栏等屏护装置上应有"止步,高压危险!""切勿攀登,高压危险!"等警告标示牌。

(4)必要时,应配合采用信号装置和联锁装置等。

屏护装置尺寸及与带电体最小间距　　　　　　表2.2

项　　目		遮　拦	栅　栏
尺寸	高度(m)	1.7	1.5
	下缘距地距离(m)	0.1	0.1
与高压带电体间距(m)	10kV	0.35	0.35
	20～35kV	0.6	0.6
与低压带电体间距(m)		0.15	0.15

注:1. 栅栏条间距离不应超过0.2m。

　　2. 室内栅栏高度不可小于1.2m。

二、间距

间距是指带电体与地面之间、带电体与其他设备设施或建筑物及树木之间、带电体与带电体之间必要的安全距离。间距的作用是防止人体、车辆、工具、器具触及或接近带电体造成事故,防止过电压放电和防止各种短路事故,以及方便操作。其距离的大小取决于电压高低、设备类型、安装方式和周围环境等。线路安全距离包括架空线路、低压配电线路、电缆线路的安全距离。

1)架空线路

为保障线路的安全运行,架空线路在弛度最大时与地面或水面的距离不应小于表2.3所示的数值(图2.9)。

导线与地面或水面的最小距离(单位:m)　　　　　　表2.3

线路经过地区	线路电压(kV)		
	<1	1～10	35
居民区	6.0	6.5	7.0
非居民区	5.0	5.5	6.0
交通困难地区	4.0	4.5	5.0
步行可以达到的山坡	3.0	4.5	5.0
步行不能达到的山坡、峭壁或岩石	1.0	1.5	3.0

未经相关部门的许可,架空线路不得跨越建筑物,如需跨越,导线与建筑物应保持安全距

离,见表2.4。

导线与建筑物的最小距离(单位:m)   表2.4

线路电压(kV)	≤1	10	35
垂直距离	2.5	3.0	4.0
水平距离	1.0	1.5	3.0

架空线路导线与街道或厂区树木的距离不得小于表2.5所示的数值。

导线与树木的最小距离(单位:m)   表2.5

线路电压(kV)	≤1	10	35
垂直距离	1.0	1.5	3.5
水平距离	1.0	2.0	—

几种线路同杆架设时,电力线路应位于弱电线路的上方,高压线路位于低压线路的上方(图2.10)。

图2.9　架空线路实物图

图2.10　几种线路同杆架设实物图

几种线路同杆架设时应取得相关部门同意,且必须保证:

①电力线路应位于弱电线路的上方,高压线路位于低压线路的上方。

②同杆线路的导线间最小安全距离应符合表2.6中的规定。

同杆线路的最小距离(单位:m)   表2.6

项　　目	直线杆	分支(或转角杆)	项　　目	直线杆	分支(或转角杆)
10kV 与 10kV	0.8	0.45/0.60	低压与低压	0.6	0.3
10kV 与低压	1.2	1.0	低压与弱电	1.5	1.2

2)低压配电线路

从配电线路到用户进线处第一个支持点之间的一段架空导线称为接户线(图2.11)。从接户线引入室内的一段导线称为进户线。接户线对地最小距离应符合表2.7中的规定。低压接户线的线间最小距离见表2.8。

接户线对地最小距离　　　　　　　　　　　表2.7

接户线电压		最小距离（m）
高压接户线		4.0
低压接户线	一般	2.5
	跨越通车街道	6.0
	跨越通车困难街道、人行道	3.5
	跨越胡同（里、弄、巷）	3.0

低压接户线的线间最小距离　　　　　　　　　表2.8

架设方式	挡距（m）	线间最小距离（cm）	架设方式	挡距（m）	线间最小距离（cm）
自电杆上到下	≤25	15	沿墙敷设	≤6	10
	>25	20		>6	15

3）电缆线路

直埋电缆埋设深度不应小于0.7m，并应位于冻土层之下（图2.12）。

图2.11　低压接户线实物图　　　　　图2.12　电缆埋设实物图

单元2.3　漏电保护装置

📖 **学习目标**

1. 掌握漏电保护装置的作用；
2. 了解漏电保护装置的组成和分类；
3. 掌握漏电保护装置的安装及使用要求。

✂ **学习内容**

漏电保护装置是用来防止人身触电和漏电引起事故的一种接地保护装置，当电路或用电设备漏电电流大于装置的整定值，或人、动物发生触电危险时，它能方便迅速切断事故电源，避免事故的扩大,保障人身、设备的安全。此外,漏电保护装置还可以防止漏电引起的火灾事故。

在低压配电系统中,无论是保护接地还是保护接零,只要相线与电气设备金属外壳接触,就会形成故障回路并产生故障电流,在外壳与大地间产生电位差,使触及带电外壳的人有生命危险。若线路的绝缘遭到破坏则会导致漏电,漏电电流的热效应又会加速绝缘的进一步老化,如此恶性循环的必然后果是酿成电气火灾。因此,为保护人民生命财产安全,必须推广使用漏电保护装置。

一、漏电保护装置的组成和分类

漏电保护装置的作用:一是在电气设备(或线路)发生漏电或接地故障时,能在人尚未触及之前就把电源切断;二是当人体触及带电体时,能在 0.1s 内切断电源,从而减轻电流对人体的伤害。

1. 漏电保护装置的组成

漏电保护装置主要由检测电路、判断或放大电路和执行电路三部分组成。

(1)检测电路:由漏电电流互感器将电网或电气设备的漏电电流转变为二次信号。

(2)判断或放大电路:根据检测电路送来的信号进行处理或放大,并决定是否送到执行电路。

(3)执行电路:根据判断或放大电路送来的信号做出切断电源或接通电源的决定。

2. 漏电保护装置的分类

漏电保护装置是一种在规定条件下,当漏电电流达到或超过给定值时,能够自动切断电路的机械开关电器或组合电器。它的结构分为单相和三相两种类型。根据漏电保护装置的工作原理,可分为电压型、电流型和脉冲型 3 种。

目前,应用广泛的是电流型漏电保护装置。按动作结构,可分为直接动作式和间接动作式。直接动作式是动作信号输出直接作用于脱扣器,使掉闸刀断电;间接动作式是对输出信号经放大、蓄能等处理后,使脱扣器动作掉闸刀。

漏电保护装置按保护功能和结构特征,大体上分为以下 4 类。

1)漏电继电器

漏电继电器由零序电流互感器和继电器组成。它只具备检测和判断功能,不具备开闭主电路功能。

2)漏电(保护)开关

漏电(保护)开关是由零序电流互感器、漏电脱扣器、主开关组装在绝缘外壳中,具有漏电保护及手动通断电路的功能,它一般不具有过载和短路保护功能,此类开关主要应用于住宅。

3)漏电保护插座

漏电保护插座是将漏电开关或漏电断路器与插座组合而成,使插座具有漏电(触电)保护功能,适用于移动电器和家用电器。

4)漏电断路器

漏电断路器是在断路器的基础上加装漏电保护部件而构成,所以在保护上具有漏电、过载及短路保护的功能,某些漏电断路器就是在断路器外拼装漏电保护部件而组成,见图 2.13、图 2.14。

图 2.13　漏电断路器

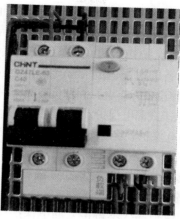

图 2.14　低压漏电断路器

二、漏电保护装置的选用和安装

1. 漏电保护装置的选用

选用漏电保护装置应首先根据保护对象的不同要求进行选型,既要保证技术上的有效性,还应考虑经济上的合理性。

漏电保护装置的额定电压、额定电流、分断能力等性能指标应与线路的条件相适应。漏电保护装置的类型应与供电线路、供电方式、用电设备特征相适应。

2. 漏电保护装置的安装

1)需要安装漏电保护装置的场所

(1)带金属外壳的Ⅰ类设备和手持式电动工具。

(2)安装在潮湿或强腐蚀等恶劣场所的电气设备。

(3)建筑施工工地的电气施工机械设备。

(4)临时性电气设备。

(5)宾馆类的客房内的插座。

(6)触电危险性较大的民用建筑物内的插座。

(7)游泳池、喷水池或浴室类场所的水中照明设备。

(8)安装在水中的供电线路和电气设备。

(9)医院中直接接触人体的电气医疗设备(胸腔手术室除外)。

(10)公共场所的通道照明及应急照明电源,消防用电梯及确保公共场所安全的电气设备的电源。

(11)消防设备的电源,防盗报警装置用电源,以及其他不允许突然停电的场所或电气装置的电源。若在发生漏电时上述电源被一同切断,将造成严重事故或重大经济损失。所以,在上述情况下,应装设不切断电源的漏电报警装置。

2)漏电保护设备的安装要求

(1)安装漏电保护设备时,应检查产品合格证、认证标志、试验装置,发现异常情况必须停止安装。

（2）漏电保护设备的保护范围应是独立回路，不能与其他线路有电气上的连接。一台漏电保护设备容量不够时，不能两台并联使用，应选用容量符合要求的。

（3）安装漏电保护设备之前，应检查电气线路和电气设备的泄漏电流值和绝缘电阻值。当电气线路或设备的泄漏电流大于允许值时，必须更换绝缘良好的电气线路或设备。

（4）漏电保护设备标有电源侧和负载侧，安装时必须加以区别，并按照规定接线，不得接反。如果接反，会导致电子式漏电保护设备的脱扣线圈无法随电源切断而断电，以致长时间通电而烧毁。

（5）安装漏电保护设备后，不能撤掉或降低对线路、设备的接地或接零保护要求及措施，安装时应注意区分线路的工作零线和保护零线。工作零线应接入漏电保护设备，并应穿过漏电保护设备的零序电流互感器。经过漏电保护设备的工作零线不得作为保护零线，不得重复接地或接设备的外壳。

（6）线路的保护零线不得接入漏电保护设备。

（7）漏电保护设备安装完毕后，应操作试验按钮试验 3 次，带负载分合 3 次，确认动作正常后才能投入使用。

三、漏电保护设备的维护

由于漏电保护设备是涉及人身安全的重要电气产品，因此在日常工作中要按照国家有关漏电保护器运行的规定，做好运行维护工作，发现问题要及时处理。

（1）漏电保护设备投入运行后，应每年对保护系统进行一次普查，普查重点项目有：测试漏电动作电流值是否符合规定；测量电网和设备的绝缘电阻；测量中性点漏电流，消除电网中的各种漏电隐患；检查变压器和电机接地装置有无松动和接触不良。

（2）电工每月至少对保护设备用试跳器试验一次，每当雷击或其他原因使保护动作后，应作一次试验。雷雨季节需增加试验次数。停用的保护设备使用前应试验一次。

（3）保护设备动作后，若经检查未发现事故点，允许试送电一次。如果再次动作，应查明原因，找出故障，不得连续强送电。

（4）严禁私自撤除保护设备或强迫送电。

（5）漏电保护设备故障后要及时更换，并由专业人员修理。

（6）在保护范围内发生人身触电伤亡事故，应检查保护设备动作情况，分析未能起保护作用的原因，在未调查前要保护好现场，不得改动保护设备。

单元 2.4　保护接地与接零

学习目标

1. 掌握保护接地的方法；
2. 掌握保护接零的方法；
3. 了解保护接零的原理和要求；
4. 掌握重复接地的作用；
5. 了解重复接地的要求。

✂ **学习内容**

一、保护接地

所谓接地,就是将设备的某一部位经接地装置与大地可靠连接。接地分为工作接地和保护接地两类。工作接地是指正常情况下有电流流过,利用大地代替导线的接地,以及正常情况下没有或只有很小不平衡电流流过,用以维持系统安全运行的接地,如变压器的中性点接地等(图 2.15)。保护接地是指正常情况下没有电流流过的起防止事故作用的接地,如用电设备金属外壳的保护接地等(图 2.16)。

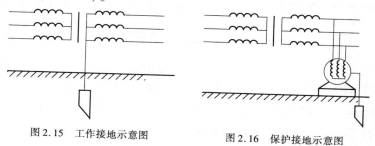

图 2.15　工作接地示意图　　　图 2.16　保护接地示意图

1. 保护接地的原理

保护接地,是将电气设备在故障情况下可能出现危险对地电压的金属部分(如外壳等)用导线与大地进行电气连接。

配电系统的保护接地有 IT 和 TT 两种,第一字母表示电力系统的对地关系:I 表示所有带电部分不接地或通过阻抗及等值线路接地,T 表示系统一点直接接地(通常指中性点直接接地);第二字母 T 表示独立于电力系统的可接地点直接接地。

1)IT 系统

设备有了保护接地以后,接地短路电流将同时沿接地体和人体两条通路通过,即漏电设备对地电压主要取决于保护接地电阻 R_E 的大小。由于 R_E 和 R_P 并联,且 $R_E < R_P$,可以近似地认为对地电压:$U_d = 3U \cdot R_E / (3R_P + Z)$。又因 $R_E < Z$,所以设备对地电压大大降低。只要适当控制 R_E 的大小,即可限制漏电设备对地电压在安全范围内,如图 2.17 所示。

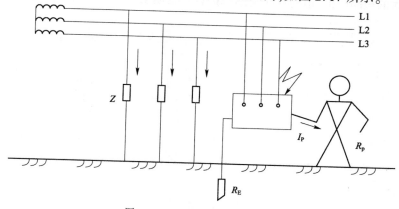

图 2.17　IT 系统保护原理示意图

2）TT 系统

在 TT 系统中，一旦发生设备碰壳短路（漏电），则接地短路电流将同时沿着设备接地体、人体与系统的接地体形成通路，保护接地电阻和人体电阻并联，如图 2.18 所示。

保护接地在中性点接地的系统中使用不能完全保证安全，必须限制接触电压值，此时一般可采用漏电保护器或过电流保护器作为附加保护。

2. 保护接地的适用范围

保护接地仅适合于中性点不接地的系统。

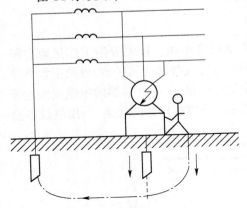

图 2.18　TT 系统保护原理示意图

二、保护接零

由于保护接零和保护接地都是防止间接接触电击的安全措施，做法上又有一些相似之处，因此没有严格区分这两种措施。保护接零有利于明确区分不接地配电网中的保护接地，有利于区分中性线和零线，有利于区分工作零线和保护零线。

1. 保护接零的原理

保护接零，是把电气设备在正常情况下不带电的金属部分与电网的零线或中性线紧密连接起来，宜用于中性点接地的低压系统中，如图 2.19 所示。

采用保护接零的低压配电系统称为 TN 系统。在 TN 系统中，字母 N 表示电气设备在正常情况下不带电的金属部分与配电网中性点之间金属性的连接，即与配电网保护零线（保护导体）的可靠连接，这种做法就是保护接零。或者说，TN 系统就是配电网低压中性点直接接地，电气设备接零的保护接零系统。

1）TN 系统保护原理

一旦设备发生碰壳事故，借零线形成单相短路，漏电电流将上升为很大的短路电流，迫使线路上的保护装置迅速动作而切断电源，如图 2.20 所示。

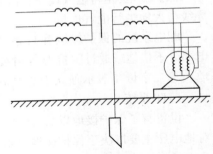

图 2.19　保护接零示意图

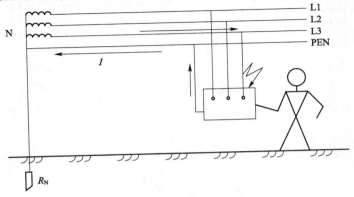

图 2.20　TN 系统保护原理示意图

漏电→单相短路→单相短路电流 ISS→单相短路保护元件动作→迅速切断电源→实现保护。

2)保护接零的形式

TN 系统又分为 TN-S、TN-C-S 和 TN-C3 种方式。

(1)TN-S 系统。

整个系统中,中性导体和保护导体是完全分开的,如图 2.21 所示,习惯叫法是三相五线制保护接零配电系统。在该系统中,中性导体视为带电体,单相电路由中性导体构成电气通路,三相电路由中性导体流过不平衡电流,而保护导体在正常情况下是不带电的,只有当外露可导电部分故障带电后,保护导体才短时带电,在该系统中,电气装置的外露可导电部分和装置外带电部分只能和保护导体作电气连接。

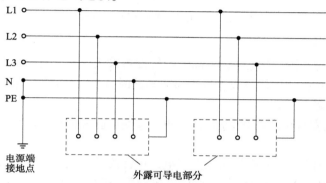

图 2.21　TN-S 系统保护原理示意图

(2)TN-C 系统。

整个系统中,中性导体和保护导体是完全合一的,如图 2.22 所示,习惯上叫三相四线制保护接零配电系统。在该系统中,电气装置外露可导电部分和装置外可导电部分均与 PEN 作电气连接。

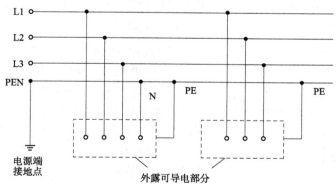

图 2.22　TN-C 系统保护原理示意图

(3)TN-C-S 系统。

在整个系统中,一部分中性导体和保护导体是合一的,另一部分中性导体和保护导体是分开的,一般在电源侧合一,在负荷侧分开,如图 2.23 所示,习惯上叫三相四线制变三相五线制保护接零配电系统。在该系统中,电气系统外露可导电部分和装置外可导电部分在变前接 PEN,变后接 PE。

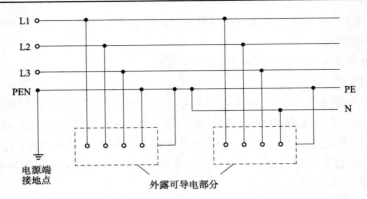

图 2.23 TN-C-S 系统保护原理示意图

2. 对 TN 系统的要求

(1)在同一低压系统中,不允许将一部分电气设备采用保护接地,而另一部分设备采用保护接零。否则,当保护接地的用电设备发生碰壳短路时,接零设备的外壳上将产生危险的对地电压,这样将会使故障范围扩大。

(2)零线上不能安装熔断器和断路器,以防止零线回路断开时,零线出现相电压而引起触电事故。

(3)在接三眼插座时,不允许将插座上接电源中性线的孔同保护线的孔串联。

(4)在 TN 系统中,除系统中性点必须良好接地外,还必须将零线重复接地。所谓重复接地是指中性线或接零保护线的一点或数点与地再作金属连接。

三、重复接地

中性线或接零保护线的一点或数点与地再作金属连接称为重复接地,如图 2.24 所示。重复接地是提高 TN 系统安全性能的重要措施。

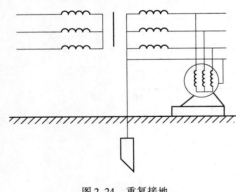

图 2.24 重复接地

1. 重复接地的作用

(1)减轻零线断开或接触不良时电击的危险性。

(2)降低漏电设备的对地电压。

(3)缩短漏电故障持续时间。

因为重复接地和工作接地构成零线的并联分支,所以当发生短路时,能增大单相短路电流,而且线路越长,效果越显著,这就加速了线路保护装置的动作,缩短了漏电故障持续时间。

(4)改善架空线路的防雷性能。

重复接地对雷电流有分流作用,有利于限制雷电过电压。

2. 重复接地的要求

(1)应充分利用自然接地体,当自然接地体电阻符合要求时,可不设人工接地体。发电厂、爆炸危险环境不允许利用自然接地体作为重复接地装置。当无自然接地体可利用时,应采用人工接地体。

（2）变配电所和生产车间的重复接地装置,应采用环形布置,以降低电气设备漏电时周围地面的电位梯度,减少接触电压和跨步电压。

（3）每一组重复接地装置的接地电阻应不大于 10Ω。

（4）同一保护接零系统中,规程规定重复接地点不少于 3 处。

（5）在 TN-C 系统中,应将 PEN 线进行重复接地;在 TN-S 系统中,应将 PE 线进行重复接地。

单元 2.5   等电位联结

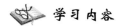

学习目标

1. 掌握等电位联结的方法;

2. 了解等电位联结的要求。

学习内容

一、等电位联结术语

1. 等电位联结（或连接）

等电位联结是使每个外露可导电部分及装置外导电部分的电位实质上相等的连接。

2. 总等电位联结

在建筑物电源进线处,将 PE 线、接地干线、总水管、煤气管、暖气管、空调立管以及建筑物基础、金属构件等做相互电气连接。

3. 辅助等电位联结

在某一局部范围内的等电位联结。

4. 等电位联结线

等电位联结线可作为等电位联结的保护导体。

5. 总接地端子、总接地母线

将保护导体（包括总等电位联结线）接至接地设施的端子或母线。

二、等电位联结

在每个厂矿企业、民用建筑物中,电气设备、各种用电机械繁多,形形色色的管道错综复杂,如果某个电气设备可导电部分或装置外可导电部分带电,某些设备对地呈现高电压,某些设备呈现低电压,人体如果触及,就会有触电危险。为了防止发生接触电压触电,在一个允许范围内,将所有外露可导电部分、装置外可导电部分、各种管道用导电体连接在一起,形成一个等电位空间,实际上就是保护线的再一次延伸和细化,这就是等电位联结。等电位联结分为总等电位联结和辅助等电位联结。

总等电位联结一般设总等电位联结箱,在箱内设一总接地端子排,该端子排与总配电柜的 PE 母线作电气连接,再由此端子引出足够的等电位联结线至各辅助等电位联结箱及其他需要作等电位联结的各种管线,等电位联结一般使用 40mm×4mm 的镀锌扁钢。

辅助等电位联结一般设辅助等电位联结箱,在该箱内再设一辅助接地端子排,该端子排与总等电位联结箱连接,再由此引出足够的辅助等电位联结线至各用电设备外露导电部分、装置外可导电部分及其需要等电位联结的设备,如各种管线(暖气片、洗手盆、浴盆、坐便器)的金属部分、插座保护导体以及相关的金属部件。

需要注意的是,各种易燃、易爆管道不能作为电气上的自然接地体,一定要作等电位联结。

三、对等电位联结的要求

(1)在总电位联结不能满足间接保护(故障情况下的电击保护)要求时,应采取辅助电位联结。

(2)处于等电位联结作用区以外的 TN、TT 系统的配电线路系统,应采用漏电保护。

(3)建筑物内的总等电位联结必须与下列导电部分相互联结:

①保护导体干线;

②接地干线和总接地端子;

③建筑物内的输送管道及类似金属件;

④集中采暖及空气调节系统的升压管;

⑤建筑物内金属构件等导电体;

⑥钢筋混凝土基础、楼板及平房的地板。

(4)辅助等电位联结必须包括固定设备的所有能同时触及的外露可导电部分和装置外导电部分。等电位系统必须与所有设备的保护导体(包括插座的保护导体)联结。

(5)等电位联结线的截面应满足以下要求:

①总等电位联结主母线的截面不小于装置最大保护导体截面的 1/2,但不小于 $6mm^2$;若采用铜线,其截面不超过 $25mm^2$;若为其他金属,其截面应能承受与之相符的载流量;

②联结两个外露可导电部分的辅助等电位线,其截面不小于接至该两个外露可导电部分较小保护导体的截面;

③联结外露可导电部分与装置外可导电部分的辅助等电位联结线,不应小于相应保护导体截面的 1/2。

(6)在某一局部单元建筑内,等电位联结线做成闭合环形。

单元 2.6　其他防护技术

学习目标

1.掌握静电防护的措施;

2.了解静电的利用;

3.了解雷电的危害和分类;

4.掌握雷电的防护措施。

 **学习内容**

一、静电防护

静电现象是一种常见的带电现象,如在干燥的天气用塑料梳子梳头,会听到"噼啪"的声音。所谓静电,并不是绝对静止的电,而是在宏观范围内暂时失去平衡的相对静止的正电荷或负电荷。

静电防护是指为防止静电积累所引起的人身电击、火灾和爆炸、电子器件失效和损坏,以及对生产的不良影响而采取的防范措施。其防范原则主要是抑制静电的产生,加速静电的泄漏,进行静电中和等。人穿非导电鞋时,由于行走等活动会产生、积蓄电荷,并可达到千伏级的电位。在毛毯上行走、脱衣等所产生最高电位可达2450V。此时人触及其他物体会产生火花放电并受到电击。人体活动中防静电措施主要有穿导电性鞋;工作服和内衣裤不使用化纤面料;穿混有导电性纤维或用防静电剂处理的防静电工作服;工作地面作导电化处理等。

1. 静电的危害

工艺过程产生的静电可能引起爆炸和火灾,也可能对人产生电击,还可能妨碍生产。其中,爆炸或火灾是最大的危害。

(1)爆炸和火灾。静电能量虽然不大,但因其电压很高所以容易发生放电。如果周围有易燃物质,又有由易燃物质形成的爆炸性混合物(包括爆炸性气体和蒸气)以及爆炸性粉尘等,即可能由静电火花引起爆炸或火灾。

(2)静电电击。静电电击不是电流持续通过人体的电击,而是静电放电造成的瞬间冲击性电击。

(3)妨碍生产。在某些生产过程中,如不消除静电,会妨碍生产或降低产品质量。电子技术行业,生产过程中的静电可能引起计算机、开关等电子元件误动作,可能对无线电设备、录音机等产生干扰。

2. 静电防护的技术措施

静电防护主要是对爆炸和火灾的防护。当然,一些防护措施对于防护静电电击和消除影响生产的危害也同样是有效的。常用的工业防静电措施如下。

(1)环境危险程度控制。为了防止静电的危害,可采用以下方式控制爆炸和火灾的危险性:取代易燃介质;降低爆炸性混合物的浓度;减少氧化剂含量,比较常见的是填充氮或二氧化碳,降低混合物的含氧量。

(2)工艺控制。工艺控制是从工艺上采取相应的措施,限制或避免静电的产生和积累。一般消除静电采用的方法有:材料的选用上,在存在摩擦且容易产生静电的场合,生产设备宜采用和生产物料相同的材料;在有静电危险的场所,工作人员不应穿丝绸、人造纤维等材质的衣服,以免产生静电;限制摩擦速度或流速以限制静电的产生;加强静电消散过程;消除附加静电。

(3)接地。接地是消除静电危害最常用的方法,它主要是消除导体上的静电。

(4)增加湿度。对于表面容易形成水膜的,即表面容易被水润湿的绝缘体,增湿对消除静电有效,如橡胶等;而对表面不容易形成水膜的或者表面不容易被水润湿的绝缘体,增湿对消除静电是无效的,如纯涤纶等。

(5)抗静电添加剂。抗静电添加剂是化学药剂,具有良好的导电性或较强的吸湿性。因此,可在容易产生静电的高绝缘材料中加入抗静电添加剂,降低材料的体积电阻率或表面电阻率,从而消除静电的危险。

(6)静电中和器。静电中和器又叫静电消除器,是能产生电子和离子的装置。与抗静电添加剂比,静电消除器具有不影响产品质量、使用方便等优点。

(7)加强静电安全管理。

3.静电的利用

静电的利用有静电除尘、静电喷涂、静电植绒、静电复印、净化空气等。

(1)静电除尘:可以消除烟气中的煤尘。

(2)静电复印:可以迅速、方便地把图书、资料、文件复印下来。

高压静电还能对白酒、酸醋和酱油的陈化有促进作用。陈化后的白酒、酸醋和酱油的味道会更纯正。

二、雷电防护

1.雷电的形成

雷电是大气中的一种放电现象,多形成在积雨云中,积雨云随着温度和气流的变化会不停运动,运动中摩擦生电,就形成了带电荷的云层,某些云层带有正电荷,另一些云层带有负电荷。当电荷积聚到一定程度时,不同电荷云层之间,或云层与大地之间的电场强度可以击穿空气,开始先导放电。当先导放电到达地面(地面上的建筑物、架空输电线等)时,便会产生由地面向云层的主放电。在主放电阶段,由于异性电荷的剧烈中和,会出现很大的雷电流,放电的高温会使空气急剧膨胀,发出爆炸的轰鸣声和闪光,这就是雷电。

2.雷电的分类

1)直击雷

雷云对地面或地面上的凸起物的直接放电,称为直击雷。

2)感应雷击

感应雷击是地面物体附近发生雷击时,由于静电感应和电磁感应引起的雷击现象。

3)球雷

雷电放电时产生的球状发光带电体称为球雷,球雷也会造成多种伤害。

4)雷电侵入波

雷电侵入波是由于雷击而在架空线路上或空中金属管道上产生的通过电压沿线或管道迅速传播的雷电波。

3.雷电的特点和危害

雷电的特点是:电压高、电流大、频率高、时间短。其危害主要如下。

(1)静电效应危害。当雷云对地面放电时,在雷击点主放电过程中,雷击点附近的架空线路、电气设备或架空管道上,由于静电感应产生静电感应过电压,过电压幅值可达几十万伏,使电气设备绝缘击穿,引起火灾或爆炸,造成设备损坏、人身伤亡。

(2)电磁效应危害。当雷云对地面放电时,在雷击点主放电过程中,雷击点附近的架空线路、电气设备或架空管道上,由于电磁感应产生电磁感应过电压,过电压幅值可达到几十万伏,能击穿电气设备绝缘体,引起火灾或爆炸,造成设备损坏、人身伤亡。

(3)热效应危害。雷电流过导体时,由于雷电电流很大,数值可达几十至几百千安,在极短的时间内使导体温度达几万摄氏度,可使金属熔化,周围易燃品起火燃烧,导致烧毁电气设备、烧断导线、烧伤人员、引起火灾。

(4)机械效应危害。强大的雷电流通过被击物时,被击物缝隙中的水分急剧受热气化,体积膨胀,使被击物遭受机械破坏、击毁杆塔、建筑物,劈裂电力线路的电杆和横担等。

(5)反击危害。当避雷针、避雷带、构架、建筑物等在遭受雷击时,雷电流通过以上物体及接地装置泄入大地,由于以上物体及接地装置具有电阻,在其上产生很高的冲击电位,当附近有人或其他物体时,可能对人或物体放电,这种放电称为反击。雷击架空线路或空中金属管道时,雷电波可能沿以上物体侵入室内,对人身及设备放电,造成反击。反击对设备和人身都构成危险。

(6)高电位危害。当雷电流引入大地时,在引入处地面上产生很高的冲击电位,人在其周围时,可能因遭受冲击接触电压和冲击跨步电压而造成电击伤害。

4. 雷电的防护

防雷装置的工作原理:利用它们比被保护物高的突出位置,将雷电引向自己,使雷电流通过引下线和接地装置流入大地,则被保护物可以免受雷击。但使用防雷装置后,也并不是万无一失的。

常用的防雷装置有避雷针、避雷线、避雷网、避雷带和避雷器。避雷器是一种专门的防雷设备,避雷针主要用来保护露天变电配电设备、建筑物和构筑物等,避雷线用来保护输配电线路,避雷网和避雷带用来保护建筑物,避雷器用来保护电力设备。防雷接地电阻应定期测试,阻值合格。

防雷装置由接闪器、引下线、接地装置 3 部分组成。

(1)接闪器。接闪器位于防雷装置的顶部,其作用是利用其高出被保护物的突出地位把雷电引向自身,承接直击雷放电。接闪器由下列各形式之一或任意组合而成:独立避雷针;直接装设在建筑物上的避雷针、避雷带或避雷网;屋顶上的永久性金属物及金属屋面;混凝土构件内钢筋。除利用混凝土构件内钢筋外,接闪器应镀(浸)锌,焊接处应涂防腐漆。在腐蚀性较强的场所,还应适当加大其截面或采取其他防腐措施。

(2)引下线。连接接闪器和接地装置的金属导体,称为引下线。引下线一般用圆钢或扁钢制作。

(3)接地装置。接地装置包括接地体和接地线。防雷接地装置与一般电气设备接地装置大体相同,所不同的只是比一般接地装置要大。

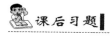 **课后习题**

1.什么是绝缘防护? 举例说明。

2. 绝缘材料的耐热等级有哪几级？

3. 为了保证屏护装置的有效性,必须满足什么条件？

4. 漏电保护装置的作用是什么？

5. 常见的漏电保护装置有哪些类型？如何选用？

6. 重复接地的作用是什么？

7. 工作接地和保护接地的区别是什么？

8. 什么是 TN 系统？TN 系统分哪几种形式？在正常情况下,就单相触电的危险程度而言,IT 系统与 TN 系统比较,哪个更危险？

9. 什么是等电位联结？

10. 静电的危害有哪些？静电防护的主要措施是什么？

11. 雷电的分类有哪些？常用的防雷装置有哪些？

单元 3　电 气 设 备 安 全 知 识

单元提示

为保障电力系统电气设备的安全运行,电厂、变电所运行检修人员需要对电气设备进行监视、维护、控制、操作和调整。从而加强电气设备的安全运行管理工作。

本单元主要讨论电气设备的安全知识,包括设备运行、监视、维护、操作、不正常运行及故障处理等方面的要求,以及运行检修人员在进行上述工作时,为保障人身安全和设备安全,应该遵循的技术规范和采用的安全技术措施。

单元3.1　电力变压器安全要求

学习目标

1. 掌握电力变压器运行维护需检查的项目及方法;
2. 掌握电力变压器不正常运行及故障处理的方法;
3. 能正确进行电力变压器巡视检查。

学习内容

电力变压器在电力系统中的使用数量是相当大的,在远距离高压输电线路中,需要升高电压,到了用户处,为了满足用电的要求,又需要降低电压,这就需要电力变压器。同时,在电能生产、输送、分配、使用过程中,变压器对电能的传输和安全使用起着重要的作用。

电力变压器的安全运行直接影响供电、负荷用电的安全性、电能的质量。一旦发生事故,将中断对部分用户的供电,修复所用时间也很长,可能造成严重的经济损失。为了确保变压器安全运行,工作人员既要日常巡视、维护,将可能出现事故的隐患消灭,同时,还要具备一旦发生事故,能够准确判断故障原因、正确处理事故、防止事故扩大的能力。

一、变压器安装要求

新购置或大修后的电力变压器,需要运到变(配)电所现场进行总装配及吊卸安装。电力变压器安装正确与否对变压器安全运行起着重要的作用。电力变压器的现场安装,必须按照有关变压器安装规程及厂家的技术说明书进行。

本节所述变压器安装,是指变压器由制造厂或修理厂运到现场,进行安装前的检查、验收,合格后进行安装调整、试验、试运行及安装使用交接的全过程。

1. 一般要求

变压器安装前应认真阅读变压器说明书、产品铭牌和产品外形尺寸图,了解产品重量、安装方法等内容,准备好相应的起吊设备和工具。

变压器带电导体与地的最小安全距离应符合《电力变压器第 3 部分:绝缘水平、绝缘试验和外绝缘的空气间隙》(GB/T 1094.3—2017)的规定。

变压器在室内安装时,一般应离开墙壁和其他障碍物 300mm,但对于配电箱和其他安装空间有限的场合,以上距离可适当调整。

变压器在配有外壳的情况下,其安装条件除满足变压器主机安装条件之外,外壳底部应与变压器底部(卸掉小车轮)在同一水平面上,对主机与外壳之间的相对位置也有一定的要求。

2. 安装前的准备

(1)编制一套完整、符合实际的运输、安装方案及所采取的组织、技术措施,包括设备、工具及测试仪器、材料准备及检查、人员培训、安全教育、防火措施落实。

(2)进行图纸会审,复核设计安装方式是否符合现行国家标准规范的要求。

(3)安装现场的了解、检查、测绘,编制安装进度。例如:检查安装现场屋顶、楼板、门窗等,确保无渗漏,不会影响变压器的安装。

(4)运输及安装现场的布置及清理。

(5)对土建基础进行检验。

(6)对吊运设备及工具进行检查。

3. 变压器质量控制及检查

(1)变压器的规格型号及容量符合施工图纸设计要求,并有合格证、出厂试验记录及技术数据文件。

(2)变压器外观检查:检查变压器的铭牌,变压器应装有铭牌,铭牌上应注明制造厂名、型号、额定容量,一二次额定电压、电流、阻抗电压及接线组别、重量、制造年月等技术数据,见图 3.1。

检查油箱的严密性,有无因运输造成新的渗漏和密封损坏、紧固螺栓松动等,如油箱箱盖或钟罩法兰及封板的连接螺栓应齐全,紧固良好并且没有渗漏。

(3)变压器铁芯、绕组的检查:检查变压器的铁芯,有无因搬运造成铁芯变形。检查绕组的绝缘层是否保持完整,无缺损、变位现象;各绕组排列整齐,间隙均匀,油路无堵塞;绕组的压钉应紧固,防松螺母应锁紧。

(4)变压器引出线检查:引出线绝缘包扎紧固,无破损、折弯现象;引出线绝缘距离应合格,固定牢靠,其固定支架应紧固;引出线的裸露部分应无毛刺或尖角,且焊接良好;引出线与套管的连接应牢靠,接线正确。

(5)变压器组、附件的检查。a. 检查附件、备件是否齐全,是否有锈蚀及机械损伤,密封是否良好。检查充油套管有无渗漏情况,测试其绝缘情况,充油套管的油位应正常、无渗油,瓷体无损伤。b. 检查和清洗散热器及现场烘干。c. 检查和清扫储油柜、安全气道、呼吸器、净油器、油标、温度计、气体继电器等。

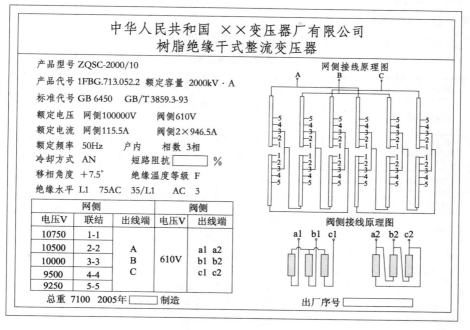

图 3.1　变压器铭牌

（6）变压器分接开关的检查：检查分接开关型号规格与铭牌上和随机技术文件中规定的是否一致，有无损坏，分接开关是否灵活。检查动、静触头有无损坏或错位。

（7）变压器绝缘性能的检测：进行变压器绝缘性能的判断与测试，如摇测变压器各部位绝缘电阻、吸收比等。当绝缘电阻值、吸收比等参数不符合标准，应找出原因后进行干燥处理。

（8）零件的检查和清点：检查各紧固件规格及有无乱扣和撞坏，清点数量。检查和清点各密封衬垫有无变形，规格数量是否齐全。

（9）检查各部位有无油泥、水滴和金属屑末等杂物。

（10）检查完毕后，需要使用合格的变压器油进行冲洗，并清洗油箱底部，不得有遗留杂物。

（11）变压器注油工作的准备和注油。

4. 变压器安装程序

安装施工现场、吊运设备、变压器器身及全部组、附件检查完毕，即具备了变压器安装工作条件，大致的安装过程如下。

（1）箱体的安装就位，调整和紧固。

（2）附件的安装及紧固。

（3）注油和干燥。

（4）接线、接地及相序组别的检测。

（5）调整和检查保护装置。

（6）安装收尾，现场清理。

（7）交接试验。

（8）试运行准备及试运行。

（9）验收、交付投运使用。

5. 变压器安装内容

各类电力变压器的主要安装内容及工作范围如表 3.1 所示。

　　　　　　　　　　　　　　　　　表 3.1

序号	安装程序	安装内容
1	现场验收	安装前,安装施工部门对现场检查,对所安装变压器主体、组件、附件及随机资料一一验收
2	安装前准备	做好技术准备和材料及工具准备。准备好施工方案,进行设计、技术交底;准备好通用、专用工具及吊装设备,并备齐安装材料,布置好防火设施及进行人员安全教育
3	附件安装	安装组、附件前一一检查,合格后按规程规定安装好,且做好密封试验
4	注油干燥	采用真空注油、真空脱气注油,绝缘干燥及绝缘的测试,均要达到标准要求
5	交接试验	变压器交接试验的内容: （1）测量绕组连同套管的直流电阻; （2）检查所有分接头的变压比; （3）检查变压器的三相结线组别和单相变压器引出线的极性; （4）测量绕组连同套管的绝缘电阻、吸收比或极化指数; （5）测量绕组连同套管的介质损耗角正切值 $\tan\delta$; （6）测量绕组连同套管的直流泄漏电流; （7）绕组连同套管的交流耐压试验; （8）绕组连同套管的局部放电试验; （9）测量与铁芯绝缘的各紧固件及铁芯接地线引出套管对外壳的绝缘电阻; （10）非纯瓷套管的试验; （11）绝缘油试验; （12）有载调压切换装置的检查和试验; （13）额定电压下的冲击合闸试验; （14）检查相位; （15）测量噪声
6	收尾、交接及试运行	不少于 72h 的试运行（初试）后,清理现场,整理好安装及试验资料,进行交接,交接后正式投入运行和监视

二、变压器安全运行要求

（1）变压器可以并列运行,必须满足下列条件:

① 线圈接线组别相同。

② 电压比相等,误差不超过 0.5%。

③ 短路电压相等,误差不超出 10%。

④ 变压器容量比不大于 3:1。

⑤ 相序相同。

（2）变压器第一次并联前必须做好相序校验。

（3）不带有载调压装置的变压器不允许带电倒分接头。320kV·A 以上的变压器在分接头倒换前后,应测量直流电阻,检查回路的完整性和三相电阻的均一性。

（4）变压器投入或退出运行须遵守以下程序：

①高低压侧都有开关和隔离开关的变压器投入运行时,应先投入变压器两侧的所有隔离开关,然后投入高压侧的开关,向变压器充电,再投入低压侧开关向低压母线充电,停电时顺序相反。

②低压侧无开关的变压器投入运行时,先投入高压开关一侧的隔离开关,然后投入高压侧的开关,向变压器充电,再投入低压侧的刀闸、空气开关等向低压母线供电,停电时顺序相反。

③当变压器高压回路中没有开关时,可以用隔离开关投、切空载电流不超过 2A 的空载变压器。

三、变压器巡视检查及异常情况的处理

对运行中的变压器进行巡视检查和维护,是电力运行检修人员重要任务之一。在日常巡视检查和运行维护工作中,运检人员应遵守变压器巡视检查中的有关安全规定和运行维护的注意事项,正确使用巡视、检查方法,保障人身安全和设备安全。

设备巡视的安全规定和要求,根据《电力安全工作规程》中有关规定：

（1）经本单位批准允许单独巡视高压设备的人员巡视高压设备时,不准进行其他工作,不准移开或越过遮栏。要求巡视人员专心、注意力集中,并与带电体保持足够的安全距离,见表3.2。

设备不停电时的安全距离

表3.2

电压等级（kV）	安全距离（m）	电压等级（kV）	安全距离（m）
10 及以下（13.8）	0.70	750	7.20
20、35	1.00	1000	8.70
63(66)、110	1.50	±50 及以下	1.50
220	3.00	±500	6.00
330	4.00	±660	8.40
500	5.00	±800	9.30

（2）雷雨天气,需要巡视室外高压设备时,巡视人员应穿绝缘靴,并且不准靠近避雷器和避雷针,防止可能产生危险的跨步电压。

（3）火灾、地震、台风、冰雪、洪水、泥石流、沙尘暴等灾害发生时,如需对设备进行巡视,应制定必要的安全措施,得到设备运行单位批准,并至少两人一组作业。巡视人员应与派出部门之间保持通信联络,保证人身安全。

（4）高压设备发生接地故障时,在室内,巡视人员与接地故障点保持4m 以上距离;在室外,巡视人员要与接地故障点保持8m 以上距离。若进入上述范围,巡视人员应穿绝缘靴,接触设备的外壳和构架时必须戴绝缘手套。

（5）巡视人员巡视室内设备,应随手关门。

（6）设备巡视检查分正常巡视和特殊巡视,正常巡视检查每班不得少于 2 次,特殊巡视检查视现场运行规程而定。

1. 变压器运行监视的一般要求

安装在发电厂和变电站内的变压器,以及无人值班变电站内有远方监测装置的变压器,运

行人员应经常监视仪表的指示,及时掌握变压器运行情况。监视仪表的抄表次数由现场规程规定。当变压器超过额定电流运行时,要做好记录。

无人值班变电站的变压器,运行人员每次定期检查时,需要记录其电压、电流和顶层油温,以及曾达到的最高顶层油温等。对配电变压器应在最大负载期间测量三相电流,并设法保持基本平衡。测量周期由现场规程规定。

2. 变压器的日常巡视检查要求

①发电厂和变电站内的变压器,每天至少进行一次巡视检查;每周至少进行一次夜间巡视。

②无人值班变电站内,容量为 3150kV·A 及以上的变压器每 10 天至少进行一次巡视检查,3150kV·A 以下的每月至少一次巡视检查。

③2500kV·A 及以下的配电变压器,装于室内的每月至少进行一次巡视检查,户外(包括郊区及农村的)每季至少进行一次巡视检查。

在下列情况下应对变压器进行特殊巡视检查,增加巡视检查次数:

①新设备或经过检修、改造的变压器在投运 72h 内;

②变压器有严重缺陷时;

③气象突变(如大风、大雾、大雪、冰雹、寒潮等)时;

④雷雨季节特别是雷雨后;

⑤高温季节、高峰负载期间;

⑥变压器过负荷运行时。

3. 变压器日常巡视检查项目及内容

运行人员应定期对变压器进行巡视检查,巡视检查过程中要遵循"看、听、嗅、测"的规则,并结合仪表和其他检测器的指示,检查设备是否出现异常现象或存在缺陷。日常巡视检查项目与内容见表3.3。

日常巡视检查项目及内容　　　　　　　　　　　　表 3.3

准则	巡视检查项目	巡视内容
看	变压器外部表面洁净度	变压器表面有无积污
	绝缘套管	套管外部有无破损裂纹、有无严重油污、有无放电痕迹及其他异常现象; 高低压接头的螺栓是否紧固,有无接触不良和发热现象
	储油柜及油位计	检查油位和油色,各密封处有无渗油和漏油现象; 油面过高,可能是冷却装置运行不正常或变压器内部故障等造成的油温过高所引起的;油面过低,可能有渗油现象。变压器油色正常应为透明略带浅黄色,若油色变深变暗说明油质变坏
	温度计	检查油温是否超过允许值; 变压器上层油温一般不超过 85℃,最高不超过 95℃。油温过高,可能是变压器过负荷引起,也可能是由于变压器出现内部故障
	气体继电器	气体继电器内是否充满油,有无气体存在; 继电器与储油柜连接阀门应打开

续上表

准则	巡视检查项目	巡视内容
看	防爆装置	安全气道及防爆膜是否完好无损、无裂纹、无积油,压力释放器的标示杆未突出且无喷油痕迹
	呼吸器	呼吸器通道是否顺畅且变色硅胶不超过2/3
	接地装置	接地线连接是否良好
	分接开关位置	分接开关的分接位置及电源指示是否正常
听	听响声	检查变压器的声响是否正常; 变压器正常运行时,一般有均匀的"嗡嗡"声,应无异常声响和振动,尤其是变压器油箱内部无噼啪的放电声。若声响较平常沉重,说明变压器过负荷;若声响尖锐,说明电源电压过高
嗅	闻味道	检查变压器冷却器电动机、端子箱、控制箱内接触器、热继电器、接线端子、绝缘板等是否有过热现象,即是否有异常焦臭味
测	接地线电流值	检查接地线可靠性,采用钳形电流表测量铁芯接地线电流值,应不大于0.5A

4. 变压器异常情况的处理

(1)值班人员在变压器运行中发现不正常现象时,应设法尽快消除,并报告上级、做好记录。

(2)变压器有下列情况之一者应立即停运,若有运用中的备用变压器,应尽可能先将其投入运行:

①变压器声响明显增大,内部有爆裂声;

②严重漏油或喷油,使油面下降到低于油位计的指示限度;

③套管有严重的破损和放电现象;

④变压器冒烟着火。

(3)当发生危及变压器安全的故障,而变压器的有关保护装置拒动时,值班人员应立即将变压器停运。

(4)当变压器附近的设备着火、爆炸或发生其他情况对变压器构成严重威胁时,值班人员应立即将变压器停运。

(5)出现轻瓦斯信号时应对变压器进行检查。如由于油位降低油枕无油时,应加油;如瓦斯继电器内有气体时,应观察气体颜色及时上报,并做相应处理。

变压器重瓦斯保护动作跳闸时,必须详细检查变压器。查明无内部故障症状,并测量变压器绝缘电阻后,才可重新投入运行。查明瓦斯保护装置不良引起误动作时,可将瓦斯保护停用。

(6)变压器跳闸和灭火:

①变压器跳闸后,应立即查明原因。如综合判断变压器跳闸是不是由于内部故障所引起,是否可重新投入运行;若变压器有内部故障的现象时,应做进一步检查。

②变压器跳闸后,应立即切断油泵。

③变压器着火时,应立即断开电源,停运冷却器,并迅速采取灭火措施,防止火势蔓延。

单元 3.2　高压断路器的安全要求

学习目标

1. 掌握高压断路器运行维护需检查的项目及方法；
2. 掌握高压断路器不正常运行的情况及处理的方法；
3. 能正确进行高压断路器巡视检查。

学习内容

高压断路器又名高压开关，是电力系统中最重要的开关电器和保护电器。断路器具有相当完善的灭弧结构和足够的断流能力，可拉合工作电流、过负荷电流，以及故障情况下的短路电流，从而迅速切断故障电源，防止事故扩大，保证系统的安全运行。断路器可分为油断路器（多油断路器、少油断路器）、六氟化硫断路器（SF6 断路器）、真空断路器、压缩空气断路器等。

断路器在运行中一旦发生故障，如拒动、误动，不仅会影响供电可靠性或损坏设备，还可能危及操作人员的人身安全和电网的安全运行。因此，断路器的安全运行是保证电力系统安全运行的一个重要内容。

为了确保断路器安全运行，工作人员既要日常巡视、维护、操作，将可能出现的事故消灭，同时，还要具备一旦发生事故，能够准确判断故障原因、正确处理事故和检修、防止事故扩大的能力。

一、高压断路器安装要求

1. 一般要求

（1）安装前的各零件、组件必须检验合格。

（2）安装用的工位器具、工具必须清洁并满足装配要求。紧固件拧紧时应使用呆扳手或梅花、套筒扳手，在灭弧室附近拧螺栓，不得使用活扳手。

（3）安装顺序应遵守安装工艺规程，各元件安装的紧固件规格必须按设计规定采用。特别是灭弧室静触头端固定的螺栓，其长度规格不可弄错。

（4）装配后的极间距离，上、下出线的位置距离应符合图样尺寸的要求。

（5）各转动、滑动件装配后应运动自如，运动摩擦处应涂抹润滑油脂。

（6）调整试验合格后应清洁抹净，各零部件的可调连接部位均应用红漆打点标记，出线端处涂抹凡士林并用洁净的纸包封保护。

2. 安装前的准备

（1）高压开关设备规格、型号、电压等级应符合设计要求。

（2）设备应装有铭牌，注明生产厂家及规格、型号，并有产品合格证及技术文件。

（3）设备附件齐全，外观检查完好，瓷件无破损及裂纹。

（4）安装用的材料均应有合格证,材料规格、型号符合设计要求,型钢无明显锈蚀。除地脚螺栓外,其他紧固螺栓及垫圈均应采用镀锌件。

（5）安装工具准备完善。

（6）土建工程基本施工完毕,墙面、屋顶喷浆刷漆完毕,无漏水。门窗玻璃安齐,门加锁。

（7）与高压开关有关的电气设备(如开关柜、变压器)安装完毕,检验合格。

（8）施工图纸及技术资料齐全,并有可靠的安全、消防措施。

（9）安装场地清理干净,有适度照明,必要时还应搭设脚手架。

3. 安装程序

设备开箱点件→型钢支架制作安装→设备安装→操作机构安装调整→引线安装→设备及支架接地(接零)→耐压试验→送电运行验收

二、高压断路器安全运行要求

1. 一般要求

根据《高压断路器运行规程》(电供〔1991〕30号)中规定:

（1）断路器应有标示基本参数等内容的铭牌。断路器技术参数必须满足装设地点运行工况的要求。

（2）断路器的分、合闸指示器应易于观察且指示正确。

（3）断路器接地金属外壳应有明显的接地标志,接地螺栓应不小于 M12 且接触良好。

（4）断路器接线板的连接处或其他必要的地方应有监视运行温度的措施,如示温蜡片等。

（5）每台断路器应有运行编号和名称。

（6）断路器外露的带电部分应有明显的相位漆。

2. 油断路器的技术要求

（1）有易于观察的油位指示器和上、下限油位监视线。

（2）绝缘油牌号、性能应满足当地最低气温的要求。

3. 六氟化硫(SF6)断路器的技术要求

（1）为监视 SF6 气体压力,应装有密度继电器或压力表。

（2）断路器应附有压力—温度关系曲线。

（3）具有 SF6 气体补气接口。

4. 真空断路器的技术要求

应配有限制操作过电压的保护装置。

5. 操动机构的配置要求

（1）根据变电所的操作能源性质,断路器的操动机构可选用下列形式之一:

①电磁操动机构;

②弹簧操动机构;

③液压操动机构;

④气动操动机构。

（2）操动机构的操作方式应满足实际运行工况的要求。

（3）操动机构脱扣线圈的端子动作电压应满足以下要求：

①低于额定电压的30%时，应不动作；

②高于额定电压的65%时，应可靠动作。

（4）采用电磁操动机构时对合闸电源有如下要求：

①在任何运行工况下，断路器合闸过程中电源应保持稳定；

②运行中电源电压如有变化，其合闸线圈通流时，端子电压不低于额定电压的80%，最高不得高于额定电压的110%。

（5）机构箱应具有防尘、防潮、防小动物进入及通风措施，液压与气动机构应有加热装置和恒温控制措施。

6. 断路器的投运

（1）新装或大修后的断路器，投运前必须验收合格才能施加运行电压。

（2）新装断路器的验收项目按现行《电气装置安装工程 接地装置施工及验收规范》（GB 50169）及有关规定执行。大修后的验收项目按大修报告执行。

三、高压断路器巡视检查及异常情况的处理

高压断路器的巡视检查包括断路器本体和操动机构。

1. 断路器正常运行的巡视检查要求

（1）投入电网和处于备用状态的高压断路器必须定期进行巡视检查，有人值班的变电所和发电厂升压站由值班人员负责巡视检查。无人值班的变电所由供电局运行值班人员按计划日程负责巡视检查。

（2）巡视检查的周期：有人值班的变电所和升压站每天当班巡视不少于1次；无人值班的变电所由当地按具体情况确定，通常每月不少于2次。

2. 断路器日常巡视检查

运行人员应定期对断路器进行巡视检查，巡视检查过程中要遵循"看、听、嗅"规则，检查设备是否出现异常现象或存在缺陷。

（1）看：对断路器进行外观检查。

①分、合位置指示正确，并与当时实际运行工况相符；

②套管清洁，无裂痕、破损；

③接头连接良好，无过热现象；

④真空断路器、真空包无漏气放电；

⑤油断路器：油位、油色是否正常，即检查本体套管的油位在正常范围内，油色透明无炭黑悬浮物；

⑥SF6 断路器：SF6 气体无泄漏。

（2）听：听断路器的运行声音。

①真空断路器的瓷套、真空包应无放电声；

②油断路器没有油的翻滚声；

③SF6 断路器无气体泄漏声和振动声。

（3）嗅：闻气味。

通过断路器无焦臭味，来判断断路器分合闸绕组、接触器、电机无过热现象。

3. 巡视注意事项

（1）巡视人员应遵守《电力安全工作规程》中有关巡视检查的安全规定，如在巡视时不得随意打开间隔门；进入 SF6 高压配电室应先开启通风机，并不少于 15min；在报警状态下不得进入 SF6 高压配电室，如要进入则要戴防毒面具、手套，穿防护衣。

（2）在气温低的冬天，要按照运行规程开启加热器，对少油断路器和 SF6 断路器进行加热，防止油、气黏度增大而导致开断能力下降。

（3）在断路器故障跳闸、强送电后，气温突变、高温高峰负荷期间，应进行特殊巡视。

4. 异常情况的处理

（1）值班人员在断路器运行中发现任何不正常现象（如漏油、渗油、油位指示器显示油位过低，SF6 气压下降或有异响、分合闸位置指示不正确等），应及时予以消除，不能及时消除的报告上级领导并将相应情况记入运行记录簿和设备缺陷记录簿内。

（2）值班人员若发现设备有威胁电网安全运行且不停电难以消除的缺陷时，应向值班调度员汇报，及时申请停电处理，并报告上级领导。

（3）断路器有下列情形之一者，应申请立即停电处理：

①套管有严重破损和放电现象；

②多油断路器内部有爆裂声；

③少油断路器灭弧室冒烟或内部有异常声响；

④油断路器严重漏油，油位不见；

⑤空气断路器内部有异常声响或严重漏气，压力下降、橡胶垫吹出；

⑥SF6 气室严重漏气发出操作闭锁信号；

⑦真空断路器出现真空损坏的咝咝声；

⑧液压机构突然失压到零。

四、高压断路器操作要求

高压断路器是重要的开关电器和保护电器，也是倒闸操作的主要操作对象之一。为正确使用和操作断路器，电气运行人员应遵循以下安全技术原则。

1. 熟悉所操作断路器的技术性能

目前现场使用的断路器主要有真空断路器、少油断路器和 SF6 断路器等 3 种类型，熟悉其技术性能，如灭弧、操作性能，是保证正确操作断路器的前提之一。如 SF6 断路器是利用加压的 SF6 气体灭弧，操作前应检查灭弧室 SF6 气压和水分含量，防止在 SF6 气体压力不足或严重劣化的状态下操作断路器切合电路；又如储能式操动机构在操作前应储好能量，所以在对配置储能式操动机构的断路器操作前，要检查液压操动机构的压力、弹簧操动机构的合闸弹簧位置。了解设备性能，才能检查到位，保证操作的正确性。

2. 了解所操作断路器当前状况

了解断路器当前健康情况,是为了防止在操作过程中出现意外事故,如发生断路器爆炸。所操作的断路器是否存在缺陷,这些缺陷是否对操作断路器有影响,电气运行人员要做到心中有数。如真空断路器的真空度是否严重下降,油断路器是否严重缺油,空气和SF6断路器气体压力异常(如突然降至零等),这些对操作断路器有重大影响的设备缺陷,电气运行人员要及时了解,在消除缺陷后才能进行操作。

3. 掌握断路器安全操作基本要领

正确安全地操作断路器,还要掌握下列有关安全操作的要领:

(1)在断路器合闸过程中,灭弧介质会出现预击穿现象,介质被游离产生出气体,导致灭弧室压力增大。因手动合闸速度较慢,燃弧时间较长,容易造成灭弧室压力过高,若超过断路器的机械强度,将导致断路器爆炸。所以,在一般情况下不允许带电手动操作合闸。

(2)断路器合闸前,必须投入相关继电保护装置和自动装置,以便合在故障设备上或带接地线合闸时,断路器能迅速动作跳闸,避免越级跳闸扩大事故,影响停电范围。

(3)了解当前运行方式对断路器操作的影响,如在某运行方式下合上断路器,最大短路电流是否大于断路器的开断电流;在某运行方式下操作断路器,是否会引起谐振过电压,操作断路器时要避开这些可能导致危险的运行方式。

(4)用控制开关进行断路器合、分闸时,应动作迅速,待指示灯亮后才松手返回;也应该注意不要用力过猛,以免损坏控制开关。

(5)断路器操作完成后,应检查相关仪表和信号指示,避免非全相合、分闸,确保动作的正确性。

(6)在误合、分闸可能造成人身伤亡事故或设备事故的情况下,如断路器检修、断路器存在严重缺陷不能分闸以及继电保护装置故障,应断开断路器的操作电源。

(7)现场作业时,对有"遥控"操作的断路器,应将控制方式切换到"就地控制",并断开操作电源,悬挂"禁止合闸"标示牌。

(8)断路器经检修恢复运行,操作前应检查检修中为保证人身安全所设置的措施(如接地线等)是否全部拆除、防误闭锁装置是否正常。

(9)长期停运的断路器在正式执行操作前应通过远方控制方式试操作2~3次,无异常后方能按操作票拟定的方式操作。

(10)操作前应检查控制回路、辅助回路、控制电源(气源)或液压回路均正常,储能机构已储能,具备运行操作条件。

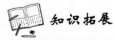 知识拓展

高压断路器巡视检查项目

根据《高压断路器运行规程》规定,高压断路器巡视检查项目如下:

一、断路器正常运行的巡视检查

1. 巡视检查的周期

每天当班巡视不少于1次。

2. 油断路器巡视检查项目

(1)断路器的分、合位置指示正确,并与当时实际运行工况相符。

(2)主触头接触良好不过热,主触头外露的少油断路器示温蜡片不熔化,变色漆不变化,多油断路器外壳温度与环境温度相比无较大差异,内部无异响。

(3)本体套管的油位在正常范围内,油色透明无炭黑悬浮物。

(4)无渗油、漏油痕迹,放油阀关闭紧密。

(5)套管、瓷瓶无裂痕,无放电声和电晕。

(6)引线的连接部位接触良好,无过热。

(7)排气装备完好,隔栅完整。

(8)接地完好。

(9)防雨帽无鸟窝。

(10)注意断路器环境条件,户外断路器栅栏完好,设备附近无杂草和杂物,配电室的门窗、通风及照明应良好。

3. 六氟化硫(SF6)断路器的巡视检查项目

(1)每日定时记录 SF6 气体压力和温度。

(2)断路器各部分及管道无异声(漏气声、振动声)及异味,管道夹头正常。

(3)管道无裂痕、无放电声和电晕。

(4)引线连接部位无过热、引线弛度适中。

(5)断路器分、合位置指示正确,并和当时实际运行情况相符。

(6)接地完好。

(7)巡视环境条件:附近无杂物。

4. 真空断路器的巡视检查项目

(1)分、合位置指示正确,并与当时实际运行工况相符。

(2)支持绝缘子无裂痕及放电异声。

(3)真空灭弧室无异常。

(4)接地完好。

(5)引线接触部分无过热,引线弛度适中。

5. 电磁操动机构的巡视检查项目

(1)机构箱门平整、开启灵活、关闭紧密。

(2)检查分、合闸线图及合闸接触器线圈无冒烟异味。

(3)直流电源回路接线端子无松脱、无铜绿或锈蚀。

(4)加热器正常完好。

6. 弹簧机构的检查项目

(1)机构箱门平整、开启灵活、关闭紧密。

(2)断路器在运行状态,储能电动机的电源闸刀或熔丝应在闭合位置。

(3)检查储能电动机、行程开关节点无卡壳和变形,分、合闸线圈无冒烟异味。

(4)断路器在分、合闸备用状态时,分闸连杆应复归,分闸锁扣到位,合闸弹簧应储能;防凝露加热器良好。

7.记录巡视检查结果

在运行记录簿上记录检查时间、巡视人员姓名和设备状况。设备缺陷尚需按缺陷管理制度的分类登入缺陷记录簿。

二、断路器的特殊巡视

(1)新设备投运的巡视检查周期应相对缩短。投运72h以后转入正常巡视。

(2)夜间闭灯巡视每周1次。

(3)气象突变,增加巡视。

(4)雷雨季节雷击后应进行巡视检查。

(5)高温季节高峰负荷期间应加强巡视。

单元3.3 隔离开关安全要求

学习目标

1.掌握隔离开关运行维护需检查的项目及方法;

2.掌握隔离开关不正常运行的情况及处理方法;

3.能正确进行隔离开关巡视检查和正确操作。

学习内容

隔离开关又名刀闸,是高压开关电器中使用最多的一种电器,主要特点是无灭弧能力,只能在没有负荷电流的情况下分、合电路。

隔离开关的主要用途是保证检修电气设备的工作安全。在需要检修的部分和其他带电部分之间,用隔离开关构成足够大的明显可见的空气绝缘间隔。隔离开关还可用于倒闸操作,用来进行某些电路的切换操作,改变系统的运行方式,如将电气设备或线路从一组母线切换到另一组母线上。

隔离开关工作原理及结构比较简单,但是由于使用量大,工作可靠性要求高,对变电所、电厂的设计、建设和安全运行的影响较大。隔离开关在运行中一旦发生故障,不仅会影响供电可靠性或设备检修工作,还可能危及操作人员的人身安全和电网的安全运行。因此,隔离开关的安全运行是保证电力系统安全运行的一项重要内容。

为了确保隔离开关安全运行,工作人员既要日常巡视、维护、正常操作,将可能出现的事故隐患消灭在萌芽之中,同时,还要具备一旦发生事故,能够准确判断故障原因,正确处理事故,并进行检修的能力。

一、隔离开关安装要求

1.一般要求

(1)隔离开关安装前应进行安全交底、技术交底。

(2)工作人员须戴好安全帽、安全带等安全用品,特别是在隔离开关上进行作业的人员,使用安全带应高挂低用,传递工具应用绳子,严禁抛掷。

（3）搬运瓷瓶时要小心轻放,注意安装环境,防止瓷瓶滚动碰到硬物损坏。

（4）未能及时安装的瓷瓶要用挡板保护好,切勿长期裸露放置。

（5）吊装前要检查吊车情况及选用合格吊绳,并设专人指挥;严禁吊装车辆带病作业。

（6）35kV 隔离开关在断开位置时不准移动。

（7）到隔离开关上工作的人员,上下瓷瓶注意防滑,严禁穿硬底靴,要拿好工器具,防止工具脱落碰坏瓷瓶,同时注意避免隔离开关转动部分伤人。

（8）使用电焊、火焊时要注意防火,保护工作区的设备用隔板分挡,防止焊渣烧伤设备。

（9）使用切割机及角磨机时要戴好防护眼镜。

（10）设备吊装时要选好捆绑点并绑扎牢固,防止捆绑扣件脱落。

（11）开箱板应堆放整齐并及时清理,防止朝天钉伤人。

（12）开关连接部分及底座的螺栓要拧紧,防止倾倒脱落。

2.安装前的准备

1）基础部分检查及要求

（1）隔离开关基础高差、相隔距离、柱间距离及平面位置符合设计要求。

（2）混凝土杆外观良好,无裂纹,铁件无锈蚀,外形尺寸符合要求。

（3）三柱式隔离开关的基础高差及中心偏移尺寸符合规定。

（4）金属支架镀锌层完好,无锈蚀。

（5）确认隔离开关的安装方向,并使同一轴线的隔离开关方向一致。

（6）柱顶铁件无变形、扭曲,加固筋齐全。

2）现场保管

（1）隔离开关应按不同保管要求置于室内或室外平整无积水的场地,并保证方便二次倒运。

（2）设备及瓷件应放置平稳,不得倾倒、损坏,触头及操动机构的金属传动部件有防锈措施。

3）开箱检验

（1）核对图纸,检测隔离开关总数与各型号隔离开关数量是否一致。

（2）核对型号规格是否与设计相符,对各箱件分组分类存放于室外或室内平整场地。

（3）检查隔离开关本体有无机械损伤,导电杆及触头有无变形,主闸刀、指形触头与柱形触头是否清洁,镀锌层是否用凡士林保护,触指压力是否均匀,接触情况是否完好。

（4）检查可转动接线端子是否灵活,护罩是否完好,接线端子接触面是否镀银。

（5）清洁绝缘子上的灰尘油污等,检查绝缘子有无裂纹、破损等缺陷,检查铁法兰与瓷件的胶合处有无松动、裂纹和锈蚀现象。

（6）检查各转动轴承转动是否灵活。

（7）检查各连接螺栓是否脱落。

（8）检查各附件是否齐全完整（包括产品说明书和合格证）。

（9）检查隔离开关底架有无变形、油漆脱落、锈蚀等缺陷,检查其尺寸是否与设计一致。

（10）检查备品备件数量。

在以上检查中,如发现异常应及时做好记录报告,并与制造厂联系尽快更换或补供。

二、高压隔离开关安全运行要求

1. 一般要求

《高压隔离开关运行规程》中对高压隔离开关安全运行一般要求如下。

(1)应定期进行巡视检查,特别是当断路器跳闸后应立即进行巡视检查。

(2)各部绝缘子应无裂纹、无放电现象及放电痕迹。

(3)各部接点应无松动与过热现象,如有发热变色应立即停下或减负荷,并且加强巡视,报告领导。

(4)隔离开关的金属支架应可靠接地,以保障人身安全。

(5)用压降法测量接点压降,接点的压降与其相同长度导体压降的比值小于(或等于)1.25:1 为合格。

2. 用隔离开关可进行哪些操作

(1)可以拉、合闭路开关的旁路电流。

(2)拉、合变压器中性点的接地线,但当中性点上接有消弧线圈时,只有在系统无故障时方可操作。

(3)拉、合电容电流不超过 5A 的空载线路,但在 20kV 及以下者应使用三相联动刀闸。

(4)拉、合电压互感器和避雷器。

(5)拉、合 10kV 以下、70A 以下的环路均衡电流(转移电流),但所有室内形式的三联刀闸,严禁拉、合系统环路电流。

(6)连接或切断下列容量变压器的空载电流电压在 10kV 以下,不超过 320kV·A。

(7)在电网中无接地时,连接或切断电压不超过 35kV,长度不超过 10km 的架空线路的电容电流,电压不超过 10kV,长度不超过 5km 的电缆线路的电容电流。

(8)连接或切断电线电容电流。

三、高压隔离开关巡视检查及异常情况处理

隔离开关的巡视检查包括隔离开关本体和操动机构。

1. 隔离开关日常巡视检查

运行人员应定期对隔离开关进行巡视检查,巡视检查过程中要遵循"看、听、嗅"规则,检查设备是否出现异常现象或存在缺陷。

(1)看:对隔离开关进行外观检查。

①瓷质设备有无裂纹、脏污及放电痕迹;

②触头接触是否良好,有无发热、烧红及放电痕迹;

③隔离开关模拟位置与实际位置是否相符;

④操动机构是否正常;

⑤闭锁机构是否良好;

⑥操作连杆及机械部分应无损伤、不锈蚀,各机件应紧固,位置应正确,无歪斜、松动、脱落

等不正常现象;

⑦对于带接地刀闸的隔离开关,应检查其联锁机构是否完好;

⑧接地刀闸在合上位置时,接地触头应良好等。

(2)听:听隔离开关的运行声音。

检查绝缘子有无放电声。

(3)嗅:闻味道。

隔离开关机构箱内有无焦臭味。

2. 巡视注意事项

(1)巡视检查中发现隔离开关有异常现象,按影响程度做加强监视,或停用检查处理。如发现连线接头处示温片指示接头过热,可加强监视,或采用转移负荷的方式进行处理;如发现绝缘子闪络,应报告调度后经倒闸操作退出运行,做停用清扫或检修处理。

(2)对隔离开关的防误操作安全装置缺陷应作为设备严重缺陷对待。

3. 异常情况的处理

(1)隔离开关触头发热及跳火:

隔离开关触头发热及跳火,当温度达75℃以上时,表面就会因强烈氧化而变色,使接触电阻增加,金属表面退火,弹簧压力减弱,可能引起电弧,甚至造成短路事故。发现隔离开关触头发热及跳火现象时,应立即做如下处理:

①减少该隔离开关的运行负荷电流;

②做好停电检查的准备,并考虑操作方式;

③缺陷消除之前,值班人员应严密监视,若情况逐渐恶化,将危及设备安全时,应立即断开此回路,并通知检修人员前来处理。

(2)隔离开关分不开的处理:

①检查瓷瓶及操作机构的每个部件,根据各部的变形及移位情况找出阻力增加的原因;

②由于操作机构及其他原因导致隔离开关分不开时,不应用太大的冲击力进行分闸,应试着摇动,以克服不正常的阻力;

③如果故障发生在隔离开关的接触部分,只能改变运行方式,如果强行分闸,会引起瓷瓶和触头损坏,造成短路事故;

④如果操作中发现瓷瓶已损坏,应报告有关领导及检修部门,申请停电处理。

(3)误分隔离开关时,必须保持沉着,动作迅速。在隔离开关触头刚离开时如发现不正常的电弧和响声,应迅速将误分的隔离开关合上;若已形成短路,则禁止再合上,待保护动作断开油开关后再将隔离开关断开。

(4)误合隔离开关的事故处理:

①后果:可能接通故障设备或线路,引起事故扩大或造成人身伤亡事故;可能造成非同期并网,引起系统振荡,破坏系统运行的稳定性或损坏电气设备;误合三相短路接地刀闸,可能引起三相短路事故。

②处理:误合隔离开关时,不论发生何种情况,均不准再把误合的隔离开关再断开,只能在

人为断开油开关或由保护断开油开关后,才能将误合的隔离开关断开。

四、高压隔离开关操作要求

1. 隔离开关安全操作要领

注意:操作隔离开关前首先注意检查断路器确实在断开位置。

(1)合隔离开关时的操作要领:

①不论是用手还是用传动装置或绝缘操作杆操作,均须迅速而果断,但在合闸终了时不可用力过猛,以免发生冲击;

②隔离开关操作完毕后,应检查是否合上,隔离开关刀片应完全进入固定触头,并检查接触是否良好。

(2)拉开隔离开关时的操作要领:

①开始时应慢而谨慎,当刀片离开固定触头时应迅速,特别是切断变压器的空载电流、架空线路及电缆的充电电流、架空线路的小负荷电流以及切断环路电流时,拉闸应迅速果断,以便消弧;

②拉开隔离开关后,应检查隔离开关三相是否均在断开位置,并应使刀片尽量拉到头。

(3)对分相操作的隔离开关,一般先拉开中间相,然后再拉开两个边相,有风时应先拉下风相;合闸操作刚好相反,先合两个边相,最后合中间相。

2. 隔离开关安全操作要求

(1)操作前应确保断路器在相应分、合闸位置,以防带负荷拉合隔离开关。

(2)操作中,如发现绝缘子严重破损、隔离开关传动杆严重损坏等缺陷,不得进行操作。

(3)如隔离开关有声音,应查明原因,否则不得硬拉、硬合。

(4)隔离开关、接地开关和断路器之间安装有防误操作的闭锁装置时,倒闸操作一定要按顺序进行。如倒闸操作被闭锁不能操作,应查明原因,正常情况下不得随意解除闭锁。

(5)如确实因闭锁装置失灵而造成隔离开关和接地开关不能正确操作,必须严格按闭锁要求的条件,检查相应的断路器和隔离开关的位置状态,只有在核对无误后才能解除闭锁进行操作。

(6)解除闭锁后应按规定方向迅速、果断地操作,即使发生带负荷拉合隔离开关,也禁止再返回原状态,以免造成事故扩大,但也不要用力过猛,以防损坏隔离开关;对单极刀闸,合闸时先合两边相,后合中间相,拉闸时,顺序相反。

(7)拉合带负荷和有空载电流的刀闸时应符合有关规定。

(8)对具有远方控制操作功能的隔离开关,一般应在主控室进行操作,只有在远控电气操作失灵时,才可在征得技术负责人许可,并有现场监督的情况下在现场就地进行电动或手动操作。

(9)远方控制操作完毕应检查隔离开关的实际位置,以免因控制回路中传动机构故障,出现拒分、拒合现象,同时应检查隔离开关的触头是否到位。

(10)发现隔离开关绝缘子断裂时,应根据规定拉开相应断路器。

(11)操作时应戴好安全帽、绝缘手套,穿好绝缘靴。

（12）操作隔离开关后,要将防误闭锁装置锁好,以防下次发生误操作。

3. 隔离开关和断路器的配合操作要求

（1）合闸时必须按先合上电源侧隔离开关,再合上负荷侧隔离开关,最后合上断路器的顺序进行,分闸时必须按先断开断路器,再断开负荷侧隔离开关,最后断开电源侧隔离开关的顺序进行操作。

（2）隔离开关只起隔离电压的作用,即辅助开关的作用,严禁用隔离开关切断、接通负荷电流。

（3）由于隔离开关有一定的自然灭弧能力,故可用来切断、接通较小负荷电流或较小电容电流的电气设备或电路。

单元 3.4　互感器的安全要求

学习目标

1. 掌握互感器运行维护需检查的项目及方法;
2. 掌握互感器不正常运行及处理的方法;
3. 能正确进行互感器巡视检查。

学习内容

电力系统为了传输电能,往往采用交流高电压、大电流回路把电能送往用户,无法用仪表直接测量电流、电压等参数。

电压互感器将一次系统的高电压变为便于测量的低电压,电流互感器把一次系统大电流变为便于测量的小电流,使测量仪表、保护装置小型化标准化。电压互感器二次额定电压规范为 100V,电流互感器二次额定电流规范为 5A。互感器与测量仪表和计量装置配合,可以测量一次系统的电压、电流和电能;与继电保护和自动装置配合,可以构成对电网各种故障的电气保护和自动控制。互感器实现了一次回路与二次回路的电气隔离,保证设备和人身的安全,并且使二次回路接线灵活、安装方便,维修时不必中断一次设备运行,不受主接线的限制。

互感器分为电压互感器和电流互感器。从基本结构和工作原理来说,互感器就是一种特殊变压器。互感器性能的好坏,直接影响电力系统测量、计量的准确性和继电器保护装置动作的可靠性。

为了确保互感器安全运行,工作人员既要日常巡视、维护,将可能出现的事故隐患消灭在萌芽之中,同时,还要具备一旦发生事故,能够判断故障原因,正确处理事故,并进行检修的能力。

一、互感器安装要求

1. 一般要求

（1）施工区域应设警示标志,严禁非工作人员出入。

（2）施工中应对机械设备进行定期检查、养护、维修。

（3）为保证施工安全,现场应有专人统一指挥,并设一名专职安全员负责现场的安全工作,坚持班前进行安全教育。

（4）施工中,制订合理的作业程序和机械车辆走行路线,现场设专人指挥、调度,并设立明显标志,防止相互干扰碰撞,机械作业要留有安全距离,确保协调、安全施工。

（5）设备起吊工作,应由经过专业技术训练、有经验的人员担任,指挥信号应统一、准确。

（6）设备就位要平稳匀速,防止出现危及人身安全及设备损坏的现象。

2. 安装要点

（1）设备检查:

互感器安装前应进行下列检查:外观应完好,附件应齐全;油位应正常,密封应良好,无渗油现象;互感器的变比分接头的位置和极性符合规定;二次接线板应完整,引线端子应连接牢固、绝缘良好、标志清晰;隔膜式储油柜的隔膜和金属膨胀器应完整无损,顶盖螺栓应坚固。

（2）就位:

整体起吊时,吊索应固定在规定的吊环上,并应设置防倾倒措施,不得利用瓷裙起吊及碰伤瓷套。

油浸式互感器安装面应水平,并列安装时应排列整齐,同一组互感器的极性方向应一致。

（3）二次电缆敷设:

互感器就位后进行二次电缆敷设,电压互感器的二次接线端子不能短接,电流互感器的二次接线端子要构成回路。穿越互感器铁芯的电缆芯线保护层良好,匝数符合设计要求。

（4）互感器的下列各部位应予接地:

①分级绝缘的电压互感器,其一次线圈的接地引出端子。

②电容式绝缘的电流互感器,其一次线圈的引出端子及铁芯引出接地端子。

③暂不使用的电流互感器的二次线圈应短路后接地。

（5）零序电流互感器的安装应符合以下要求:

①互感器与导磁体或其他无关的带电导体不应离得太近。

②互感器的构架或其他导磁体不应与其铁芯直接接触,或与其构成分磁回路。

二、互感器安全运行要求

1. 电流互感器运行要求

电流互感器是将高压一次侧大电流转换成 $0 \sim 5A$ 的二次电流。

（1）电流互感器在运行中不能超过额定容量运行,二次负载不能超过铭牌规定值。

（2）电流互感器运行时,它的二次回路不允许开路。

（3）电流互感器的负荷电流,对独立式电流互感器应不超过其额定值的110%。

（4）电流互感器的二次绕组,应可靠地接地。

（5）电流互感器的动、热稳定电流应满足安装地点的最大短路电流值。

2. 电压互感器运行要求

电压互感器是将一次侧高电压转换成二次侧低电压。

（1）电压互感器不能超过它的最大容量运行，二次负载应满足额定负荷，不允许过负荷运行。

（2）电压互感器二次绕组不能短路。

（3）电压互感器运行时电压不能超过额定电压 110%。

（4）电压互感器二次侧绕组应可靠地接地。

（5）电压互感器一次侧必须装有合格的熔断器，二次侧安装熔断器或空气断路器。

（6）当电压互感器停电时，应断开电压互感器二次回路，以免从二次侧反充电，危及人身及设备安全。在电压互感器二次侧无电压情况下，电压互感器送电时，可先投二次侧，后投一次侧，停电时，可先停一次侧，后停二次侧。

三、互感器的巡视检查及异常情况处理

1. 互感器日常巡视检查

运行人员应定期对互感器进行巡视检查，巡视检查过程中要遵循"看、听、嗅"规则，检查设备是否出现异常现象或存在缺陷。

（1）看：对互感器进行外观检查。

①互感器瓷瓶、套管应清洁，无破损、无裂纹及放电痕迹；

②油位、油质符合要求；

③互感器接头无发热现象；

④二次侧接地良好；

⑤端子箱无受潮；

⑥互感器无严重渗漏油；

⑦互感器投入运行后应检查表计指示是否正常。

（2）听：听互感器的运行声音。

互感器应无放电声和电磁振动声。

（3）嗅：闻味道。

互感器应无焦臭味。

2. 巡视注意事项

巡视检查中发现互感器有异常现象，按具体情况做加强监视或停用检查处理。在处理中应注意：

（1）在对母线电压互感器做紧急停用处理时，如发现电压互感器冒烟着火，严禁用隔离开关拉开故障的电压互感器，应使用断路器来断开。

（2）在处理电流互感器二次回路开路时，值班人员应穿绝缘鞋、戴绝缘手套和使用绝缘工具。

3. 异常情况的处理

1）电压互感器回路断线

现象：后台监控机发出该电压回路断线信号，警铃报警，对应的线电压数据消失或无指示，有功、无功数据降低或为零。

处理:用绝缘监察电压表确定故障相,现场用验电笔或万用表进一步在 PT 二次侧验证故障相,退出有关保护和自动装置,检查二次熔断器有无熔断,若熔断更换后又断应汇报值长,若一次熔断器熔断,应查看 PT 绕组有无异常并汇报值长,按值长令处理。

2)互感器本体故障

现象:互感器内部有放电声、不正常噪声或油面不断上升,油色变黑,油标处向外溢油;接地信号动作,二次电压一相或两相为零,其他两相或一相电压升高。

故障处理:

(1)应马上将设备故障情况向调度汇报,申请停电,汇报站领导和专责工程师。

(2)当 35kV 电压互感器故障,在高压熔断器三相熔断时,可以直接拉开电压互感器刀闸。220kV、500kV 电压互感器故障需向调度申请,进行倒闸操作。

(3)若故障互感器起火爆炸或有强烈异声发生,应先断开电源然后向调度汇报,并同时做好安全措施,再用干式灭火器或沙灭火。

(4)对异常情况可能发展为故障的,应立即汇报调度,使用断路器对故障电压互感器进行隔离。

(5)电压互感器发生下列情况时,应向调度申请停运处理:

①互感器内部有严重的放电声和异常声音。

②互感器爆炸或喷油着火,本体有过热现象。

③引线接头严重发热烧红。

④严重漏油,看不见油位。

⑤套管破裂,有严重的放电现象。

⑥35kV 电压互感器高压熔断器连续熔断 2~3 次。

单元3.5　高压熔断器的安全要求

学习目标

1. 掌握高压熔断器运行维护需检查的项目及方法;
2. 掌握高压熔断器异常运行处理的方法;
3. 能正确进行高压熔断器巡视检查。

学习内容

熔断器是最早使用的一种比较简单的保护电器。熔断器串接在电路中使用,主要用于线路及电力变压器等电气设备的短路及过载保护。当电力系统由于过载引起电流超过某一数值、电气设备或线路发生短路事故时,过负荷电流或短路电流通过熔体在其上产生发热。熔体在被保护设备的温度未达到破坏设备绝缘之前熔断,即能在规定的时间内迅速动作,切断电源以起到保护设备,保证正常部分免遭短路事故的破坏。

熔断器结构简单,使用方便,动作直接,不需继电保护与二次回路配合,广泛用于电力系统、各种电工设备和家用电器中作为保护器件。

一、熔断器安装要求

（1）熔断器插入钳口后，其与钳口的接触面应紧密，插入后应将防脱环扣好。

（2）熔丝的熔断电流应符合设计规定，熔丝上应无裂口及伤痕。

（3）熔断指示器应朝下安装，以便于检查。

（4）熔断器的出线端头与母线连接后，应使瓷瓶等处不受额外力的作用。

二、熔断器安全运行要求

（1）熔断器的工作电压应符合所在回路的工作电压。熔断器的拉合应在断电的情况下进行。

（2）高压动力负荷熔断器的更换应详细记录。

（3）高压熔断器的更换应在无电压的情况下进行，低压熔断器的更换应在无电流的情况下进行。

（4）更换熔断器时应戴绝缘手套，使用绝缘夹钳，更换前应检查熔断器的容量及好坏，更换后的熔断器应安装牢固，无跌落的危险。

三、熔断器的巡视检查及异常情况处理

1. 熔断器巡视检查

（1）检查熔断器和熔体的额定值与被保护设备是否相配合。

（2）检查熔断器外观有无损伤、变形，瓷绝缘部分有无闪烁放电痕迹。

（3）检查熔断器各接触点是否完好，接触是否紧密，有无过热现象。

（4）熔断器的熔断信号指示器是否正常。

（5）高压跌落式熔断器的熔断管有无膨胀变形，上、下接触点接触是否良好。

2. 熔断器异常情况处理

（1）熔体熔断时，要认真分析熔断的原因，可能的原因有：

①短路故障或过载运行而正常熔断；

②熔体使用时间过久受氧化或运行中温度高，使熔体特性变化而误断；

③熔体安装时有机械损伤，使其截面积变小而在运行中引起误断。

（2）拆换熔体时，要求做到：

①安装新熔体前，要找出熔体熔断原因，未确定熔断原因，不要拆换熔体试送；

②更换新熔体时，要检查熔体的额定值是否与被保护设备相匹配；

③更换新熔体时，要检查熔断管内部烧伤情况，如有严重烧伤，应同时更换熔管。瓷熔管损坏时，不允许用其他材质管代替。填料式熔断器更换熔体时，要注意填充填料。

（3）熔断器应与配电装置同时进行维修工作：

①清扫灰尘，检查接触点接触情况；

②检查熔断器外观（取下熔断器管）有无损伤、变形，瓷件有无放电闪烁痕迹；

③检查熔断器，熔体与被保护电路或设备是否匹配，如有问题应及时调查；

④注意检查在 TN 接地系统中的 N 线,设备的接地保护线上,不允许使用熔断器;

⑤维护检查熔断器时,要按安全规程要求,切断电源,不允许带电摘取熔断器管。

单元3.6　高压负荷开关的安全要求

学习目标

1. 掌握高压负荷开关运行维护需检查的项目及方法;
2. 掌握高压负荷开关异常运行处理的方法;
3. 能正确进行高压负荷开关巡视检查。

学习内容

高压负荷开关是指配电系统中能关合、承载、开断正常条件下的负荷电流,并能通过规定的异常(如短路)电流的开关设备,是一种带有专用灭弧触头、灭弧装置和弹簧断路装置的分合开关。

高压负荷开关的构造与隔离开关相似,有一个明显的断开点,具有简单的灭弧装置,有一定的断流能力,能通断一定的负荷电流和过负荷电流,可以带负荷操作,但不能直接断开短路电流。

由于高压负荷开关的灭弧装置和触头是按照切断和接通负荷电流设计的,所以高压负荷开关在多数情况下,应与高压熔断器配合使用,由后者来担任切断短路故障电流的任务。高压负荷开关的开闭频度和操作寿命往往高于断路器。

高压负荷开关的优点是开断能力大,安全可靠,寿命长,可频繁操作,少维护等,多用于10kV 以下的配电线路,其灭弧方式有压缩空气、六氟化硫(SF6)和真空灭弧等几种。

一、高压负荷开关安装要求

结构与隔离开关类似的负荷开关,其安装要求也类似于隔离开关,其安装的一般要求是:

(1)户内型应垂直安装。户外型有的要求水平安装,垂直安装时,静触头要在上。

(2)静触头侧接电源,动触头侧接负载。

(3)初始安装好后必须认真细致反复地调试。调试后应达到:分、合闸过程皆达到三相同期(三相动触头同步动作),其先后最大距离差不得大于 3mm;在合闸位置,动刀片与静触头的接触长度要与动刀片宽度相同(刀片全部切入),且刀片下底边与静触头底边保持 3mm 左右的距离,保证不能撞击瓷绝缘,静触头的两个侧边都要与动刀片接触,且保证有一定的夹紧力,不能单边接触;在分闸位置,动静触头间要有一定的隔离距离,户内压气式负荷开关不小于182 ± 3mm,户外压气式负荷开关不小于 175mm。

(4)带有高压熔断器的高压负荷开关,其熔断器的安装要保证熔断管与熔座接触良好。熔断管的熔断指示器应朝下,以便于运行人员巡视检查。

(5)高压负荷开关的传动机构和配装的操作机构都应完好。分合闸操作灵活、不抗劲,操作机构的定位销在"分""合"的位置,能确保高压负荷开关状态到位(即"确已拉开""确已合好")。

(6)高压负荷开关与接地开关配套使用时,应装设连锁并确保其可靠性。

二、高压负荷开关安全运行要求

高压负荷开关运行要求参照隔离开关运行要求。

三、高压负荷开关的巡视检查

（1）观察有关的仪表指示是否正常，以确定高压负荷开关的工作条件是否正常。

如果该负荷开关的回路上装有电流表，则可知道该负荷开关是轻载还是重载，甚至是过负荷运行；如果有电压表指示母线电压，则可知道该负荷开关是在额定电压下还是过电压下运行。这些都是该负荷开关的实际运行条件，直接影响开关的工作状态。

（2）载流体、引线及各接触点有无过热变色现象。

（3）瓷绝缘件完好，有无闪络、裂纹及瓷件污秽情况。

（4）传动机构和操动机构的零部件完整、连接件紧固，操动机构的分合指示应与负荷开关的实际位置一致。

（5）真空负荷开关的真空灭弧室部分是否正常。

（6）动、静触头的工作状态到位：在合闸位置应接触良好；在分闸位置时，分开的垂直距离应合乎要求。

（7）听声音：运行中的负荷开关应无异常声响，如滋火声、放电声、过大的振动声等。

（8）闻味道：运行中的负荷开关应无异常气味，如绝缘漆或塑料护套有挥发出的气味，就说明与负荷开关连接的母线在连接点附近过热。

四、高压负荷开关的操作要求

（1）高压负荷开关是用来在额定电压和额定电流下接通和切断高压电路的专用开关电器，它不能切断短路电流，但和高压熔断器配合使用时，由熔断器切断短路电流，代替油开关。

（2）高压负荷开关有明显的分断间隔，可以代替隔离开关使用。

（3）检查机械闭锁装置不处于闭锁状态。

（4）手动操作时，合闸时要迅速，但须避免用力过大产生冲击；分闸时要迅速果断，以便尽快灭弧。

单元 3.7　接触器的安全要求

学习目标

1. 掌握接触器运行维护需检查的项目及方法；
2. 掌握接触器异常运行处理的方法；
3. 能正确进行接触器的检查。

学习内容

接触器是指能频繁关合、承载和开断正常电流及规定的过载电流的开断和关合装置。它主要应用于用电、配电与电力等领域。接触器控制容量大,具有操作方便、动作迅速、灭弧性能好、适于频繁操作等特点,是自动控制系统中的重要元件之一。

通常接触器大致分以下两类。一类是交流接触器,主要由电磁机构、触头系统、灭弧装置等组成。另一类是直流接触器,线圈中通以直流电,一般用于控制直流电器设备,直流接触器的动作原理和结构基本上与交流接触器是相同的。

交流接触器广泛用于电力的开断和控制电路。它利用主接点来开闭电路,用辅助接点来执行控制指令。主接点一般只有常开接点,而辅助接点常有两对具有常开和常闭功能的接点,小型的接触器也经常作为中间继电器配合主电路使用。交流接触器的接点,由银钨合金制成,具有良好的导电性和耐高温烧蚀性。

一、接触器安装要求

1. 装触头

取出相应接触器型号的躯壳 1 只、触头 4 只,将触头分次装入躯壳中的指定位置并将躯壳放入专用夹具内,用夹具脚把触头夹紧在躯壳上,然后取出螺钉组合件 4 只分次装入触头的螺钉孔内,用电动起子拧紧。

2. 装接线座

取出螺钉组合 6 只,再将它们分别套入触头的螺钉孔内,用电动起子拧紧。然后将接线座 2 只分别装入躯壳的指定位置,取出组合件,再将其分别套入接线座的螺钉孔内,用电动起子拧紧。

3. 装触头支持

反转躯壳,将触头支持装入躯壳中指定位置,在支持上装入弹簧 4 只,再将指定线圈放入,使线圈上的凸缘分别插入各弹簧,将线圈出线头上的插座分别插入接线座的插孔内,取出 4 只弹簧分别装入线圈的支持孔内。

4. 磁扎底板

在工作板面上涂少许防锈油,然后把磁扎插入线圈。取出底板在长方座内依次楔入缓冲件,再在底板上装上衬垫。把装好衬垫的底板盖在躯壳上。接着取出组合件的螺钉 4 只,将它们分别套入躯壳螺钉孔内,用电动起子拧紧。

二、接触器的巡视检查及异常情况处理

1. 接触器的检查

交流接触器在运行中除应定期进行绝缘试验外,还应经常进行检查,其检查项目如下:
(1)通过的负荷电流是否在交流接触器的额定值内。
(2)接触器的分、合信号指示是否与电路状态相同。
(3)接触器的灭弧室内有无因接触不良而产生的放电声。
(4)接触器的合闸吸引线圈有无过热现象;电磁铁上的短路环有无脱出和损伤现象。
(5)接触器与母线或出线的连接点有无过热现象。

（6）接触器的辅助触点是否有烧损或腐蚀现象。

（7）接触器灭弧罩是否有松动与裂损现象。

（8）接触器的绝缘杆是否有裂损现象。

（9）接触器的吸引线圈铁芯吸合是否良好，有无过大的噪声；断开后，是否能返回到正常位置。

（10）接触器周围环境有无变化，有无不利于其正常运行的情况，如导电尘埃、过大的振动、通风不良等。

2. 异常情况的处理

1）真空接触器拒合和拒跳故障

（1）真空接触器拒合的主要原因有：控制电源断开或电源电压低，二次回路控制元器件损坏或控制线接触不良和断线，配电柜机械连锁或电气连锁保护，微机保护器参数整定有误。

（2）真空接触器拒合的处理方法：检查控制电源电压，正常控制电压为直流 220V。检查合闸回路继电器触头是否粘死或接触不良，检查合闸信号 I/O 保险是否正常。检查配电柜是否已摇到位，机械连锁机构是否正常，电气连锁是否满足要求。检查微机保护器参数整定值是否正确。

（3）真空接触器拒跳的主要原因：控制电源断开或电源电压低，分闸继电器触头粘死；分闸信号 I/O 控制线接触不良和断线，二次回路控制元件损坏；接触器机构卡死。

（4）真空接触器拒跳的处理方法：检查分闸继电器触头是否粘死，分闸 I/O 信号保险有无烧坏及控制线有无断线和接触不良；检查二次回路控制元器件有无损坏，检查接触器分闸机构传动部件是否卡死。

2）交流接触器衔铁吸合不上

（1）主要故障原因：电磁线圈断线或烧损；衔铁或机械可动部分被卡；转轴生锈或倾斜。

（2）处理方法：修理或更换线圈；调整清除障碍；去锈、上润滑油或调换配件。

课后习题

一、选择题

1. 断路器套管裂纹绝缘强度（　　）。

　　A. 不变　　　　　　B. 升高　　　　　　C. 降低　　　　　　D. 时升时降

2. 断路器在零下 30℃ 时做（　　）试验。

　　A. 低温操作　　　　B. 分解　　　　　　C. 检查　　　　　　D. 绝缘

3. 变压器呼吸器作用（　　）。

　　A. 用以清除吸入空气中的杂质和水分

　　B. 用以清除变压器油中的杂质和水分

　　C. 用以吸收和净化变压器匝间短路时产生的烟气

　　D. 用以清除变压器各种故障时产生的油烟

4. 变压器温度升高时绝缘电阻值（　　）。

　　A. 降低　　　　　　B. 不变　　　　　　C. 增大　　　　　　D. 成比例增大

5. 变压器上层油温要比中下层油温(　　　)。

    A. 低　　　　　　　　B. 高　　　　　　　　C. 不变　　　　　　　　D. 在某些情况下进行

6. 变压器绕组最高温度为(　　　)℃。

    A. 105　　　　　　　　B. 95　　　　　　　　C. 75　　　　　　　　D. 80

7. 变压器油箱中应放(　　　)油。

    A. 15 号　　　　　　　B. 25 号　　　　　　　C. 45 号　　　　　　　D. 35 号

8. 变压器不能使直流变压的原因(　　　)。

    A. 直流大小和方向不随时间变化

    B. 直流大小和方向随时间变化

    C. 直流大小可变化而方向不变

    D. 直流大小不变而方向随时间变化

9. 变压器油闪点指(　　　)。

    A. 着火点

    B. 油加热到某一温度油蒸气与空气混合物用火一点就闪火的温度

    C. 油蒸气一点就着的温度

    D. 液体变压器油的燃烧点

10. 变压器温度计是指变压器(　　　)油温。

    A. 绕组温度　　　　B. 下层温度　　　　C. 中层温度　　　　D. 上层温度

11. 变压器空载时一次绕组中有(　　　)流过。

    A. 负载电流　　　　B. 空载电流　　　　C. 冲击电流　　　　D. 短路电流

12. 变压器正常运行时的声音是(　　　)。

    A. 时大时小的嗡嗡声　　　　　　　　B. 连续均匀的嗡嗡声

    C. 断断续续的嗡嗡声　　　　　　　　D. 咔嚓声

13. 运行中电压互感器发出臭味并冒烟应(　　　)。

    A. 注意通风　　　　　　　　　　　　B. 监视运行

    C. 放油　　　　　　　　　　　　　　D. 停止运行

14. 隔离开关可拉开(　　　)的变压器。

    A. 负荷电流　　　　　　　　　　　　B. 空载电流不超过 2A

    C. 5.5A　　　　　　　　　　　　　　D. 短路电流

15. 用绝缘杆操作隔离开关时要(　　　)。

    A. 用力均匀果断　　B. 用力过猛　　　　C. 慢慢拉　　　　　D. 用大力气拉

16. 更换熔断器应由(　　　)进行。

    A. 2 人　　　　　　　B. 1 人　　　　　　　C. 3 人　　　　　　　D. 4 人

17. 更换高压熔断器时应戴(　　　)。

    A. 绝缘手套　　　　B. 手套　　　　　　C. 一般手套　　　　D. 医用手套

18. 熔丝熔断时,应更换(　　　)。

    A. 熔丝　　　　　　　　　　　　　　B. 相同容量熔丝

    C. 大容量熔丝　　　　　　　　　　　D. 小容量熔丝

19. 电流互感器的二次侧应(　　)。

　　A. 没有接地点　　　　　　　　　　B. 有一个接地点

　　C. 有两个接地点　　　　　　　　　D. 按现场情况不同,不确定

20. 电流互感器二次侧接地是为了(　　)。

　　A. 测量用　　　　B. 工作接地　　　　C. 保护接地　　　　D. 节省导线

21. 电流互感器二次侧不允许(　　)。

　　A. 开路　　　　　B. 短路　　　　　　C. 接仪表　　　　　D. 接保护

二、问答题

1. 变压器日常巡视检查内容包括哪些?

2. 变压器跳闸后如何处理?

3. 高压断路器日常巡视检查内容?

4. 高压断路器安全操作要领?

5. 隔离开关日常巡视检查内容?

6. 隔离开关安全操作要领?

7. 互感器日常巡视检查内容?

8. 电压互感器回路断线如何处理?

9. 熔断器的巡视检查内容?

10. 负荷开关的巡视检查内容?

11. 接触器的巡视检查内容?

单元 4　电气设备防火防爆

在电力系统中,防火防爆是一项十分重要的工作,各企业应把防止火灾事故当作反事故的重点工作来对待。要防火防爆就要从根本上了解燃烧和爆炸的基本成因以及预防措施。下面我们就来学习本任务中电气火灾的特点,引起火灾和爆炸的原因以及灭火的基本方法。

发生火灾或爆炸事故时,我们应该沉着冷静,准确迅速的报警、逃生。

单元 4.1　电气火灾扑救

学习目标

1. 了解电气火灾的特点;
2. 了解火灾自救及逃生常识;
3. 了解各种灭火器材的性能。

学习内容

一、案例引入

案例 1:2005 年 12 月 15 日 17 时左右,吉林省辽源市某医院电工班的张某值班时,发现医院全楼断电,他来到二楼的配电室,在未查明停电原因的情况下强行送电,之后离开配电室,两三分钟后,配电室发出"噼啪"响声,张某返回时发现配电室已冒烟……

案例 2:某日上午,变电值班员在工作中闻到有纸制材料冒烟的气味,经认真查找发现吊装口处的三轨防护板背面一张报纸在阴燃,随即进行了处理,避免了一起事故。

二、火灾和爆炸的基本概念

1. 燃烧

燃烧是物质(或组成物质的各种元素)和氧剧烈化合,生成相应氧化物,同时发光发热的现象,燃烧是发光发热的化学反应。

(1)燃烧的条件。发生燃烧必须同时具备以下 3 个条件:可燃物质、助燃物质、着火源。

燃烧的 3 个条件关系着防火、防爆措施和灭火措施。电气火灾和爆炸事故都和燃烧相关。

（2）燃烧的速度。燃烧速度是在单位时间内和单位面积上烧掉的可燃物质的数量。

2. 火灾

超出有效控制范围而形成灾害的燃烧称为火灾。可燃物在空气中的燃烧是最普遍的现象，因而绝大多数火灾都是发生在空气中的。

3. 爆炸

凡发生瞬间燃烧，物质发生剧烈的物理或化学变化，瞬间释放出大量能量，产生高温高压气体，使周围的空气发生剧烈震荡而造成巨大声响的现象称为爆炸。

爆炸是和燃烧密切联系的，它们的基本要素相同，但后果却大不一样。燃烧是相对平稳的化学反应，而爆炸是大量爆炸性混合物瞬间同时燃烧，具有极强的破坏力，且爆炸后压力的增长速度很快，因此，爆炸是强烈的。

三、电气火灾和爆炸的原因

发生电气火灾和爆炸的主要因素有两个：一是有易燃易爆物质和环境；二是有引燃条件。

1. 有易燃易爆物质和环境

在生产和生活场所中，广泛存在着易燃易爆易挥发物质，其中煤炭、石油、化工和军工生产部门尤为突出。煤炭生产中产生的瓦斯气体和煤尘；石油企业开采的原油、天然气；军工企业生产火药、炸药、弹药及火工产品；化工企业的原料及各类成品油和化工产品；纺织和食品工业生产场所的纤维、粉尘和可燃气体。这些物质容易在生产、储存、运输和使用过程中与空气混合，形成爆炸性混合物。在一些生活场所，乱堆乱放杂物及木结构房屋明设的电气线路等，都形成了易燃易爆环境。

2. 引燃条件

在生产场所的动力、照明、控制、保护、测量等系统和生活场所中的各种电气设备及线路，在正常工作或事故中常常会产生电弧、火花和危险的高温，这就具备了引燃或引爆条件。

（1）有些电气设备在正常工作情况下就能产生火花、电弧和危险高温，例如电气开关的分合，运行中发电机和直流电动机电刷和换向器间，交流绕线式电动机的电刷与滑环间总有或大或小的火花、电弧产生。

（2）电气设备和线路，绝缘老化、受潮、积垢、化学腐蚀或机械损伤均会造成绝缘强度降低或破坏，导致相间或对地短路，熔断器熔体熔断，接点接触不良，铁芯铁损过大。电气设备和线路由于过负荷或通风不良等原因可能产生火花、电弧或危险高温。另外，静电、内部过电压和大气过电压也会产生火花和电弧。

四、电气火灾特点

电气火灾一般是指由于电气线路、用电设备、器具以及供配电设备出现故障性释放的热能，如高温、电弧、电火花以及非故障性释放的能量，如电热器具的炽热表面，在具备燃烧条件下引燃本体或其他可燃物而造成的火灾，也包括由雷电和静电引起的火灾。

电气火灾主要包括漏电火灾、短路火灾、过负荷火灾和接触电阻过大火灾。

1. 漏电火灾

所谓漏电,就是线路的某一个地方因为某种原因(自然原因或人为原因,如风吹雨打、潮湿、高温、碰压、划破、摩擦、腐蚀等)使电线的绝缘或支架材料的绝缘能力下降,导致电线与电线之间(通过损坏的绝缘、支架等)、导线与大地之间(电线通过水泥墙壁的钢筋、马口铁皮等)有一部分电流通过,这种现象就是漏电。

当发生漏电时,漏泄的电流在流入大地途中,如遇电阻较大的部位,会产生局部高温,致使附近的可燃物着火,从而引起火灾。此外,在漏电点产生的漏电火花,同样也会引起火灾。

2. 短路火灾

电气线路中的裸导线或绝缘导线的绝缘体破损后,火线与火线或火线与地线(包括接地从属于大地)在某一点碰在一起,引起电流突然大量增加的现象就叫短路,俗称碰线、混线或连电。

由于短路时电阻突然减小,电流突然增大,其瞬间的发热量很大,大大超过了线路正常工作时的发热量,并在短路点易产生强烈的火花和电弧,不仅能使绝缘层迅速燃烧,而且能使金属熔化,引起附近的易燃可燃物燃烧,造成火灾。

3. 过负荷火灾

所谓过负荷是指当导线中通过电流量超过了安全载流量时,导线的温度不断升高,这种现象就叫导线过负荷。

当导线过负荷时,加快了导线绝缘层老化变质。当严重过负荷时,导线的温度会不断升高,甚至会引起导线的绝缘发生燃烧,并能引燃导线附近的可燃物,从而造成火灾。

4. 接触电阻过大火灾

众所周知:凡是导线与导线、导线与开关、熔断器、仪表、电气设备等连接的地方都有接头,在接头的接触面上形成的电阻称为接触电阻。当有电流通过接头时会发热,这是正常现象。如果接头处理良好,接触电阻不大,则接头点的发热就很少,可以保持正常温度。如果接头中有杂质,连接不牢靠或其他原因使接头接触不良,造成接触部位的局部电阻过大,当电流通过接头时,就会在此处产生大量的热,形成高温,这种现象就是接触电阻过大。

在有较大电流通过的电气线路上,如果在某处出现接触电阻过大现象时,就会在接触电阻过大的局部范围内产生极大的热量,使金属变色甚至熔化,引起导线的绝缘层发生燃烧,并引燃附近的可燃物或导线上积落的粉尘、纤维等,从而造成火灾。

五、灭火的基本方法

1. 冷却灭火法

任何物质的燃烧必须达到一定的温度,这个极限称之为燃点。冷却灭火法,就是控制可燃物质的温度,使其降低到燃点以下,以达到灭火的目的。用水进行冷却灭火是扑救火灾的常用方法,也是简单的方法。一般我们常见的火灾,如房屋、家具、木材等可以用水进行冷却灭火。另外,也可用二氧化碳灭火器进行冷却灭火。在灭火实践中,为了有效地控制火灾,降低火灾损失,也常用水或二氧化碳等冷却方法冷却火场周围的物质,以防止其达到燃点而起火。

2. 窒息灭火法

窒息灭火法就是通过隔绝空气的方法,使燃烧区内的可燃物质得不到足够的氧气,而使燃烧停止。这也是常用的一种灭火方法,对于扑救初起火灾作用很大。此种灭火法可用于房间、容器等较封闭的火灾。比如我们常见的炒菜时油锅着火,可及时将锅盖盖上,使燃烧的油与锅外的空气隔绝以达到灭火的目的。火场上用窒息灭火法灭火时,可采用湿麻袋、湿棉被、沙土、泡沫等不燃或难燃材料覆盖燃烧物或封闭孔洞;用水蒸气、惰性气体(如二氧化碳、氮气等)充入燃烧区域。此外,在无法采取其他补救方法而条件又允许的情况下,可采用水淹没的方法进行补救。

3. 隔离灭火法

将燃烧物与附近可燃物隔离或者疏散开,从而使燃烧停止。采取隔离法灭火的具体措施有很多种,如将火源附近的易燃易爆物质转移到安全地点;关闭设备或管道上的阀门,阻止可燃气体、液体流入燃烧区;排除生产装置、容器内的可燃气体、液体;阻拦疏散易燃可燃或扩散的可燃气体;拆除与火源相毗邻的易燃建筑结构,形成阻止火势蔓延的空间地带等。

4. 抑制灭火法

前述3种方法的灭火剂,在灭火过程中不参与燃烧化学反应,均属物理灭火法。抑制灭火法是灭火剂参与燃烧的连锁反应,使燃烧中的游离基消失,形成稳定的物质分子,从而终止燃烧过程。例如干粉和1211等卤代烷灭火剂,就能参与燃烧过程,使燃烧连锁反应中断而熄灭。

在火场上采取哪种灭火方法,应根据燃烧物质的性质、燃烧的特点和火场的具体情况以及灭火器材装备的性能进行选择。

六、火灾发生时的报警方法

一般情况下,发生火灾后应当报警和救火同时进行。

当发生火灾,现场只有一个人时,应该一边呼救,一边进行处理,必须赶快报警,边跑边喊,以便取得群众的帮助。

拨打火警电话时应注意以下几点:

(1)要牢记火警电话"119"。

(2)接通电话后要沉着冷静,向接警中心讲清着火单位的名称、地址、什么东西着火、火势大小以及着火的范围。同时还要注意听清对方提出的问题,以便正确回答。

(3)把自己的电话号码和姓名告诉对方,以便联系。

(4)打完电话后,要立即到交叉路口等候消防车的到来,以便引导消防车迅速赶到火灾现场。

(5)迅速组织人员疏通消防车道,清除障碍物,使消防车到火场后能立即进入最佳位置灭火救援。

(6)如果着火地区发生了新的变化,要及时报告消防队,使他们能及时改变灭火战术,取得最佳效果。

(7)在没有电话或没有消防队的地方,如农村和边远地区,可采用敲锣、吹哨、喊话等方式向四周报警,动员乡邻来灭火。

七、电气火灾扑救方法

电气设备发生火灾时,为了防止触电事故,一般都在切断电源后才进行扑救。

1. 切断电源

电气设备发生火灾或引燃附近可燃物时,首先要切断电源。

(1)切断电源时应使用绝缘工具操作。发生火灾后,开关设备可能受潮或被烟熏,其绝缘强度大大降低,因此,拉闸时应使用可靠的绝缘工具,防止操作中发生触电事故。

(2)切断电源的地点要选择得当,防止切断电源后影响灭火工作。

(3)要注意拉闸的顺序。对于高压设备,应先断开断路器,后拉开隔离开关,对于低压设备,应先断开磁力启动器或低压断路器,后拉开闸刀开关,以免引起弧光短路。

(4)当剪断低压电源导线时,剪断位置应选在电源方向的支持绝缘子附近,以免断线线头下落造成触电伤人、发生接地短路;剪断非同相导线时,应在不同部位剪断,以免造成人为相间短路。

(5)如果线路带有负荷,应尽可能先切除负荷,再切断现场电源。

2. 断电灭火

在切断着火电气设备的电源后,扑灭电气火灾的注意事项如下:

(1)灭火人员应尽可能站在上风侧进行灭火;

(2)灭火时若发现有毒烟气(如电缆燃烧时),或在 SF6 配电装置室内灭火,应戴防毒面具;

(3)若灭火过程中,灭火人员身上着火,应就地打滚或撕脱衣服,不得用灭火器直接向灭火人员身上喷射,可用湿麻袋或湿棉被覆盖在灭火人员身上;

(4)在灭火过程中应防止全厂(站)停电,以免给灭火带来困难;

(5)在灭火过程中,应防止上方可燃物着火落下危害人身和设备安全,在屋顶上灭火时,要防止高空坠落;

(6)室内着火时,切勿急于打开门窗,以防空气对流而加重火势。

3. 带电灭火

在危急的情况下,如等待切断电源后再进行扑救,就会有使火势蔓延扩大的危险,或者断电后严重影响生产,这时为了取得扑救的主动权,就需要在带电的情况下进行扑救。带电灭火时应注意以下几点:

(1)必须在确保安全的前提下进行,应用不导电的灭火剂,如二氧化碳、1211、1301、干粉等进行灭火。不能直接用导电的灭火剂,如直射水流、泡沫等,否则会造成触电事故。

(2)使用小型二氧化碳、1211、1301、干粉灭火器灭火时,由于其射程较近,要注意保持一定的安全距离。

(3)在灭火人员穿戴绝缘手套和绝缘靴、水枪喷嘴安装接地线情况下,可以采用喷雾水灭火。

(4)如遇带电导线落于地面,则要防止跨步电压触电,扑救人员需要进入灭火时,必须穿上绝缘鞋。

此外,有油的电气设备,如变压器、油开关着火时,也可用干燥的黄沙盖住火焰,使火熄灭。

4. 灭火器的使用方法

(1)二氧化碳灭火器的使用方法

二氧化碳灭火器灭火性能高、毒性低、腐蚀性小、灭火后不留痕迹,使用比较方便。它适用于各种易燃、可燃液体和可燃气体火灾,还可扑救仪器仪表、图书档案和低压电气设备以及600V以下的电气初起火灾。二氧化碳灭火器使用方法如图4.1所示。

①用右手握着压把	②右手提着灭火器到现场	③除掉铅封
④拔掉保险销	⑤站在距火源2m左右的地方,左手拿着喇叭筒,右手用力压下压把	⑥对着火焰根部喷射,并不断推前,直至把火焰扑灭

图4.1　二氧化碳灭火器的使用方法

(2)干粉灭火器的使用方法

干粉灭火器适宜于扑救石油产品、油漆、有机溶剂、液体、气体、电气火灾和固体火灾,特点是可长期储存,灭火速度快,有50kV以上的电绝缘性能,无毒、无腐蚀性。干粉灭火器使用方法如图4.2所示。

①右手握着压把,左手托着灭火器底部,轻轻地取下灭火器	②右手提着灭火器到现场	③除掉铅封

图　4.2

④拔掉保险销	⑤左手握着喷管，右手提着压把	⑥在距火焰2m左右的地方，右手用力压下压把，左手拿着喷管左右摆动，喷射干粉覆盖整个燃烧区。

图4.2　干粉灭火器的使用方法

（3）泡沫灭火器的使用方法

泡沫灭火器适宜扑救木材、纤维、橡胶等固体可燃物火灾和液体火灾。不能扑救酒精等水溶性可燃液体、汽油等易燃液体的火灾和电气火灾，特点是灭火强度大，无毒、无腐蚀性。泡沫灭火器使用方法如图4.3所示。

①右手握着压把，左手托着灭火器底部，轻轻地取下灭火器	②右手提着灭火器到现场	③右手捂住喷嘴，左手执筒底边缘
④把灭火器颠倒过来呈垂直状态，用劲上下晃动几下，然后放开喷嘴	⑤右手抓筒耳，左手抓筒底边缘，把喷嘴朝向燃烧区，站在离火源8m左右的地方喷射，并不断前进，兜围着火焰喷射，直至火焰扑灭	⑥灭火后，把灭火器卧放在地上，喷嘴朝下

图4.3　泡沫灭火器的使用方法

　　1211 灭火器,也称卤代烷型灭火器,适宜于扑救除轻金属火灾外的所用类型火灾,灭火效率比二氧化碳灭火器高几倍。由于对大气臭氧层有破坏作用,在非必须使用场所一律不准新配置 1211 灭火器。2010 年全部淘汰。

单元4.2　电气防火防爆基本措施

📖 学习目标

　　1.了解电气防火防爆的措施;
　　2.熟练辨识各种类型的防火防爆设施。

📖 学习内容

　　下面我们来学习电气防火与防爆的基本措施,并学会在具体的环境下选择相应的防火措施进行防护。

　　在我们的生活中有很多的防火防爆安全措施,本节我们要对这些常见的基本措施进行学习,了解其工作原理,对常见的基本消防设置有基本了解。

　　电气火灾和爆炸的防护必须是综合性措施。它包括合理选用和正确安装电气设备及电气线路,保持电气设备和线路的正常运行,保证必要的防火间距,保持良好的通风,装设良好的保护装置等。

一、火灾危险区域电气设备选用原则

　　(1)电气设备应符合环境条件(化学、机械、热、霉菌和风沙)的要求。
　　(2)正常运行时有火花和外壳表面温度较高的电气设备,应远离可燃物质。
　　(3)不宜使用电热器具,必须使用时,应将其安装在非燃材料底板上。

二、电气火灾的预防

　　主要是认真做好日常工作中以下几个方面事项:
　　(1)对用电线路进行巡视,以便及时发现问题。
　　(2)在设计和安装电气线路时,导线和电缆的绝缘强度不应低于网路的额定电压,绝缘子也要根据电源的不同电压进行选配。
　　(3)安装线路和施工过程中,要防止划伤、磨损、碰压导线绝缘,并注意导线连接接头质量及绝缘包扎质量。
　　(4)在特别潮湿、高温或有腐蚀性物质的场所内,严禁绝缘导线明敷,应采用套管布线,在多尘场所,线路和绝缘子要经常打扫,勿积油污。
　　(5)严禁乱接乱拉导线,安装线路时,要根据用电设备负荷情况合理选用相应截面的导线。并且,导线与导线之间,导线与建筑构件之间及固定导线用的绝缘子之间应符合规程要求的间距。
　　(6)定期检查线路熔断器,选用合适的熔断丝,不得随意调粗熔断丝,更不准用铝线或铜

线等代替熔断丝。

（7）检查线路上所有连接点是否牢固可靠，要求附近不得存放易燃易爆物品。

三、预防绝缘损坏引起的火灾

变电站是一个能量的集散中心，它的事故特点特别适用事故致因理论中的"能量意外释放"理论。根据这个理论，变电站的防火工作首先要维护好设备的绝缘，它是对电能的基本约束，是防止能量意外释放的关键。

1. 保持设备绝缘表面的清洁

（1）在设备清扫中一定要把清扫绝缘部件作为最重要的工作。

（2）只要是带电的设备，不管是否运行都要认真清扫。

（3）结构复杂的绝缘部件要注意缝隙都要干净，否则就会形成薄弱点，可能引发事故。

（4）要特别注意 10kV 电缆头的清扫，要特别注意有机绝缘部件的清扫，要特别注意潮湿恶劣环境中的绝缘表面清扫，很多事故都和它们有关。

＜举例＞　某变电站 10kV Ⅱ段发生单相接地故障，在值班员查找故障点时发现 115 联络柜内有轻微的放电声，随后 115 联络柜开关突然速断跳闸。经检查确认，其电缆头的 C 相引线过长，在和接线端子连接后，向上然后再向下弯回，引线的绝缘部分与支持瓷瓶的带电部分接触，使有效绝缘的长度大幅缩短，加之电缆头上有尘土，先是发生单相接地（有放电痕迹），继而发展成相间短路。

提示：电缆引线的绝缘部分与瓷瓶至少保持 5cm 的距离。

2. 注意保护绝缘体，防止绝缘的损坏和体积击穿

其中最重要的是电缆的绝缘击穿。在地铁所有电气设备中，电缆的绝缘最脆弱，所处的环境也最恶劣，出现问题不容易发现。一旦电缆短路起火，产生的有毒气体最多，蔓延最快，对人的威胁也最大。所以，要在工作中重点检查电缆情况。电缆进出设备的位置要加强保护，不得受力。电缆受到挤压，电缆在出入柜体处受到铁板切压，在站台口处电缆受到长期踩踏，橡胶电缆的老化，都是造成绝缘损坏事故的常见原因。

＜举例＞　某日，一变电站信变二次箱内的信号电源的 A 相、B 相熔断器熔断，更新后很快再次熔断，值班员闻见有异常气味。随即打开电缆层盖板检查电缆层。发现信号电源电缆挤压在数根沉重的 10kV 电缆之中，绝缘被挤破造成相间短路。随后请维修队到现场进行了处理。

提示：长期挤压、橡胶电缆老化，都会造成绝缘损坏事故。要按规定将电缆放在电缆架上，按照不同的电压分层放置，不得挤压、踩踏。

四、预防接触不良引起的火灾

预防接触不良引起火灾的有效方法是消除接触不良现象。大电流通过接触不良点时会引起发热。铜既是电的良导体，也是热的良导体。接触不良点发热会引起相关绝缘发热，绝缘破坏后则继发短路，引起重大事故。无论是一次回路还是二次回路，只要电流够大，存在接触不良都会发生这样的问题。所以一定要及时发现并处理接触不良的情况，特别是电缆对接头处。

< 举例 >　某日,一变电站值班员在使用热成像仪检查所用交流电源屏时发现,一条回路的电缆接线端子排处,接电缆一侧的 A 相接线点的图像亮度明显高于其他接线点的亮度。提示电缆一侧的 A 相接线点接触不良。经检查,该处螺栓处于松动状态,随即做了处理。

提示:发现并消除接触不良点是检修作业的重要内容,不但可以防止火灾事故,也能提高设备的稳定性。使用热成像仪检查设备的每个点是发现接触不良最有效的手段。也可以用手持强光灯逐个检查每个接线点,接触不良点的线鼻子、螺栓、接线端子等金属件的光泽会因发热而变暗、变黄,甚至变黑。在停电检修作业时可以用手指轻轻拨动每根线,凭触感即可以发现螺栓松动引起的接触不良。电线的绝缘套会因过热变皱甚至抽缩,也提示这些点可能存在接触不良。

五、预防过载引起的火灾

线路过载会引起绝缘损坏导致短路,如果发生这种情况,保护不能可靠切断电源或熔断丝不能及时熔断,就会引起大火。很多电气火灾都是这样引起的。这类问题主要存在于低压回路,有些熔断器保护值过大,同一线路上多处使用大功率电器是线路过载常见问题。为此我们要求合理选配低压配电线路熔断器、空气开关定值、导线截面,确保低压电气线路安全。

禁止电热器具使用墙壁电源插座,禁止在变电站使用私人的电热器具。大功率电热器具发热量大,一旦散热受阻,发热量大于散热量就会使温度急剧上升引起火灾。另外,电热器具电流大,同一供电线路多人使用时就可能引起线路过载,从而引发火灾。所以,在工作场所应禁止使用电热器具。

六、预防误操作引起的火灾

(1)要以防止人为造成短路和防止带负荷拉合隔离开关为中心,做好人员的防火工作。要管理好临时接地线、放电杆、短接线、接地刀闸、接地手车,防止带电接地线和带地线合闸。注意危险点处的操作。

< 举例 >　某日,Y 变电站在计表完成后传动过程中发现 30 开关有故障,随后在 30 开关下口挂一组地线进行故障处理,事后忘记拆除,交接班人员也未发现。次日晨,三轨送电时,30开关跳闸,值班员仍然没有发现地线,电力调度命令 W 变电站 10 开关送电,第一次跳闸,再次试送成功,转瞬间,Y 变电站 30 开关处起火,烧毁部分开关柜。

提示:做接地线时,接地端要留在柜外,这样不容易忘记。收回的接地线要按号挂回原位置,并在清点数目。

(2)开关合闸后,尤其是开关短路跳闸后送电时,要查看出线电流表指示值是否正常,认真进行设备巡视,确认正常后方可离开。

(3)750V 开关跳闸后再次合闸要有一定的时间间隔,以使游离气体消散、空气的绝缘强度达到。否则,如果合在故障点上,开关就不能遮断电弧引发火灾。

< 举例 >　2005 年 12 月 15 日 17 时左右,某医院电工班班长张某值班时发现医院全楼断电,他来到二楼的配电室,在未查明停电原因的情况下强行送电,之后离开配电室。二三分钟后,配电室发出"噼啪"响声,张某返回时发现配电室已冒烟,他未采取扑救措施,而是跑到院

外去拉变电器刀闸开关,再返回二楼时火势已经蔓延开,从而酿成大祸。此次火灾造成37人死亡,46人重伤,49人轻伤,烧毁建筑面积5714平方米,直接财产损失921.9万元。17名责任者被判有期徒刑。

提示:

①这就是一名电工失误引起的后果,非常触目惊心,我们要从中吸取教训。一旦系统有故障,开关就会跳闸,开关跳闸后应仔细观察现场设备情况,再次送电时一定要提高警惕,认真查看电流表指示是否正常,仔细巡视相关设备,必要时要就地留守观察。

②全程都是电缆的线路,变压器等速断跳闸后没有弄清原因是不能试送电的。

七、预防施工引起的火灾

预防施工引起的火灾主要是控制好可燃物和控制好火源两个问题。

变电站要遵从5S现场管理原则。及时清除杂物,如废报纸、废塑料袋、各种包装纸盒及其他废弃物,过滤器芯、棉丝破布、笤帚、墩布应装进防火袋,不储存易燃品。施工、计表后的工具材料要及时运走,废旧设备也应运走。隧道柜附近电缆较多,列车运行风会将站台下的一些废纸、塑料袋刮到这里积存,而这里恰巧是断轨点,受流器脱离三轨时的电弧容易引燃杂物,所以要定时清理。洞内的堆积杂物也会因迷流发热被引燃,应及时清理。在清扫设备时要检查防火封堵情况是否良好,有问题及时处理。

火源的控制除前述的短路情况外,主要是禁止吸烟和控制电热器具。而在施工条件下情况就复杂化了。在进行电气焊和其他动火作业前,一定要先准备好灭火器,清理现场可燃物,特别是电缆层内的可燃物,防止电焊渣引起火灾。电焊渣引起的火灾是电气火灾中最常见的形式。在电气焊工作中电缆层内要有专人看守,工作完毕确认绝无隐患后看守人方可出来。禁止在变电站内使用易挥发的有机溶剂清洗零部件,油漆作业时要注意通风。

＜举例＞ 某变电站在进行焊接作业时由于防护工作不到位,炽热的电焊渣顺着电缆层盖板的缝隙溅入电缆层内,引燃了遗弃在电缆层内的聚氨酯泡沫做成的空气过滤器滤芯,所幸扑救及时未造成严重后果。

提示: 变电站施工时,除了办理好相关的动火手续外,在进行电气焊和其他动火作业前,一定要先准备好灭火器,清理现场可燃物,特别是电缆层内的可燃物,电缆层盖板的缝隙和周围的物品要用石棉布遮挡,防止电焊渣引起火灾。在电气焊工作过程中,电缆层内要有专人看守,工作完毕确认绝无隐患后看守人方可出来。

八、电气防火措施操作任务

1. 灭火器的检查

1)灭火器的外观检查

(1)检查灭火器的铅封是否完好,灭火器一经开启,即使喷射不多,也必须按规定要求再充装,充装后应做密封试验,并重新铅封。

(2)检查可见部位防腐层的完好程度。

(3)检查灭火器可见零件部件是否完整,有无松动、变形、锈蚀损坏,装配是否合理。

(4)检查储存式灭火器的压力表指针是否在绿色区域,如指针在红色区域,应查明原因,检修后重新灌装。

(5)检查灭火器的喷嘴是否畅通,如有堵塞应及时疏通。检查干粉灭火器喷嘴的防潮堵是否完好,喷枪零部件是否完备。

2)灭火剂再充装

灭火器的检修以及再充装应由经过培训的专人进行。灭火器经检修后,其性能要求符合有关标准的规定,并在灭火器的明显部位贴上不易脱落的标记,标明维修或再充装的日期、维修单位名称和地址。

3)灭火器的报废年限

人们对于灭火器已不再陌生,但灭火器也有使用期限。

从出厂日期算起,达到如下年限的必须报废:

手提式化学泡沫灭火器——5 年;

手提式酸碱灭火器——5 年;

手提式清水灭火器——6 年;

手提式干粉灭火器——8 年;

手提储压式干粉灭火器——10 年;

手提式二氧化碳灭火器——12 年;

推车式化学泡沫灭火器——8 年;

推车式干粉灭火器——10 年;

推车式二氧化碳灭火器——12 年。

2. 灭火器的设置

(1)灭火器应设置在明显和便于取用的环境中,且不得影响安全疏散。

(2)灭火器应设置稳固,其铭牌必须朝外。

(3)手提式灭火器应设置在挂钩、托架上或灭火器箱内,其顶部离地面高度应小于 1.5m,底部离地面高度宜小于 0.15m。

(4)灭火器不应设置在潮湿或强腐蚀性的环境中,如必须设置时,应有相应的保护措施。

(5)置在室外的灭火器,应有保护措施。

(6)灭火器不得设置在超出其使用温度范围的地点。

(7)同一配置场所,应当选用两种以上类型的灭火器。

(8)同一配置场所,同一类型的灭火器,宜选用操作方法相同的灭火器。

(9)一个灭火器配置场所内的灭火器不应少于 2 具。每个设置点的灭火器不宜多于 5 具。

3. 灭火设施的基本认知

1)消火栓的认知

(1)消火栓的种类包括:室内消火栓、室外消火栓、旋转消火栓、地下消火栓、地上消火栓、双阀双出口消火栓。

(2)消火栓的放置位置:消火栓应该放置于走廊或厅堂等公共的空间中,一般会在上述空间的墙体内。不管对其做何种装饰,要求有醒目的标注(写明"消火栓"),并不得在其前方设置障碍物,避免影响消火栓门的开启,如图4.4所示。

(3)消火栓的使用方法:打开消火栓门,按下内部火警按钮(按钮是报警和启动消防泵的);一人接好枪头和水带奔向起火点;另一人接好水带和阀门口;逆时针打开阀门,水喷出即可。注意:电起火要确定切断电源。

2)储油坑认知

(1)车间内变电所的变压器室,应设置容量为100%变压器油量的储油池。

(2)露天或者半露天变电所中,油量为100kg及特殊要求的,还应按特殊要求进行相关设置。

(3)有下列情况之一时,变压器应设置容量为100%变压器油量的挡油设施或能将油排到安全处的设施:变压器室位于容易沉积可燃粉尘或可燃纤维的场所;变压器室附近有粮、棉及其他易燃物大量集中的露天场所;变压器下方有地下室;变压器室位于建筑物的二层或更高层时,应制定能将油排到安全场所的措施。见图4.5。

图4.4 消火栓

图4.5 储油坑

3)应急标志灯认知

(1)使用时,将标志灯接入 AC220V/50Hz 即可,平时让其处于充电状态。

(2)检查时,按下试验按钮即转入应急指示状态;松开后应回主电充电状态。

(3)若半年未投入使用,应全充全放电一次。

课后习题

一、填空题

1.引发电气火灾和爆炸的原因有_____、_____等。

2.发生电气火灾时,应立即_____,然后_____。

3.高压下切断电源应先操作_____,而不应该先操作隔离开关切断电源;低压下切断电源应先操作_____,而不应该先操作刀开关切断电源,以免引起弧光短路。

4.对电气火灾的扑救,应使用_____、_____、_____、_____等灭火器具。

二、选择题

1.( )是电气设备最严重的一种故障状态,会产生电弧或火花。

    A.过载   B.短路   C.过压   D.欠压

2. 泡沫灭火器只能立着放置,筒内溶液一般要( )更换一次。

    A. 每星期   B. 每月   C. 每年

3. 需每月检查压力表,低于额定压力的 90% 时,应重新充氮的灭火器是( )。

    A. 泡沫灭火器   B. 二氧化碳灭火器

    C. 干粉灭火器   D. 1211 手提式灭火器

4. 使用时要将筒身颠倒过来,使其中的碳酸氢钠与硫酸两溶液混合后发生化学反应,产生二氧化碳气体泡沫,并由喷嘴喷出,此类灭火器是( )。

    A. 泡沫灭火器   B. 二氧化碳灭火器

    C. 干粉灭火器   D. 1211 手提式灭火器

5. 在特别潮湿且有导电灰尘的车间内,应选用( )电动机。

    A. 保护式   B. 密封式   C. 防爆式

6. 对架空线路等空中设备进行灭火时,人体位置与带电体之间的仰角不应超过( )。

    A. 20°   B. 45°   C. 90°

三、判断题

1. 在扑救电气火灾时,绝对不允许使用泡沫灭火器。   ( )

2. 在有爆炸危险的场所应选用防爆电气设备。   ( )

3. 火灾危险环境下禁止使用电热器具。   ( )

4. 剪断电线时,不同相的电线可以在相同的部位剪断。   ( )

5. 泡沫灭火适用于扑救油脂类、石油类产品及一般固体物质的初起火灾。 ( )

6. 旋转电动机起火时,决不能采用黄沙灭火。   ( )

7. 对高压设备若用干粉灭火器带电灭火,可不戴绝缘手套和穿绝缘靴。 ( )

单元 5　电力系统安全用具

 单元提示

　　本单元主要是对常用电气安全用具的使用、保存及试验等相关问题和注意事项进行讲解，通过对本单元的学习，让学生了解电气安全用具在电气工作中的作用和相关注意事项，掌握如何使用、保管常用电气安全用具和如何进行常用安全用具的电气试验，从而在工作中能够正确合理使用电气安全用具，提高电气工作的安全系数。

单元 5.1　安全用具概述

 学习目标

　　1. 了解在从事电气工作时使用安全用具的目的；
　　2. 掌握电气安全用具的分类和各自作用；
　　3. 掌握使用电气安全用具的基本注意事项。

 学习内容

　　电气安全用具是保证电气工作安全必不可少的工器具和用具。安全用具按照其用途和功能，一般分为：基本安全用具、辅助安全用具、检修安全用具、登高安全用具、人体防护用具几类。

一、使用安全用具的意义

　　电力工业服务于国民经济各行各业，为国家建设和人民生活提供连续可靠的优质电力，在国民经济中处于很重要的位置。电力生产的最大特点是产、销同时完成，它是把发电、输电、变电、配电、用电组成一个整体的电力系统，使电能的生产、传输和使用在瞬间同时完成。因此，安全发电、供电和用电就是电力企业和用电单位的首要任务。

　　实现电力的安全生产和使用，往往涉及多方面的工作。如企业需配备充足的、合格的电气安全用具，作业人员需在电力生产中正确使用这些电气安全用具，就是其中一项重要的工作。经过对大量电气触电事故的研究分析，发现人员触电、灼伤、高处摔落等事故中有很大一部分是因为没有使用或者没有正确使用电气安全用具引起的，也有一部分是由于现场缺少电气安全用具或使用不合格的电气安全用具而引起的。

<举例>　在某条线路检修中,由于其中一名检修工人没有系安全带,而被杆塔上工作人员不慎掉落的工具砸伤,进而从高处跌落,造成全身多处软组织挫伤和骨折。如果当时该工人系着安全带,就完全可以避免这起严重事故的发生。

<举例>　一次线路断线事故抢修中,由于缺少携带型短路接地线,作业人员未在工作地段两端装设短路接地线,只在电源侧用几根铝线将系统三相短路。在作业时线路突然来电,将用来短路的铝线烧断,并将一名作业中的年轻作业人员两手重度烧伤,导致其双手截肢,造成了终身残疾。

<举例>　某变电所值班人员在进行倒闸操作时,因验电前未在带电设备上检验氖灯验电器是否完好,且本应在停电设备上验电,却误在带电设备上验电,由于验电器上氖灯损坏,操作人员见氖灯不亮,以为无电压,就挂接地线,于是被弧光冲击倒地。

电气安全用具是保证电气工作安全必不可少的工器具和用具。正确使用电气安全用具,能有效地防止触电、弧光烧伤、高处跌落等触电事故和人身伤害事故的发生。因此,电气相关企业应该配备充足的、合格的电气安全用具。并且,从事电力生产的员工都必须学会如何正确合理地使用它们。

二、电气安全用具的分类和作用

所谓的电气安全用具,是指在进行带电作业或停电检修时,用以保证操作人员人身安全的工器具。按照其用途和功能一般分为以下 5 类。

1. 基本安全用具

基本安全用具是指那些绝缘强度足以承受电气设备的工作电压,能直接用来操作带电设备的安全用具,故又称绝缘操作用具。该类用具能够防止作业人员直接触电,保证作业人员在带电体不停电状态下安全方便地操作。绝缘操作杆、绝缘夹钳等带有绝缘手柄的各种电工工具以及高压核相器、钳型电流表等均属此类用具。

2. 辅助安全用具

此类用具本身的绝缘性能不足以保证安全,主要用来进一步加强基本安全用具绝缘强度,用来防止接触电压、跨步电压、电弧灼伤等对操作人员造成伤害,故仅能作为辅助安全用具之用,不能用以直接接触高压电气设备的带电部分。此类工具包括绝缘手套、绝缘靴、绝缘垫、绝缘站台等。

3. 检修安全用具

检修安全用具是在停电检修作业中用以保证操作人员人身安全的一类用具,如验电器、临时接地线、标示牌、临时遮拦等。

4. 登高安全用具

此类用具是在登高作业及上下过程中使用的专用工器具,或在高处时,为防止高空坠落而使用的防护用具,包括安全带、梯子、踏板、脚扣等。

5. 人体防护用具

这类安全防护用具主要为保护人体安全,可以防止外物对人体造成伤害,如安全帽、护目镜、防护工作服等。

三、电气安全用具的相关注意事项

电气安全用具的使用要根据工作内容、工作环境和对象合理选用,它是保障人身安全的首要条件。在工作过程中,应根据现场情况,正确选择安全用具。例如,操作 10kV 跌落式熔断器,必须使用 10kV 以上的绝缘操作杆,并戴干燥的线手套或绝缘手套。雷雨天气户外操作,必须戴绝缘手套、穿绝缘靴。高空作业时,应使用合格的登高工具、安全腰带、安全帽等。

使用安全用具还应注意以下事项。

1. 使用前的检查

绝缘安全用具每次使用前,必须认真检查,如检查安全用具表面有无损伤,绝缘手套、绝缘靴有无裂缝,绝缘垫有无破洞,安全用具上的瓷件有无裂缝或损坏等。

使用前还应将安全用具擦拭干净,验电器使用前要做检查,以免使用中得出错误结论,造成事故。

2. 使用后的处理

使用完的安全用具,要擦拭干净,放到固定位置,不可随意乱扔乱放,也不可另作他用,更不能用其他工具来代替安全用具,如不能用短路线代替接地线;接地线与导线连接必须使用专用的夹钳头;不能用普通绳带代替安全带等。

3. 安全用具的使用

当使用电气安全用具时,首先必须使用合格的绝缘用具,并应掌握正确的使用方法。其次,当使用绝缘操作杆、绝缘钳和验电器这类用具用来进行带电操作、测量和其他需要直接接触电气设备的特定工具时,还应注意以下两点:

(1)绝缘操作用具本身必须具备合格的绝缘性能和机械强度。

(2)安全用具只能在和其绝缘性能相适应的电气设备上使用。

4. 安全用具的管理

安全用具应有专人负责妥善保管,防止受潮、脏污和损坏。绝缘操作杆应放在固定的木架上,不得贴墙放置或横放在墙根。绝缘鞭、绝缘手套应放在箱柜内,不应放在阳光下晒,或有酸、碱、油的地方。验电器应放在盒内,置于通风干燥处。

单元 5.2　常见的安全用具

📖　**学习目标**

1. 了解常用的电气安全用具;
2. 掌握各种常用的电气安全用具的用途;
3. 掌握各种常用的电气安全用具的使用和保管注意事项。

📖　**学习内容**

对常用电工安全用具的使用及注意事项、保管存放等进行讲解,通过对常用电工安全用具的了解,使大家能在工作中正确地使用这些安全用具,提高电气工作的安全系数。

一、基本安全用具

经常使用的基本安全用具,一般有绝缘操作杆、绝缘夹钳等,这些操作用具均由绝缘材料制成。

1.绝缘操作杆

绝缘操作杆作为电力工作中的基本安全用具,用途十分广泛。绝缘操作杆可以用来闭合或断开高压隔离开关、跌落保险或者用来取递绝缘子、解开绑扎线、安装和拆卸临时接地线以及用于测量、试验等工作。

1)绝缘操作杆的组成

如图5.1所示。

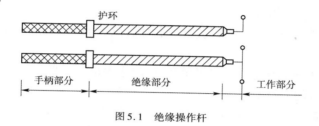

图5.1 绝缘操作杆

(1)工作部分

工作部分起到完成特定操作功能的作用,大多由金属材料制作,也有采用绝缘材料制作,式样因功能的不同而不同,并均安装在绝缘部分的上面。

(2)绝缘部分

绝缘部分起到绝缘隔离作用。一般采用胶木、纸箔管、塑料管、电木、环氧玻璃布管等绝缘材料制作。绝缘部分与手柄部分交接处设有绝缘罩护环,其作用是使绝缘部分与手柄部分有明显的隔离,提示操作人员正确把握用具。

(3)手柄部分

操作人员手握的部位,大多采用与绝缘部分相同的材料制成。为了保证人体与带电体之间有一定的绝缘距离,操作人员在操作时,只能握在手柄部位,不得越过护环接触绝缘部分。

为保证足够的绝缘安全距离,绝缘操作用具的绝缘部分长度不得小于表5.1所列数值。

绝缘操作杆和绝缘工具、绳索的有效长度 表5.1

电压等级(kV)	绝缘操作杆有效长度(m)	绝缘工具、绳索有效长度(m)
10 以下	0.70	0.40
35	0.90	0.60
60	1.00	0.70
110	1.30	1.00
154	1.70	1.40
220	2.10	1.80
330	3.00	3.00

2）使用和保管注意事项

绝缘操作杆是间接带电作业的主要工具，在电气操作中使用率很高，作用也很大。使用绝缘操作杆时有如下要点和技术要求：

（1）绝缘操作杆不宜太重，应能满足单人操作的要求。

（2）使用时应注意防止碰撞，存放时应放在干燥的地方，以免损坏表面绝缘层。

（3）使用前，必须核对所操作的电气设备的电压等级与绝缘操作杆的允许工作电压是否相同。

（4）绝缘操作杆管内必须清洗干净并封堵，防止潮气浸入。堵头可采用环氧酚醛玻璃布板，堵头与管内壁用环氧树脂黏牢密封。

（5）在使用绝缘操作杆之前，应仔细检查是否有损坏、裂纹等缺陷，并用清洁干燥的毛巾擦净，以消除使用时引起的泄漏电流。

（6）手握操作杆进行操作时，不得超过手柄范围，以免因减少绝缘有效长度而引起闪络放电故障。

（7）操作者应戴干净的线手套或绝缘手套，以防止手出汗降低绝缘杆的表面电阻，使泄漏电流增加，危及操作者的人身安全。

（8）使用后要及时将杆体表面的污迹擦拭干净，并把各节分解后装入一个专用的工具袋内，存放在屋内通风良好、清洁干燥的支架上或悬挂起来，尽量不要靠近墙壁，以防受潮，引起绝缘性被破坏。

另外，雨天室外使用的绝缘操作杆，为隔阻水流和保持一定的干燥表面，需加装适量的喇叭形防雨罩，防雨罩最好安装在绝缘部分的中部，罩的上口必须和绝缘部分紧密连接，防止有渗漏现象，下口和杆身距离 20～30mm 为宜，防雨罩的长度宜为 100～150mm，每个防雨罩之间的距离可取 50～100mm，防雨罩的装设数量应符合表 5.2 的规定。

雨天绝缘操作杆防雨罩配置数量　　　　　　　　　表 5.2

额定工作电压（kV）	10 及以下	35	60	110	154	220
最少防雨罩数（只）	2	4	6	8	12	16

雨天绝缘操作杆的绝缘部分长度应按表 5.3 所列的数值选择。

雨天绝缘操作杆的绝缘有效长度　　　　　　　　　表 5.3

电压等级（kV）	绝缘有效长度（m）	电压等级（kV）	绝缘有效长度（m）
60 以下	1.5	154～220	2.5
110	2.0	330	3.5

2. 绝缘夹钳

绝缘夹钳适用于带电安装和拆卸高压可熔保险器或执行其他类似工作，主要适用于 35kV 及以下电力系统，作为基本安全用具，在 35kV 以上的电力设备中，不准使用。

绝缘夹钳由三部分组成，即工作部分（钳口）、绝缘部分和手柄部分，如图 5.1 所示，各部分所用材料与绝缘操作杆相同。它的工作部分是一个强固的夹钳，并有一个或两个管形的钳口，用以夹持高压熔断器的绝缘管。

绝缘夹钳的长度要满足表 5.4 所列数值。

绝缘夹钳的最小长度

表 5.4

电气设备的额定电压(kV)	户 内 设 备		户 外 设 备	
	绝缘部分长度(m)	手柄部分长度(m)	绝缘部分长度(m)	手柄部分长度(m)
10	0.45	0.15	0.75	0.20
35	0.75	0.20	1.20	0.20

绝缘夹钳使用和保管注意事项：

（1）绝缘夹钳不允许装接地线,以免操作时由于接地线在空中游荡造成接地短路和触电事故。

（2）在潮湿天气,只能使用专用的防雨绝缘夹钳。

（3）绝缘夹钳要保存在特制的箱子里,以防受潮。

（4）工作时,应戴护目眼镜、绝缘手套、穿绝缘靴或站在绝缘台(垫)上,手握绝缘夹钳时要保持身体平衡和精神集中。

（5）绝缘夹钳要定期试验,试验周期为一年。

3.低压钳型电流表

低压钳型电流表又称夹钳式电流表,它是在不断开导线的情况下,用来测量低压线路上导线电流的工具。

1）低压钳型电流表的结构

低压钳型电流表由可以开合的钳形铁芯互感器和绝缘部分组成。上面装有可用转换开关变换量程的电流表,如图 5.2 所示。

2）使用和保管注意事项

（1）使用钳型电流表时,操作人员应戴干燥的线手套。

（2）测量前将钳口擦拭干净。

（3）使用时先估计被测系统电流数值,选择合适的量程。若无法估计则应将量程调至最大挡。然后,根据测得结果,再选择合适的量程测量。

（4）测量时,张开钳形铁芯夹入带电导线,之后将钳口紧密闭合,以保证读数准确。

（5）测完后把量程调至最大挡。

（6）在潮湿和雷雨天气,禁止在户外使用钳型电流表进行测量。

（7）钳型电流表应存放在专用的箱盒内,放在室内通风干燥处。

图 5.2　低压钳型
电流表

4.高压核相器

核相器用于额定电压相同的两个系统核相定相,以使两个系统具备并列运行条件。

1）高压核相器结构

它由长度和内部结构基本相同的两根测量杆配以带切换开关的检流计组成。测量杆用环氧玻璃布管制成,分工作、绝缘和握柄 3 部分。有效绝缘长度与绝缘操作杆相同。握柄与绝缘部分交接处应有明显标志或装设护环。

2）使用和保管注意事项

（1）使用核相器前,应检查核相器的工作电压与被测设备的额定电压是否符合,是否超过试验的有效期。

（2）使用核相器前,应检查核相器的测量杆绝缘是否完好。

（3）使用核相器时,应戴绝缘手套。

（4）在户外使用核相器时,必须在天气良好时进行。

（5）核相器应存放在干燥的柜内。

（6）核相器每 6 个月应进行 1 次电气试验,其试验标准见表 5.5。

表 5.5

核相器电阻管试验标准

电压等级（kV）	周　　　期	交流耐压（kV）	时间（min）	泄漏电流（mA）
6	每 6 个月 1 次	6	1	1.7 ~ 2.4
10		10		1.4 ~ 1.7

二、辅助安全用具

常用的辅助安全用具有绝缘手套、绝缘靴、绝缘隔板、绝缘垫、绝缘站台等,如图 5.3 所示。

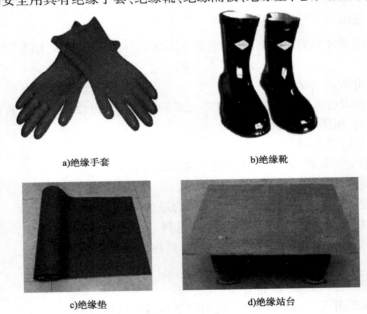

a)绝缘手套　　　　　　　　　　b)绝缘靴

c)绝缘垫　　　　　　　　　　d)绝缘站台

图 5.3　绝缘辅助安全用具

1. 绝缘手套

绝缘手套又叫高压绝缘手套,由天然橡胶制成,是用绝缘橡胶或乳胶经压片、模压、硫化或浸模成型的五指手套,具有防电、防水、耐酸碱、防化、防油的功能,适用于电力行业、汽车和机械维修、化工行业、精密安装,主要用于电工作业。绝缘手套可防止泄漏电流对人体的伤害,还可防止接触电压和感应电压的伤害,它也可直接在低压设备上进行带电作业。

使用和保管注意事项:

（1）使用绝缘手套时,应根据作业电压的高低选择其绝缘强度。

（2）绝缘手套应有足够的长度，戴上后，应超过手腕 10mm，另外对绝缘手套有严格的电气要求，因此普通的或医疗、化学用的手套不能代替绝缘手套。

（3）在使用前应进行绝缘手套外观检查，不该有黏胶、破损。通常还采用压气法检查绝缘手套有无漏气现象，若有微小漏气，该手套也不得继续使用，还应检查绝缘手套是否超过有效试验期。

（4）戴上绝缘手套后，手容易出汗，因此，应该在手套里衬上吸汗的手套，增加手与带电体的绝缘强度。作业时，应将衣袖口套入筒口内，以防发生意外。

（5）绝缘手套在使用后应擦净、晾干，最好洒上一些滑石粉，以免粘连。

（6）绝缘手套应统一编号，现场使用的绝缘手套最少应保持两副。

（7）手套平时宜放在干燥、阴凉处，现场应放在特制的木架上或专用的柜内，与其他用具分开放置，其上不得堆压任何物品，以免刺破手套。

（8）绝缘手套在使用 6 个月以上必须进行预防性试验。

2. 绝缘靴

绝缘靴的作用在于把触电危害降低到最低程度。因为在电气作业中，触电事故多为电流通过人体造成或是由于跨步电压伤害造成的。故雨天操作室外高压设备时，除应戴绝缘手套外，还应穿绝缘靴。同时因配电装置的接地网不一定能达到设计要求，也提倡平时穿绝缘靴。绝缘靴是由特种橡胶制成，通常不上漆，这和涂有光泽黑漆的橡胶水靴在外观上有所不同。

使用和保管注意事项：

（1）使用绝缘靴前，应检查绝缘靴是否完好，是否超过有效试验期。

（2）绝缘靴应统一编号，现场使用的绝缘靴应保持两双。

（3）绝缘靴不得当作雨靴或做他用，同时，其他非绝缘靴也不能代替绝缘靴使用。

（4）绝缘靴应经常检查和维护，如发现受潮或磨损严重，应禁止使用。特别注意切不可将绝缘靴当作耐酸、耐碱和耐油靴使用。

（5）在每次使用绝缘靴前应进行外部检查，如表面出现损伤、破漏或划痕等缺陷，应禁止使用。

（6）绝缘靴平时宜放在干燥、阴凉处，现场应放在专用的柜内，与其他用具分开放置，其上不得堆压任何物品。

（7）绝缘靴不允许放在过冷、过热、阳光直射处，或与酸碱、药品等化学物质接近，以防胶质老化，影响绝缘性能。

（8）绝缘靴应每 6 个月进行一次试验。

3. 绝缘垫

绝缘垫又称绝缘胶板，一般铺在配电装置室等地面上以及控制屏、保护屏和发电机的两侧，其作用与绝缘靴基本相同，可视其为一种固定的绝缘靴，主要为增强带电操作人员的对地绝缘，同时可以用来防止接触电压和跨步电压对人体的伤害。在主控屏、保护屏、变电所配电屏和发电机、调相机的励磁机等处放置绝缘垫，可起到良好的保护效果。绝缘垫通常还用来作为高压试验电气设备时的辅助安全用具。

绝缘垫是由特种橡胶制成的，为防滑，常在其表面制有条纹。绝缘垫的厚度不应小于

4mm,尺寸一般大于 750mm×750mm,也有较大规格的,例如 1000mm×1000mm 的。

使用和保管注意事项:

(1)在使用过程中,要保持绝缘垫干燥、清洁,注意防止与酸、碱及各种油类物质接触,以免受腐蚀后老化、龟裂或变黏,降低其绝缘性能。

(2)应避免与热源接触(如采暖炉等)或距热源太近,以防止其急剧老化变质,破坏其绝缘性能。

(3)使用过程中要经常检查绝缘垫有无裂纹、划痕等,如发现此类问题应立即禁用,并及时更换。

(4)绝缘垫一般每 2~3 年试验一次。

4.绝缘站台

绝缘站台是一种可用在任何电压等级的电力装置上的带电工作时的辅助安全用具,其作用等同于绝缘垫和绝缘靴。绝缘站台的台面是用极干燥且漆过绝缘漆的直纹无节木材做成的条形棚板,四脚用绝缘瓷瓶做台脚。

绝缘站台的最小尺寸不宜小于 800mm×800mm。为便于移动、打扫和检查,它的最大尺寸不应超过 1500mm×1000mm,以便于检查。台面板条间距不得大于 25mm,以避免人站立其上时鞋跟陷入板条间。台面的边缘不得伸出支持绝缘瓷瓶的边缘以外,以避免工作人员立在台面的边缘时可能发生的倾翻,绝缘瓷瓶的高度不应小于 100mm。为增加绝缘站台的绝缘性能,台面木板应涂绝缘漆。

使用和保管注意事项:

(1)绝缘站台多用于变电所或配电室内,用于户外时,应将其置于坚硬的地面,不应放在松软的地面或泥草中,以防陷入地面而降低其绝缘性能。

(2)绝缘站台的台脚绝缘瓷瓶应无裂纹、破损,木质台面要保持干燥清洁。

(3)绝缘站台使用后应妥善保管,不得随意蹬踩。

(4)绝缘站台必须放置在干燥、坚硬的地方,如无条件,站台下应垫硬实的垫板,以免放置在松软的地面或泥草中引起站台绝缘瓷瓶四脚下陷,降低其绝缘性能。

(5)绝缘站台的台脚绝缘瓷瓶应无裂纹、破损。

(6)绝缘站台也应做电气试验,一般每 3 年一次。

5.绝缘隔板

绝缘隔板是用于隔离带电部件、限制工作人员活动范围的绝缘平板,它也可装设在断开的 6~10kV 及以下电压等级设备刀闸的动、静触点之间,作为防止设备突然来电的安全用具,绝缘隔板一般用环氧玻璃布或聚氯乙烯塑料制作,且尺寸应满足一定的安全要求。

绝缘隔板的安装方法一般有以下两种。一种是和带电体保持一定的安全距离,此时绝缘隔板的大小应视带电体的尺寸和工作人员在工作中的活动范围而定,必须保证工作人员在工作中不致造成对带电体的危险接近。另一种方法是和带电体直接接触,但这只局限于在 35kV 及以下的情况下使用,且应注意工作中工作人员不得和绝缘隔板接触。另外,在装设绝缘隔板时,还要做到带电体到绝缘隔板边缘距离不得小于 200mm。特殊情况下,如工作人员必须接触绝缘隔板时,要求隔板的绝缘水平必须和带电体的工作电压相适应,而且仍要满足带电体到绝缘隔板边缘的距离要求。

使用和保管注意事项：

（1）使用绝缘隔板前，应检查绝缘隔板是否完好，是否超过有效试验期。

（2）放置绝缘隔板时，应戴绝缘手套。在隔离开关动、静触点之间放置绝缘隔板时，应使用绝缘操作杆。

（3）绝缘隔板放置要牢靠，应使用尼龙挂线悬挂，不能使用胶质线，以免造成接地或短路。

（4）绝缘隔板应保持表面光滑，不允许有裂缝、气泡、砂眼、孔洞和其他表面污渍，凹坑深度不得超过 0.1mm，绝缘隔板的厚度不得小于 3mm。

（5）绝缘隔板应存放在干燥通风的室内，不得着地或靠墙放置。使用前应擦净尘土并检查外观是否良好。

三、检修安全用具

1. 验电器

验电器又称测电器、试电器或电压指示器，它是检验电气设备是否带电，即有无电压的一种安全用具。因其所验证的电压等级不同，可将其分为低压验电器和高压验电器两种。

验电器一般利用电容电流经氖气灯泡发光的原理制成，故称其为发光型验电器。此型验电器在我国已有多年使用历史，就其特性而言，低压验电器使用比较方便，而高压验电器使用则较为困难，因其发光部分离人较远以满足安全距离的需要，所以人观察颇为费劲，特别是光线较明处更是如此。近年来，科研部门开发研制了几种新型验电器，如声光验电器和风车验电器等，投放市场经使用验证效果不错，给验电工作带来了很大方便。

1）低压验电器

低压验电器用在检验对地电压 250V 及以下的电气设备上。我们常将低压验电器称为低压试电笔或低压验电笔。它是电工必备的常用电气安全工具，是用来检验低压电气设备和线路是否带电的一种专用工具。其外形分为笔形、改锥型和组合型等多种。低压验电器由工作触头、降压电阻、氖泡、弹簧等部件组成，如图 5.4 所示。

（1）低压验电笔的使用

验电时，手握顶部金属部分，笔尖或锥尖触及电气设备，观察氖泡是否发光或根据其明暗程度来判断电气设备是否带电或电压的强弱。

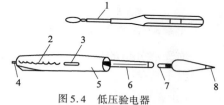

图 5.4　低压验电器
1-绝缘套管；2-弹簧；3-小窗；4-笔尾的金属体（笔卡）；5-笔身；6-氖管；7-电阻；8-笔尖的金属体

验电笔的工作原理是：当手持验电笔测试带电设备时，经降压电阻后形成的微小电流通过验电笔、人体到大地形成回路，从验电笔的小窗孔可以看到氖泡发光。操作人员穿上了绝缘靴或站到绝缘台上，其漏电电流也足以使氖泡起辉发光。只要带电体和人地之间的电位差超过一定数值（一般多为 36V），验电笔就会发出辉光，低于这个数值，就不会发光。根据发光程度可粗略判断电压的高低，在使用验电笔前，应首先在有电的设备或线路上验证一下，检查一下验电笔是否完好，防止因氖泡或电阻损坏而造成误判断，引起触电事故。

（2）低压验电器的其他用途

低压验电器除主要用来检查、判断低压电气设备或线路是否带电外，还有以下用途：

①区分火线和地线。接触时氖泡发光的线是火线（相线），氖泡不亮的线则是地线（中性线或零线）。

②区分交流电和直流电。交流电通过氖泡时，氖泡两极都发光；而直流电通过时氖泡只有一极发光。靠笔尖的一极灯丝发光则可判定此线为直流负极，反之为正极。

③判断电压的高低。如氖泡灯光发亮至黄红色，则电压较高；如氖泡发暗微亮至暗红，则电压较低。

（3）低压验电笔使用和保管注意事项

①使用前，检查验电笔里有无安全电阻，再直观检查验电笔是否有损坏，有无受潮或进水。

②使用验电笔时，不能用手触及验电笔尾端的金属部分，这样会造成人身触电事故。

③使用验电笔时，一定要用手触及验电笔尾端的金属部分，否则，因带电体、验电笔、人体与大地没有形成回路，验电笔中的氖泡不会发光，造成误判，认为带电体不带电。

④在测量电气设备是否带电之前，先要找一个已知电源测一测验电笔的氖泡能否正常发光，能正常发光，才能使用。

⑤在明亮的光线下测试带电体时，应特别注意氖泡是否真的发光（或不发光），必要时可用另一只手遮挡光线仔细判别。千万不要造成误判，将氖泡发光判定为不发光，而将有电判断为无电非常危险。

2）高压验电器

高压验电器用来检验对地电压在 250V 以上的电气设备，我们常用的一般为 10kV 及 35kV 两种。高压验电器的种类较多，原理也各不相同，下面分别加以介绍。

（1）发光型高压验电器

发光型高压验电器，如图 5.5 所示，它一般由以下部分组成。

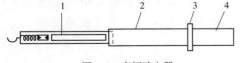

图 5.5　高压验电器

1-指示器;2-绝缘部分;3-手柄;4-护环

①指示器。

由金属接触端、压紧弹簧、氖气管、电容纸箔管或电子元件等组成。外部套有电木粉压制或聚氯乙烯制成的硬质绝缘管。

②绝缘部分。

绝缘部分指的是自指示器下部的金属衔接螺钉起至罩护环止的部分，绝缘部分长度不得小于以下数值：

10kV 及以下——0.4m；

35kV——0.6m；

110kV——1.0m。

③护环，是绝缘部分和手柄的分界点，护环的直径要比握手部分大 20~30mm。

④手柄，指护环以下的手持部分。

（2）风车型验电器

风车型验电器是一种新型高压验电设备，它是通过带电导体尖端放电产生电晕风，驱动金属叶片旋转，来检测设备是否带电的，故称之为风车型验电器。

风车型验电器由风车指示器和绝缘操作杆等组成。使用时只要将风车指示器逐渐靠近被测的电气设备,设备如带电,则风车旋转;反之,则风车不转动。

风车型验电器具有灵敏度高、选择性强、信号指示鲜明、操作方便等优点。在线路、搭杆或变电所内都能正确、明显地指示电力设备有无电压,该验电器是一种较为理想的新型验电用具。

(3)有源声光报警验电器

这种验电器应用范围较广,根据其工作原理的不同,可分为接触型和感应型两大类。

接触型验电器只有其金属触头触及带电体时才会发出声光报警,其准确性可靠性较好。

感应型验电器不与带电体接触,通过感应电场信号报警,但其抗干扰能力、方向性等指标较差,特别是在密集带电体(如变电所、二相多回路等)条件下,常发生误报警,因此感应型报警器宜在带电体稀疏的特定条件下使用。

(4)高压验电器使用和保管注意事项

①必须使用和被验设备电压等级相一致的合格验电器。验电前,应先在有电的设备上进行试验,以验证验电器是否良好。

②验电时,应戴绝缘手套,手必须握在绝缘棒护环以下的部位,不准超过护环。

③对于发光型高压验电器,验电时,一般不装设接地线,除非在木梯、木杆上验电,不接地不能指示时,才可装接地线。

④风车型验电器,使用前应观察回转指示器叶片有无脱轴现象,脱轴者不得使用。轻轻摇晃验电器,其叶片应稍有晃动。

⑤在使用风车型验电器时,应逐渐靠近被测设备,一旦指示器叶片开始正常回转,即说明该设备有电,应随即离开被测设备,不要使叶片长期回转,以保证验电器的使用寿命。

⑥风车型验电器只适用户内或户外良好天气时使用,雨、雪天禁止使用。

⑦风车型验电器不得强烈振动或受冲击,应妥善保管,不准自行调整拆装。

⑧每次使用完验电器后,应将验电器擦拭干净放置盒内,并存放在干燥通风处,避免受潮。

⑨为保证使用安全,验电器应按规定周期进行试验。

2. 携带型三相短路接地线

使用携带型三相短路接地线,是一种防护设备突然来电造成设备损坏及人身伤害所采取的三相短路接地的保护措施,它还可以防止邻近高压带电设备对停电设备所产生的感应电压对人体造成危害。实践证明,接地线对保证人身安全十分重要,现场工人将其称之为"保命线"。

1)携带型接地线的构造

(1)夹头部分

夹头部分大多采用铝合金铸造抛光后制成,夹头部分是携带型接地线和设备导电部分的连接部件,因此对它的要求是和导电部分的连接必须紧密,接触良好,并保证具有足够的接触面积。根据夹头部分的形状不同,可分为悬挂式、平口式、螺旋式、弹力式等几种形式。

(2)绝缘操作杆部分

其作用是保持一定的安全距离和起到操作手柄的作用,因此要求绝缘操作杆应由绝缘材料制成,并保持一定的长度。绝缘操作杆的长度在除去手柄长度(握手长度为 $200 \sim 400\,\text{mm}$)以外,最好保持以下有效绝缘距离:

10kV 以下——0.4m；

35～66kV——0.7m；

110kV——1.0m；

154kV——1.4m；

220kV——1.8m；

330kV——3.0m。

接地线根据操作手柄的形式不同可分为：

①绝缘棒固定安装在夹头上，其特点是接地线带有固定的绝缘操作手柄，它是目前使用较多的一种。其特点是使用方便，但每组接地线均需配置 3 个绝缘棒，故不经济。

②夹头未安装固定操作手柄，而是采用特制操作杆将夹头悬挂在设备上，其优点是节省绝缘材料，故较经济；缺点是操作不便。因此，一般只适用于发电厂、变电所。

（3）三相短路接地线部分

采用多股软铜绞线制成，其截面应能满足短路时热稳定的要求，即在大量的短路电流通过时导线不会因产生的高热而熔化。为了保证有足够的机械强度，多股铜绞线的截面积应不小于 25mm²。因此，短路各相所用的导线，其截面积应根据该接地线所处的电力系统而定。当然，绞线也应保证一定的机械强度。

（4）接地端

接地端是携带型接地线和接地网或大地的连接部件，要求接地必须可靠，故接地端应采用固定夹具和接地网相连接，或用铜钎插入地中，不得用缠绕方法与接地网相连，因为在短路电流的作用下导线易烧断，而且可能在巨大电动力作用下接地端被甩开，失去保护作用。

2）携带型接地线的管理

有了合格的携带型接地线，若没有一个严密的管理制度，也不能充分发挥其作用，甚至产生相反的效果，造成事故。

在接线复杂的系统中进行部分停电检修时，往往需要装设几组、十几组，甚至更多的接地线。与此同时，可能还有其他设备进行停电检修，也需要装设许多接地线。由于工作互相交错进行，当某设备工作结束恢复送电时，若没有严密的记录和管理办法，可能有的接地线忘记拆除就送电，以致造成带地线合闸的事故。也可能误拆了其他正在检修设备上的接地线，以致造成误送电事故。所以，对携带型短路接地线的管理应予以特别的注意。

一般要求携带型短路接地线有统一编号，有固定的存放位置。在存放接地线的位置上也要有编号，将接地线按照相对应的编号放在固定的位置，即所谓的"对号入座"。在每组接地线上除了编号外，还要标明该接地线的短路容量和许可使用的设备系统。使用中的接地线应有详细的记录，并在系统模拟盘上做出相应的标志（也要标明所用接地线的编号），以便在恢复送电时，可以按照记录对照号码逐个拆除。这样就可将工作失误减小到最低程度，保证人身和设备的安全。

3）使用和保管注意事项

（1）使用时，接地线的连接器（线夹或线卡）装上后接触应良好，并有足够的夹持力，以防止短路电流幅值较大时，由于接触不良而熔断或因电动力作用而脱落。

（2）应检查接地铜线和短路铜线的连接是否牢固，一般应用螺栓紧固后，再加焊锡，以防熔断。

（3）接地线必须使用专用的线夹固定在导体上，严禁用缠绕的方法进行接地或短路。

（4）接地线在每次装设以前应经过详细检查。损坏的接地线应及时修理或更换。禁止使用不符合规定的导线作接地或短路之用。

（5）对于可能送电至停电设备的或停电设备可能产生感应电压的都要装设接地线，所装接地线与带电部分应符合安全距离的规定。

（6）检修部分若分为几个在电气上不相连接的部分，如分段母线以隔离开关（刀闸）或断路器（开关）隔开分成几段，则各段应分别验电接地短路。接地线与检修部分之间不得连有断路器（开关）或熔断器（保险）。

（7）装设接地线必须由两人进行，若为单人值班，只允许使用接地刀闸，或者使用绝缘棒和接地刀闸。装设接地线是一项严谨的工作，如发生带电装设地线，不仅危及工作人员安全，还会引起设备损坏或大面积停电等重大事故。

（8）装设接地线必须先接接地端，后接导体端，且必须接触良好。拆接地线的顺序与此相反。装拆接地线均应使用绝缘棒，戴绝缘手套。

（9）在室内配电装置上，接地线应装在该装置导电部分的规定地点，这些地点的油漆应刮去，并划下黑色记号。

（10）每组接地线均应编号，并存放在固定地点。存放位置亦应编号，接地线号码与存放位置号码必须一致。以免在较复杂的系统中进行部分停电检修时，发生误拆或忘记拆接地线而造成事故。

（11）接地线的装设和拆除应进行登记，并在模拟盘上标记，交接班时应交代清楚。

3. 标示牌

标示牌又叫警告牌，用来警告工作人员不得接近设备的带电部分或禁止操作设备，标示牌还用来指示工作人员何处可以工作及提醒工作时必须注意的其他安全事项。

标示牌是由干燥的木材或其他绝缘材料制成，不得用金属材料制作，其悬挂地点和位置也应根据规定要求而定。标示牌的用途分为警告、允许、提示和禁止等类型。警告类如"止步，高压危险！"；允许类如"在此工作！""由此上下！"；提示类如"已接地！"；禁止类如"禁止合闸，有人工作！""禁止合闸、线路有人工作！""禁止攀爬，高压危险！"等。

1）安全标示

（1）安全色：传递安全信息含义的颜色，包括红、蓝、黄、绿 4 种颜色。

红色表示禁止、停止、危险。

蓝色表示指令，要求人们必须遵守的规定。

黄色表示警告、提醒人们注意。

绿色表示提供允许、安全的信息。

（2）对比色：使安全色更加醒目的反衬色，包括黑白两种颜色。

2）安全标志

安全标志由安全色、几何图形和图形符号构成，用以表达特定安全信息。安全标志的作用是引起人们对不安全因素的注意，预防事故发生。

根据国家标准《安全标志》（GB 2894—2007），安全标志分为禁止标志、警告标志、指令标

志、提示标志、文字辅助标志、激光辐射窗口标志和说明标志，

常见的标示牌式样，如表5.6所示。

常见标示牌样式 表5.6

序号	名　称	悬挂处所	式　样		
			尺寸(mm×mm)	颜色	字样
1	禁止合闸有人工作！	一经合闸即可送电到施工设备的断路器(开关)和隔离开关(刀闸)操作把手上	200×100 和80×50	白底	红字
2	禁止合闸线路有人工作！	线路断路器(开关)和隔离开关(刀闸)把手上	200×100 和80×50	红底	白字
3	在此工作！	室内、室外工作地点或施工设备上	250×250	绿底,中有直径210mm白圆圈	黑字,写于白圆圈中
4	止步,高压危险！	施工地点临近带电设备的遮栏上;室外工作地点	250×200	白底红边	黑字,有红色箭头
5	从此上下！	工作人员上下的铁架、梯子上	250×250	绿底,中有直径210mm白圆圈	黑字,写于白圆圈中
6	禁止攀登,高压危险！	工作人员上下的铁架临近可能上下的另外铁架上,运行中变压器的梯子上	250×200	白底红边	黑字

3)标示牌的使用

电气用标示牌有如上6种,每一种都有其特定用处,并且有的标示牌有两种规格尺寸,使用时一定要正确选择。

(1)在一经合闸即可送电的断路器和隔离开关的操作把手上,均应悬挂"禁止合闸,有人工作"的标示牌。

(2)当线路有人工作时,应在线路断路器和操作把手上悬挂"禁止合闸,线路有人工作"的标示牌,以提醒值班人员线路有人工作,以防向有人工作的线路合闸送电。

(3)在室内高压设备上工作时,应在工作地点的两旁间隔和对面间隔的遮栏上悬挂"止步,高压危险"的标示牌,以防止检修人员误入带电间隔。在进行电气试验或母线检修时,应在禁止通行的过道上设临时遮栏,并向外悬挂"止步,高压危险"的标示牌,以警戒他人不得入内。

(4)室外设备检修时,应在临时遮栏四周悬挂适当数量的"止步,高压危险"标示牌。

(5)在检修地点应悬挂"在此工作"标示牌,当一张工作票有数个工作地点时,各工作地点均应悬挂"在此工作"的标示牌。

(6)在室外架构上工作时,工作地点附近带电部分横梁上悬挂"止步,高压危险"的标示牌。在工作人员上下的架构梯子上悬挂"由此上下"的标示牌。

标示牌的布置一定要正确,并且不得随意移动或拆除。标示牌在使用结束后,应妥善分类保管在专用地点,如有损坏或数量不足应及时更换补充。

4.隔离板和临时遮栏

在高压电气设备进行部分停电工作时,为了防止工作人员走错位置,误进入带电间隔或临近带电设备至危险的距离,一般采用隔离板、临时遮栏或其他隔离装置进行防护。

隔离板一般须采用干燥的木板做成,其高度一般不小于 1.8m,下部边沿离地面不超过 100mm,其形状无具体要求,但要牢固稳定,不易倾倒,而且轻便,可做成栅栏状或板面形状,板上应有明显的警告标志"止步,高压危险!",如图 5.6 所示。

临时遮栏:在室外进行高压设备部分停电作业时,用线网或绳子拉成遮栏。一般可在停电设备的周围插上铁棍,将线网或绳子挂在铁棍或特制的架子上,这种遮栏要求对地距离不小于 1m。

临时遮栏也可根据工作需要做成各种不同的形式,在 6 ~ 35kV 设备上,若工作人员需要在距离带电设备很近的地方工作时,遮栏可用绝缘材料做成。这种遮栏可以与带电设备的导电部分接触,如将导电部分罩住等,这就要求遮栏有良好的绝缘性能。在安装临时遮栏时要特别小心,操作人员应戴绝缘手套,站在绝缘台上,并有专人监护。

图 5.6　隔离板及警告标志

安装好的临时遮栏不得随意移动或拆除。工作人员如因工作需要必须对其进行变动时,应征得工作许可人的同意,临时遮栏使用完毕后,应将其放在室内的固定地点。

起绝缘作用的临时遮栏也应同其他绝缘工具一样,进行定期绝缘试验,一般每半年试验一次。用于 35kV 设备上的临时遮栏或挡板,交流耐压为 80kV,用于 6 ~ 10kV 设备上的为 30kV,加压时间都为 5min,无击穿或闪络放电现象即认为合格。用橡胶做成的遮栏加压到 15kV,这种遮栏只允许在 1000V 及以下设备上使用。

四、登高安全用具

架空线路施工、检修都离不开登高作业,因此必须使用合格的登高用具,方能保证登高作业人员的安全。常用的登高工具有安全带、脚扣、踏板、梯子等。

1. 安全带和安全腰绳

安全带和安全腰绳是防止发生高空摔跌的主要安全用具。安全带一般有皮的和尼龙的两种,安全绳则有棕绳、尼龙绳、钢丝绳、合股棉绳和锦纶绳等多种。

安全带和安全腰绳应保持良好的机械强度,并应定期进行机械性能试验,试验标准见表 5.7。

安全带和安全腰绳试验标准　　　　表 5.7

名　　称	试验静拉力(N)	试荷时间(min)	试验周期	外观检查周期
安全带(大号)	2205	5	半年 1 次	每月 1 次
安全带(小号)	1470	5	半年 1 次	每月 1 次
安全腰绳	2205	5	半年 1 次	每月 1 次

安全带由大、小两根组成,小带用于围束工作人员的腰部下处,作为束紧用;大带则系在电杆或牢固的构架上。

安全带使用一年后,要作全面检查,并抽 1% 做抽样试验。抽样试验的静拉力标准为

6370N,试荷时间5min,各部件无破损或重大变形者为合格,如发现其中有不合格者,应再抽1%重复试验,如继续发现不合格的,则该批安全带应停止使用,其中即使是抽检试验合格的也不得继续使用。

2. 脚扣

脚扣是攀登电杆的主要工具之一,它是由铁或铝合金制成的呈圆环形、带皮带扣环和脚登板的轻便登杆用具,可分为木杆脚扣和水泥杆脚扣两种形式,如图5.7所示。

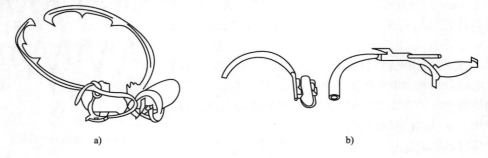

图5.7 脚扣

木杆脚扣根部带有3个短铁牙,以便刺入木杆而达到防滑作用。水泥杆脚扣在根部和半圆上安有橡胶垫片或胶管来防滑。使用脚扣较方便,攀登速度快、易学会,但易于疲劳,适用于短时间作业。

使用和保管注意事项:

(1)在使用脚扣前应做外观检查,看各部分是否有裂纹、腐蚀、断裂现象,若有应禁止使用。

(2)登杆前,应对脚扣做人体冲击试登以检验其强度。应按电杆的规格选择脚扣,并且不得用绳子或电线代替脚扣系脚皮带。

(3)未曾使用过脚扣的操作人员第一次使用前,应当在有经验的人员指导下多次摸索试验,熟悉其性能后才能利用其上杆。

(4)脚扣不能随意从杆上往下摔扔,作业前后应轻拿轻放,并妥善保管,存放在工具柜里,并放置整齐。

3. 踏板

踏板也称升降板、登高板、站脚板、踩板等,由于用其登高作业较灵活又舒适,因此是一种常用的攀登电杆的工具。它由板和绳两部分组成,板采用630mm×75mm×25mm硬质木材制作,上面刻有防滑纹路,吊绳采用直径16mm的优质棕绳或锦纶绳做成,吊绳呈三角状,底端两头固定在踏板上,顶端固定有金属挂钩,吊绳高度一般为成人的一臂长度。具有良好的机械强度是升降板和脚扣必须具备的主要性能,因此必须随时进行检查和定期进行机械试验。

使用和保管注意事项:

(1)在使用踏板前应做外观检查,看各部分是否有裂纹、腐蚀、断裂现象,若有应禁止使用。

(2)登杆前,应对踏板做人体冲击试登以检验其强度。

(3)使用踏板时,应保持正确的站立姿势,人体应平稳不摇晃。

(4)未曾使用过踏板的操作人员第一次使用前,应当在有经验的人员指导下多次摸索试验,熟悉其性能后才能利用其上杆。

（5）踏板不能随意从杆上往下摔扔，作业前后应轻拿轻放，并妥善保管，存放在工具柜里，并放置整齐。

4.梯子

梯子是登高作业常用的工具，特别是对内外线电工，使用梯子登高作业的工作很多，因此必须知道如何使用和维护梯子。

梯子可以用木料、竹料或铝合金材料制作，它的强度应能承受作业人员携带工具时的总质量。

梯子可制作成直梯和人字梯两种，前者通常用于户外登高作业；后者通常用于户内登高作业。直梯的两脚应各绑扎橡胶之类的防滑胶套；人字梯应在中间绑扎两道防自动滑开的拉绳。两种梯子的式样如图5.8所示。

a)直梯　　b)人字梯

图5.8　直梯与人字梯

使用和保管注意事项：

（1）登梯前应检查梯子各部分是否完好，无损坏，梯子上的防滑胶套必须完整，否则地面应放胶垫，特别在光滑坚硬的地面上使用时更应注意。在泥土地面上使用时，梯脚最好加铁尖。

（2）使用直梯作业时，为防止直梯翻倒，其梯脚与墙之间的距离不得小于梯子长度的1/4；同时为了避免打滑，其间距也不得大于梯长的1/2。

（3）使用人字梯作业时，必须将防滑拉绳绑好，且梯子之间距离不能太小，以防梯子不稳。登在人字梯上操作时，切不可采取骑马方式站立，以免不小心摔下造成伤害。

（4）在直梯上工作时，梯顶一般不应低于作业人员的腰部，或作业人员应站在距梯子顶部不小于1m的横档上作业，切忌站在梯子的最高处或靠最上面一二横档上，以免朝后仰面摔下造成伤害。

（5）梯子应每半年试验一次，其标准见表5.8；同时，每个月应对其外表进行一次检查，看是否有断裂，腐蚀等现象。梯子不用时，应保管在库房的固定地点。

梯子试验标准　　　　　　　　　　　　　表5.8

名　　称	试验静压力(N)	试 验 周 期	外表检查周期	试验时间(min)
竹(木)梯	试验荷重1765	半年一次	每月一次	5

五、人体防护用具

在操作或维护检修电气设备时（如更换熔断器、进行电焊或浇灌电缆接头盒、调配或补充蓄电池的电解液等），有可能发生电弧或有高温的绝缘胶或腐蚀性的酸、碱液溅出，使工作人员的眼睛或其他部位受到伤害，或遭受高空坠物伤害。所以，在进行这些工作时，需要采取必要的防护措施，一般使用以下用具。

1.护目镜

护目镜一般为封闭型，采用耐热、耐机械力和透明无瑕疵的化学玻璃做成。要求达到遇热不熔化,受到打击或碰撞时不易破碎,镜架一般用金属制成。为了使眼镜戴稳便于工作,应有松紧带和带扣子的布带和皮带,带子系上后有一定的伸缩作用。

护目镜主要用来保护工作人员的眼睛不受电弧的伤害,防止灼伤或异物进入眼内,装卸高压熔丝、锯断电缆及打开运行中的电缆盒时,戴护目镜主要是防止弧光对眼睛的刺激,因此这类护目镜应为有色护目镜。浇灌电缆混合剂、向蓄电池内注入电解液等工作时,戴护目镜是为了防止化学剂溅入眼内,故这类护目镜应为封闭式,眼罩的玻璃应使用无色玻璃。

2.防护手套

当熔化电缆绝缘胶或焊锡时,为了防止工作人员手臂部烫伤,应戴上用不易着火的纺织物(如亚麻帆布等)做成的手套。此种手套的长度应能达到工作人员的肘部,以便在使用时可以套在外衣袖口上,防止熔化的金属或绝缘胶溅到袖口的缝隙中去。

3.防护工作服

从事电力行业的各类生产人员在进入生产现场时,都应穿防护工作服装,以防止在接触火焰、高温、腐蚀性化学品以及电火花、电弧等时,对作业人员身体造成伤害。

防护工作服一般分为以下几种:

(1)一般防护工作服,又称工作服,它是用阻燃衣料做成的,主要适用于从事一般维护和检修工作的人员穿着。

(2)全身防护工作服。它由头罩和上下连接的衣服组成,适用于灰尘较多场所的工作人员穿戴。

(3)耐酸工作服。它是用耐酸性的衣料制成的,适用于从事接触和配制酸类物质工作的人员穿戴。

(4)耐火工作服,是用耐高温材料做成的,适用于消防及电焊、火焊工作人员穿戴。

作业人员应根据工作性质,选择防护工作服以确保人身安全。

4.安全帽

安全帽是用来防护高空落物打击头部,减轻头部冲击伤害的一种防护用具。

在架空线路检修、杆塔施工作业、变电构件等处工作时,为防止在杆塔上工作的人员因和工具器材、构架相互碰撞而受伤,或杆塔、构架上工作人员失落工具和器材时,击伤地面人员,要求高处作业人员及地面上人员必须佩戴安全帽,保证人身安全。

1)安全帽的保护原理

安全帽对头部的保护作用主要基于以下两点:

(1)作用力分散:将载荷由帽传递分布在头盖骨的整个面积上,避免集中打击一点。

(2)缓冲吸收能量:由于安全帽的结构特点,使头与帽顶之间的空间能吸收能量,起到缓冲作用,因此可减轻或避免伤害。

2)安全帽的基本要求

冲击吸收性能安全帽为了达到充分保护头部的目的,应有足够的强度和弹性,为此需对其进行必要的冲击吸收试验。用3顶安全帽,分别在$50\pm2℃$(矿井下用的取$40\pm2℃$)、$-10\pm2℃$及浸水3种情况下,用5kg重钢锤自1m高处落下进行冲击试验,测得试验用头模所受的冲击力最大值不应超过4900N。然后,选择头模受力最大的一种情况,用3kg钢锤自1m高处落下进行冲击,钢锤不与头模接触者为合格。

3)安全帽的其他要求

(1)耐低温性能:在温度低于 -10℃ 的条件下,按上述方式进行冲击吸收和耐穿透试验。

(2)耐燃烧性能:用 2kg 汽油喷灯火焰燃烧帽壳较薄处(以帽顶为圆心,直径 100mm 以外部分)10s,当喷灯火焰移开后,帽壳火焰应能在 5s 内自灭。

(3)电绝缘性能:用交流 1200V 试验 1min,泄漏电流不应超过 1.2mA。

(4)侧向刚性:在帽的两侧加压力 430N 后,帽壳的横向最大变形不应超过 40mm,卸载后变形不应超过 15mm。

4)安全帽的标记要求

每顶安全帽应有以下永久性标记:

(1)制造厂名称及商标型号;

(2)制造年月;

(3)许可证编号;

(4)其他标记:

①具有耐低温性能的安全帽标记为 " -20℃ " 或 " -30℃ " 等字样;

②通过电绝缘性能试验的安全帽标记为 "R";

③通过侧向刚性试验的安全帽应标记 "CG" 记号。

上面我们介绍的是多年来现场工人常用的普通型安全帽,现在应用范围仍然很广,近几年我国自行研制了一种新型安全帽——近电报警安全帽,其特点除具有普通型安全帽的所有作用外,还兼备近电报警功能。

5)近电报警安全帽

近电报警安全帽的作用是电业工人在有触电危险环境下,进行维修高、低压供电线路或在电气设备检修、安装作业时,接近带电设备至安全距离,安全帽会自动报警,避免人身伤亡事故的发生。通过现场使用证实,此安全帽在报警距离内报警正确可靠,除具有普通型安全帽的优点外,还具有非接触性检验高、低压线路是否断电和断线等功能。

(1)主要技术数据:

①报警电流:0.3 ~ 1.5mA;

②电源电压:3VCR2032 锂电池,寿命 1 年以上;

③使用环境温度:-10 ~ 50℃;

④使用环境相对湿度小于 90%;

⑤380V、220V 报警距离大于 0.2m。

(2)使用范围:

安全帽的报警电压等级为 220 ~ 380V。一般 35 ~ 380kV 等级是一种类型安全帽;10 ~ 220kV 等级为另一类安全帽,使用时根据现场条件选择。

6)使用和保管注意事项

(1)安全帽必须戴正,并把下颌带系紧,切不可把安全帽歪戴于脑后,否则会降低安全帽的冲击防护作用,或在与坠落接触时滑落,而起不到防护作用。

(2)安全帽在使用前应仔细检查有无裂痕、下凹或磨损等情况,如有缺陷不得使用。另外,由于安全帽的材质会老化,使其失去防护性能,所以必须定期检查更换。

(3)使用近电报警安全帽,还应注意以下几点:

①每次使用前,应先调节灵敏开关,然后按下自检开关,若能发出信号,即可使用;否则不得使用。

②头戴或手持近电报警安全帽接近检修架空电力线路和用电设备时,在报警距离范围内,若发出报警声音,表明设备或线路带电;否则不带电。

③低感应电压类型的安全帽接近电器设备外壳时,若发出报警信号,表明机壳带电或漏电。

④近电报警安全帽不能代替验电器使用。

⑤当发现自检报警声音降低时,表明电池电量已不足,应及时更换电池。

⑥在使用安全帽后,应将其放置于室内干燥通风,并远离电源线 500mm 不漏电的固定位置。

⑦环境湿度大于90%时,报警距离准确度将受到影响。

单元5.3　安全用具电气试验

学习目标

1. 了解电气安全用具试验的意义;
2. 掌握电气安全用具试验准备工作和试验步骤;
3. 掌握电气安全用具试验分析;
4. 掌握各种电气安全用具的试验要求和试验间隔。

学习内容

安全用具的绝缘状况十分重要,其绝缘性能的好坏直接关系到工作人员的人身安全,而对安全用具进行电气试验时,鉴定其绝缘强度对于判断电气安全用具能否投入使用具有决定性意义,也是保证安全用具绝缘水平、避免发生由于绝缘缺陷而引发触电事故的重要手段。因此,必须严格按照规定进行检查试验。对新购置或使用中的安全用具,必须进行验收及定期试验。

试验前,应对安全用具外观进行仔细检查:

(1)检查安全用具的完整性。

(2)检查安全用具的表面状态,如有无裂纹、飞弧痕迹、烧焦等。

(3)检查安全用具是否安装牢固、可靠等。

一般情况下,绝缘安全用具对其绝缘部分以工频交流耐压试验为主,在必要情况下耐压试验前后还应测量其绝缘电阻。对于橡胶一类材料所制成的绝缘安全用具(如胶鞋、胶手套等),在交流耐压试验中,还应测量交流泄漏电流。对于验电器一类的安全用具,除进行工频交流耐压试验外,还应进行清晰发光电压试验(试验电压为验电器额定电压25%以下为合格)。

工频交流耐压试验是指对被试品施加一个高于运行中可能遇到的过电压数值的交流电压，并经历一段时间(一般为1min)，以检查设备的绝缘水平。

工频交流耐压试验是考验被试品绝缘承受各种过电压能力的有效方法，对保证设备安全运行具有重要意义。

由于工频交流耐压试验的试验电压一般比运行电压高得多，对电气设备的绝缘有一定的破坏性，可能将有缺陷的绝缘击穿，也可能使局部缺陷有所发展，甚至使尚能继续运行的设备在高电压下受到一定损伤，故称耐压试验为破坏性试验。因此规定，在交流耐压试验前，必须对被试品进行绝缘电阻等项目试验，对被试品的绝缘状况进行初步鉴定。若发现绝缘有缺陷，应研究处理后，再进行交流耐压试验。

工频交流耐压试验的接线，应按被试品的要求和现有试验设备条件来决定。

工频交流耐压试验的试验设备主要有：试验变压器、调压器、限流电阻、保护电阻、保护球间隙、过流继电器等。

试验操作步骤：

(1)根据试验要求，选择合适的设备、仪器、仪表、接线图及试验场地。接线时应注意布线合理，高压部分对地应有足够的安全距离，非被试部分一律可靠接地。

(2)检查器具布置和接线，调压器应置零位，然后合上电源，速度均匀地将电压升至试验电压，立即开始计时。加压持续时间到后，迅速而均匀地将电压降至零，断开试验电源，试验完毕后注意对设备放电。

注意事项：

(1)在升压或耐压试验中，如发现下列不正常现象时，均应立即停止试验，并查明原因。

①电压表指针摆动很大；

②毫安表指示急剧增加；

③被试品绝缘烧焦或有冒烟现象；

④被试品有不正常的响声。

(2)升压必须从零开始，不可冲击合闸。

(3)被试品为有机绝缘材料(如绝缘工具等)时，试验后应立即断电接地并用手触摸，如出现普遍或局部发热，则认为绝缘不良，应重新处理，然后再做试验。

(4)在试验过程中，若由于空气湿度、温度、表面脏污等影响，引起被试品表面滑闪放电或空气放电，不应认为被试品不合格，需经清洁、干燥处理后，再进行试验。

(5)耐压试验前后，均应测量被试品的绝缘电阻，并做好记录。

对于绝缘良好的被试品，在交流耐压试验中不应击穿。是否击穿，可按下述各种情况进行分析：

(1)一般情况下，电流表数值突然上升或者电压表数值明显下降，基本可以判断为击穿。

(2)如果过流继电器整定得当，当过流继电器动作，使自动控制开关跳闸时，说明被试品击穿。

(3)被试品出现击穿响声(或继续放电声)、冒烟、出气、焦臭、闪络、燃烧等，都是不允许的，应查明原因。这些现象如果确定是绝缘部分出现的，则认为被试品存在缺陷或击穿。

一、验电器

通过检测流过验电器对地杂散电容中的电流,检验设备或线路是否为带电的装置。

电容性高压验电器的试验项目、周期和要求见表5.9。

电容性高压验电器的试验项目、周期和要求　　　　　　　　表5.9

项目	周期	要　　求				工频耐压试验说明
起动电压试验	半年	起动电压不高于额定电压的40%,不低于额定电压的15%				试验时接触电极应与试验电极接触
工频耐压试验	1年	额定电压(kV)	试验长度(m)	工频耐压(kV)		高压试验电极放置在绝缘杆的工作部分,按表中试验长度确定好高压试验电极和接地极之间的长度。接地极与高压试验电极用宽50mm的金属箔或导线包绕缓慢升高电压,达到0.75倍试验电压值起,以每秒2%试验电压升速到规定值。保持表给的时间,试验中不发生闪络或击穿,试后无放电为合格
				1min	5min	
		10	0.7	45	—	
		35	0.9	95	—	
		63	1.0	175	—	
		110	1.3	220	—	
		220	2.1	440	—	
		330	3.2	—	380	
		500	4.1	—	580	

二、携带型短路接地线

携带型短路接地线用于防止设备、线路突然来电,消除感应电压,放尽剩余电荷的临时接地装置。

携带型短路接地线的试验项目、周期和要求见表5.10。

携带型短路接地线的试验项目、周期和要求　　　　　　　　表5.10

项　　目	周　　期	要　　求			说　　明
成组直流电阻试验	不超过5年	在各接线鼻之间测量直流电阻,对于25mm²、35mm²、50mm²、70mm²、95mm²、120mm²的各种截面,平均每米的电阻值应分别小于0.79mΩ、0.56mΩ、0.40mΩ、0.28mΩ、0.21mΩ、0.16mΩ			同一批次抽测,不少于2条,接线鼻与软导线压接的应做该试验
操作棒的工频耐压试验	1年	额定电压(kV)	工频电压(kV)		试验电压加在护环与紧固头之间
			1min	5min	
		10	45	—	
		35	95	—	
		63	175	—	
		110	220	—	
		220	440	—	
		330	—	380	
		500	—	580	

1. 测量直流电阻

测量直流电阻是为了检查携带型短路接地线线鼻和汇流夹与多股铜质软导线之间的接触是否良好,软导线截面积是否符合要求。

通常采用直流压降法测量,见图 5.9。

首先测量各线鼻间各段长度,按测量值算出每米的电阻值,此值应符合表 5.10 中规定。

2. 工频耐压试验

试验电压加在操作棒的护环与紧固头之间,试验操作要求见表 5.10。

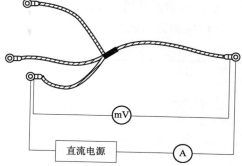

图 5.9　携带型短路接地线成组直流电阻试验

三、个人保护接地线

个人保护接地线是用于防止感应电压对个人危害所用的接地装置,其试验项目、周期和要求见表 5.11。

个人保护地线的试验项目、周期和要求　　　　　表 5.11

项　　目	周　　期	要　　求	说　　明
成组直流电阻试验	不超过 5 年	在各接线鼻之间测量直流电阻,对于 $10mm^2$、$16mm^2$、$25mm^2$ 的截面,平均每米的电阻值应小于 $1.98m\Omega$、$1.24m\Omega$、$0.79m\Omega$	同一批次抽测,不少于两条

各鼻线之间所测的直流电阻应符合表 5.11 要求。测量方法同携带型短路接地线的试验要求。

四、绝缘操作杆

绝缘操作杆是在短时间内对带电设备进行操作的绝缘工具,如接通或断开高压隔离开关、跌落保险等。

绝缘杆的试验项目、周期和要求见表 5.12。

绝缘操作杆的试验项目、周期和要求　　　　表 5.12

项　　目	周期	要　　求				说　　明
		额定电压(kV)	试验长度(m)	工频耐压(kV)		
				1min	5min	
工频耐压试验	1 年	10	0.7	45	—	工频耐压试验方法同电容型验电器,见表 5.9
		35	0.9	95	—	
		63	1.0	175	—	
		110	1.3	220	—	
		220	2.1	440	—	
		330	3.2	—	380	
		500	4.1	—	580	

五、高压核相器

高压核相器是用于检查判断待连接的设备、电气回路是否相位相同的器具。

（1）核相器的试验项目、周期和要求见表5.13。

核相器的试验项目、周期和要求 表5.13

项　　目	周期	要　　求				说　明
连接导线绝缘强度试验	必要时	额定电压（kV）	工频耐压（kV）	持续时间（min）		浸在电阻率小于100Ω·m水（自来水）中
		10	8	5		
		35	28	5		
绝缘部分工频耐压试验	1年	额定电压（kV）	试验长度（m）	工频耐压（kV）	持续时间（min）	试验电压施加在核相棒的有效绝缘部位，试验方法同电容型验电器试验要求
		10	0.7	45	1	
		35	0.9	95	1	
电阻管泄漏电流试验	半年	额定电压（kV）	工频耐压（kV）	持续时间（min）	泄漏电流（mA）	
		10	10	1	≤2	
		35	35	1	≤2	
动作电压试验	1年	最低动作电压应达0.25倍额定电压				

（2）连接导线绝缘强度试验，将被试导线拉直，放在自来水中浸泡，其两端应有350mm长度露出水面，如图5.10所示。

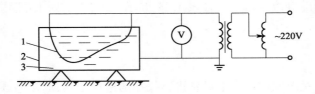

图5.10　连接导线的绝缘强度试验
1-连接导线；2-金属盆；3-水

在金属盆与连接导线之间施加表5.13规定的电压，以1000V/s的恒定速度逐渐加压，到达规定电压后，保持5min，如果没有出现击穿，则试验合格。

（3）电阻管泄漏电流试验，将待试的核相棒的试验电极接到交流电压的一个极上，其连接导线的出口与交流电压的接地极相连接，施加表5.13中规定的电压，如果泄漏电流小于表5.13中规定值，则试验合格。

（4）动作电压试验，将核相器的接触电极与一接地的交流电压的两极相接触，逐渐升高交流电压，测量核相器的动作电压，如果动作电压最低达到0.25倍额定电压，则认为试验合格。

六、绝缘罩

绝缘罩用于遮蔽带电导体或非带电导体的绝缘保护罩。

（1）绝缘罩的试验项目、周期和要求见表5.14。

绝缘罩的试验项目、周期和要求　　　　　表5.14

项　目	周　期	要　求		
工频耐压试验	1 年	额定电压（kV）	工频耐压（kV）	时间（min）
		6～10	30	1
		35	80	1

（2）工频耐压试验对于功能类型不同的遮蔽罩，应使用不同形式电极。通常遮蔽罩内部的电极是一金属芯棒，并置于遮蔽罩内中心处，遮蔽罩外部电极为接地电极，由导电材料，如金属箔或导电漆等制成，试验电极布置如图5.11所示。

在试验电极间，按表5.14规定施加工频电压，持续时间5min，试验中，试品不应出现闪络或击穿。试验后，试样各部位应无灼伤、发热现象。

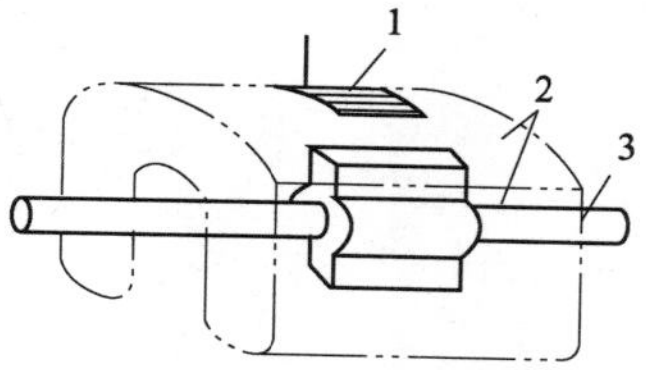

七、绝缘隔板

绝缘隔板是用于隔离带电部位、限制工作人员活动范围的绝缘平板。

图 5.11　试验电极布置
1-接地电极；2- 金属箔或导电漆；
3-高压电极

（1）绝缘隔板的试验项目、周期和要求见表5.15。

（2）表面工频耐压试验用金属板作为电极，金属板的长为70mm，宽为30mm，两电极之间相距300mm。在两电极间施加工频电压60kV，持续时间1min，试验过程中不应出现闪络或击穿，试验后，试样各部位应无灼伤、无发热现象。

工频耐压试验前，先将待试的绝缘隔板上下表面铺上湿布或金属箔，除上下四周边缘各留出200mm左右的距离，以免沿面放电，亦应覆盖试品的所有区域，并在其上下安好金属板极，然后按表5.15中规定加压试验，试验中，试品不应出现闪络和击穿，试验后，试样各部位应无灼伤、无发热现象。

绝缘隔板的试验项目、周期和要求　　　　　表5.15

项　目	周期	要　求			说　明
表面工频耐压试验	1 年	额定电压（kV）	工频耐压（kV）	持续时间（min）	电极间距离300mm
		6～35	60	1	
工频耐压试验	1 年	额定电压（kV）	工频耐压（kV）	持续时间（min）	
		6～10	30	5	
		35	80	5	

八、绝缘垫

绝缘垫是用特殊橡胶制成的橡胶板，用以加强工作人员对地绝缘。

（1）绝缘垫的试验项目、周期和要求见表5.16。

绝缘垫的试验项目、周期和要求　　　　　　　　　　　　　　　　表5.16

项　目	周期	要　求			说　明
		电压等级	工频耐压(kV)	持续时间(min)	
工频耐压试验	1年	高压	15	1	用于带电设备区域
		低压	3.5	1	

（2）绝缘垫工频耐压试验接线如图5.12所示,试验时先将绝缘垫上下铺上湿布或金属箔,并应比被测绝缘垫四周小200mm,连续均匀升压至表5.16中规定的电压值,保持1min,观察有无击穿现象,若无击穿,则试验通过。试样分段试验时,两段试验边缘要重合。

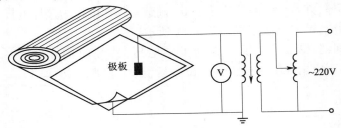

图5.12　绝缘胶垫耐压试验接线图

九、绝缘靴

绝缘靴是用特种橡胶制成,用于工作人员与地面绝缘的靴子。

（1）绝缘靴的试验项目、周期和要求见表5.17。

绝缘靴的试验项目、周期和要求　　　　　　　　　　　　　　　　表5.17

项　目	周　期	要　求		
		工频电压(kV)	持续时间(min)	泄漏电流(mA)
工频耐压试验	半年	25	1	≤10

（2）如图5.13,绝缘靴的工频耐压试验将一个与试验鞋号一致的金属片作为内电极放入鞋内,金属片上铺满直径不大于4mm的金属球,其高度不小于15mm,外借导线焊一片直径大于4mm的圆铜片,并埋入金属球内。外电极为置于金属盘内的浸水海绵和金属盘本身。以1kV/s的速度使电压从零上升到所规定电压值的75%,然后以100V/s的速度升到规定的电压值。当电压升到表5.17规定的电压时,保持1min,然后记录毫安表的电流值,电流值小于10mA,则认为试验通过。

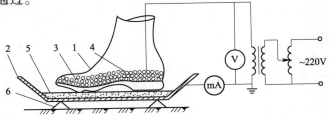

图5.13　绝缘靴试验电路示意图

1-被试靴;2-金属盘;3-金属球;4-圆铜片;5-海绵和水;6-绝缘支架

十、绝缘手套

（1）绝缘手套的试验项目、周期和要求见表 5.18。

绝缘手套的试验项目、周期和要求　　　　　　　　　　　　　　　　表 5.18

项目	周期	要求				说明
工频耐压试验	半年	电压等级	工频耐压（kV）	持续时间（min）	泄漏电流（mA）	高压指对地电压 250V 以上；低压指对地电压 250V 以下
		高压	8	1	≤9	
		低压	2.5	1	≤2.5	

（2）绝缘手套的工频耐压试验是在被试手套内部放入自来水，然后浸入盛有相同水的金属盆内，使手套内外水平呈相同高度。手套应有 90mm 露出水面部分，这一部分应该擦干，试验接线如图 5.14 所示。

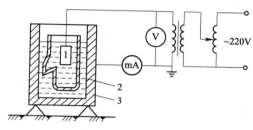

图 5.14　绝缘手套试验装置示意图

1-电极；2-试样；3-盛水金属器皿

以恒定速度升压至表 5.18 规定的电压值，保持 1min，不应发生电压击穿，测量泄漏电流，其值满足表 5.18 规定的数值，则认为试验通过。

十一、导电鞋

导电鞋是用特种导电性能的橡胶制成，在 220～500kV 带电杆塔上及 300～500kV 带电设备区非带电作业时，防止静电感应所穿用的鞋子。

（1）导电鞋的试验项目、周期和要求见表 5.19。

导电鞋的试验项目、周期和要求　　　　　　　　　　　　　　　　表 5.19

项目	周期	要求
直流电阻试验	穿用累计不超过 200h	电阻值小于 100kΩ

（2）导电鞋电阻值测量试验电路如图 5.15 所示，试验电源是 100V 直流电，内电极是放在

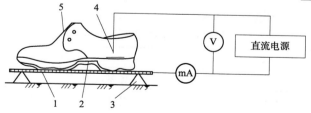

图 5.15　导电鞋电阻值测量试验电路

1-铜板；2-导电涂层；3-绝缘支架；4-内电极；5-试样

鞋内直径为4mm的钢球,钢球总质量应达到4kg,如果鞋内装不下,可用绝缘板加高鞋帮的高度,外电极为铜板。内电极的外接导线焊一片直径大于4mm的圆铜片,埋入钢球中。

加压时间为1min,按测量电压值和电流值计算出电阻值,小于100kΩ为合格。

十二、安全带

安全带是预防在高空作业中坠落伤亡的个人防护用品。

(1)安全带的试验项目、周期和要求见表5.20。

安全带的试验项目、周期和要求　　　　　　　　　　　　　　　　表5.20

项　　目	周期	要　　求			说　　明
		种类	试验静拉力(N)	载荷时间(min)	
静负荷试验	1年	围杆带	2205	5	牛皮带试验周期为半年
		围杆绳	2205	5	
		护腰带	1470	5	
		安全绳	2205	5	

(2)静负荷试验安全带整体静负荷试验装置如图5.16所示,用拉力试验机进行试验,把安全带连接在图5.17上后便开始进行拉伸试验,拉伸速度为100mm/min,按表5.20中的种类,施加对应的静拉力,加载时间为5min,如不变形或破裂,则认为合格。

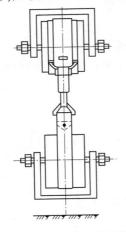

图5.16　安全带整体负荷试验装置

图5.17　脚扣静负荷试验示意图

十三、脚扣

(1)脚扣的试验项目、周期和要求见表5.21。

脚扣的试验项目、周期和要求　　　　　　　　　　　　　　　　表5.21

项　　目	周　　期	要　　求
静负荷试验	半年	施加1176N静压力,持续时间5min

(2)脚扣静负荷试验如图5.17所示,将脚扣安放在模拟的等径杆上,用拉力试验机对脚扣的踏盘施加1176N的静压力,时间为5min,卸荷后,活动钩在扣体内滑动应灵活无卡阻现象,其他受力部位不得产生足以影响正常工作的变形和其他可见的缺陷。

十四、踏板

（1）踏板的试验项目、周期和要求见表 5.22。

踏板的试验项目、周期和要求　　　　　　　　　　表 5.22

项　　　目	周　　　期	要　　　求
静负荷试验	半年	施加 2205N 静压力,持续时间 5min

（2）静负荷试验试验装置如图 5.18 所示,将踏板安放在拉力机上,施加表 5.22 中规定的静压力,加载速度应均匀缓慢上升,达到规定的静压力,保持 5min,如果围杆绳不破裂、撕裂、钩子不变形、踏板无损,则认为合格。

图 5.18　升降板试验示意图

十五、竹（木）梯

（1）竹（木）梯的试验项目、周期和要求见表 5.23 所示。

竹（木）梯的试验项目、周期和要求　　　　　　　　表 5.23

项　　　目	周　　　期	要　　　求
静负荷试验	半年	施加 1765N 静压力,持续时间 5min

（2）将梯子置于工作状态,与地面的夹角为 75°±5°,在梯子的经常站立部位,对梯子的踏板施加 1765N 的载荷,踏板受力区应有 10cm 宽,不允许冲击性加载,试验在此载荷下持续 5min,卸荷后,梯子的各部件不应发生永久性变形和损坏。

十六、试验标志牌

以上每项试验完毕合格后,试验人员应及时出具安全工器具试验合格证标志牌,用不干胶或挂牌制成如图 5.19 所示的标志牌。

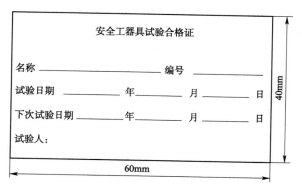

图 5.19　安全工器具试验合格证标志牌

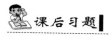

课后习题

1. 简述使用安全用具的意义。

2. 电气安全用具的分类有哪些？

3. 在使用安全用具前有哪些注意事项？

4. 安全用具在使用后应如何处理？

5. 低压验电器有哪些用途？

6. 携带型接地线可否单人操作？为什么？

7. 安全色有哪几种颜色？各种安全色的含义是什么？

8. 在使用梯子进行登高作业时有哪些注意事项？

9. 安全用具的电气试验主要包括哪几类？

10. 安全用具在进行电气试验前应进行哪些检查？

11. 简述工频交流耐压试验的实验步骤。

12. 简述如何根据交流耐压试验对被试品的绝缘情况进行合理分析。

单元 6　高压电气设备绝缘测量与试验

本单元主要介绍电气设备绝缘试验中常用的高压试验装置及测试仪器的原理与试验方法。电气设备绝缘试验是保证电气设备安全、可靠工作的检验手段。试验的目的是为了及早发现绝缘缺陷,减少事故,确保电气设备安全可靠运行。本单元涉及内容有绝缘电阻和吸收比的测量、介质损耗角正切值的测量、局部放电的测量、工频耐压试验、直流泄漏电流的测量与直流耐压试验、冲击高压试验等。要求着重理解和掌握各种试验的原理、方法、判断标准以及试验时测试数据的分析和判断。

单元6.1　概　　述

学习目标

1. 了解高压电气设备绝缘测量与试验的意义;
2. 了解高压电气设备试验的分类及特点。

学习内容

电力系统中的各种电气设备,在安装后投入运行前均要进行交接试验,在运行过程中还要定期进行绝缘的预防性试验。这些试验是判断设备能否投入运行、预防设备绝缘损坏及保证设备安全可靠运行的重要措施。

电气设备绝缘中可能存在着各种各样的缺陷,它们可能是在制造或修理过程中形成的,也可能是在运输及保管过程中形成的,还有可能是在运行中绝缘老化而形式的。为此,在电力系统中,必须定期对电气设备绝缘进行预防性试验,以便有效发现各种绝缘缺陷,并通过检修把它们排除掉,以减少设备损坏或发生停电事故,保证电力系统的安全运行。

绝缘的缺陷通常可分为两类。一类是局部性或集中性的缺陷,例如:悬式绝缘子的瓷质开裂;发电机绝缘局部磨损、挤压破裂;电缆由于局部有气隙在工作电压作用下发生局部放电逐步损坏绝缘,以及其他的机械损伤、受潮等。另一类是整体性或分布性的缺陷,它是指由于设备受潮、过热及长期运行过程中所引起的整体绝缘老化、变质、绝缘性能下降等。

电气设备的绝缘预防性试验也可以分为两大类。第一类是非破坏性试验,它是指在较低的电压下或者用其他不会损伤绝缘的方法测量绝缘的各种特性,以间接判断绝缘内部的状况。非破坏性试验包括测量绝缘电阻和吸收比、泄漏电流,介质损耗角正切值的测量、电压分布的测量、局部放电的测量、绝缘油的气相色谱分析等。各种方法反映绝缘的性质不同,对不同的绝缘材料和绝缘结构的有效性也不同,往往需要采用多种不同的方法进行试验,并对试验结果进行综合分析比较后,才能做出正确判断。另一类叫耐压试验,它是模拟电气设备绝缘在运行中可能遇到的各种等级的电压(包括电压幅值、波形等)对绝缘性能进行试验,从而检验绝缘耐受这类电压的能力,用于暴露一些危险性较大的集中性缺陷。耐压试验能保证其绝缘有一定的耐压水平,故耐压试验对绝缘的考验比较直接和严格,但试验时有可能会对绝缘造成一定的损伤,并可能使有缺陷但可以修复的绝缘(例如受潮)发生击穿。因此耐压试验通常在非破坏性试验之后进行。如果非破坏性试验已表明绝缘存在不正常情况,则必须查明原因并加以消除后才能再进行耐压试验,以免给绝缘造成不应有的损伤。

在具体判断某一电气设备的绝缘状况时,应注意对各项试验结果进行综合分析,并注意和历史资料以及与该设备的其他状况进行比较。为便于与历次试验结果相互比较,最好在相近的温度和试验条件下进行试验,以免温度换算带来误差。试验应尽量在良好的天气下进行。有关绝缘预防性试验进一步的内容,可参考《电力设备预防性试验规程》等相关书籍和资料。

单元 6.2　绝缘电阻和吸收比测量

学习目标

1. 掌握兆欧表的工作原理;
2. 掌握用兆欧表测量电气设备的绝缘电阻和吸收比的方法;
3. 掌握试验过程中的影响因素及相关注意事项。

学习内容

用兆欧表测量电气设备的绝缘电阻是一项简单易行的绝缘试验方法。绝缘电阻的测量在设备维护检修时,广泛用作常规的绝缘试验。

当直流电压作用在任何电介质上时,流过它的电流是随加压时间的增加而逐渐减小的,在相当长时间后,趋于一稳定值,这个稳定电流即为泄漏电流。图 6.1 中的曲线 1 即是这一电流随时间的变化曲线,这一现象称为吸收现象。如被试设备绝缘状况良好,吸收过程进行得较慢,吸收现象很明显,绝缘电阻值随加压时间的变化如图 6.1 中曲线 2 所示。如被试设备绝缘受潮严重,或有集中性的导电通道,则其绝缘电阻值显著降低,泄漏电流将增大,吸收过程加快,吸收现象不明显,此时绝缘电阻值随加压时间的变化如图 6.1 中的曲线 3 所示。如上所述,显然可根据被试设备泄漏电流变化的情况判断设备的绝缘状况。为了方便,在一般情况下,不是直接测量电气

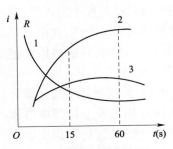

图 6.1　泄漏电流、绝缘电阻测量值与时间的关系

设备绝缘的泄漏电流,而是用兆欧表来测量绝缘的电阻变化,因为当直流电压一定时,绝缘电阻与泄漏电流成反比。

一、兆欧表的工作原理

兆欧表(亦称摇表)是测量设备绝缘电阻的专用仪表,它的原理接线图如图6.2所示,以图中手摇直流发电机 M(也可能是交流发电机通过晶体二极管整流代替)作为电源,它的测量机构为流比计 N,它有两个绕向相反且互相垂直固定在一起的电压线圈 LU 和电流线圈 LA,它们处在同一个永磁磁场中(图中未画出),它可带动指针旋转,由于没有弹簧游丝,故没有反作用力矩,当线圈中没有电流时,指针可以停留在任意的位置上。

兆欧表的端子"E"接被试品 R_X 的接地端,端子"L"接被试品的另一端,摇动发电机手柄(一般120r/min,手柄转速超过时表内机械稳速装置会使发电机转速稳定在该转速下),直流电压 U 就加到两个并联的支路上。第一个支路电流 I_U 通过电阻 R_U 和电压线圈 LU;第二个支路电流 I_A 通过被试品电阻 R_X 和电流线圈 LA,两个线圈中电流产生的力矩方向相反。在两个力矩差的作用下,线圈带动指针旋转,直至两个力矩平衡为止。当到达平衡时,指针如图6.2所示。

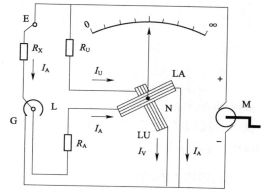

图6.2　兆欧表原理接线图

R_U-分压电阻(包括电压线圈的电阻);R_A-限流电阻(包括电流线圈的电阻);R_X-被试品的绝缘电阻

对于一只兆欧表,R_U 和 R_A 均为常数,故指针偏转角 α 的大小仅由被试品的绝缘电阻值 R_X 决定,即兆欧表指针偏转角的大小反映了被试品绝缘电阻值的大小。

"G"为屏蔽接线端子,因为测试的绝缘电阻值是绝缘体的体积电阻。为了避免由于表面受潮而引起测量误差,可以利用导线把屏蔽电极接到屏蔽端子"G"上,从而使绝缘表面的泄漏电流不通过电流线圈 LA 以减少测量误差。

二、绝缘电阻的测试方法

图6.3为测量套管的绝缘电阻的接线图。测量时将端子"E"接于套管的法兰上,将端子"L"接于导电芯柱,如果不接屏蔽端子"G",则从法兰沿套管表面的泄漏电流和从法兰至套管内部体积的泄漏电流均流过电流线圈 LA,此时兆欧表测得的绝缘电阻值是套管的体积电阻和表面电阻的并联值。为了保证测量的精确,避免由于表面受潮等而引起测量误差,可在导电芯柱附近的套管表面缠上几匝裸铜丝(或加一金属屏蔽环),并将它接到兆欧表的屏蔽端子"G"上,此时由法兰经套管表面的泄线圈 LA(参见兆欧表电路图),这样测得的绝缘电阻便消除了表面泄漏电流的影响。故兆欧表的"G"端子起着屏蔽电流将经过"G"直接回到发电机负极、而不经过电流蔽表面泄漏电流的作用。

测量绝缘电阻时规定以加电压后60s测得的数值为该被试品的绝缘电阻值。当被试品中存在贯穿的集中性缺陷时,反映泄漏电流的绝缘电阻将明显下降,于是用兆欧表测量时,便可

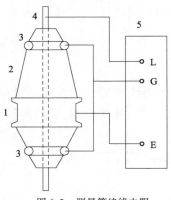

图 6.3 测量管绝缘电阻
1-法兰;2-瓷体;3-屏蔽环;4-芯柱;
5-兆欧表的接线图

很容易发现,在绝缘预防性试验中所测得的被试品的绝缘电阻值应等于或大于一般规程所允许的数值。但对于许多电气设备,反映泄漏电流的绝缘电阻值往往变动很大,它与被试品的体积、尺寸、空气状况等有关,往往难以给出一个判断绝缘电阻的标准。通常把处于同一运行条件下不同相的绝缘电阻值进行比较,或者把本次测得的数据与同一温度下出厂或交接时的数值及历年的测量记录相比较,与大修前后和耐压试验前后的数据相比较,与同类型的设备相比较,同时还应注意环境的可比条件。比较结果不应有明显的降低或有较大的差异,否则应引起注意,对重要的设备必须查明原因。

常用的兆欧表的额定电压有 500V、1000V、2500V 及 5000V等几种,高压电气设备绝缘预防性试验中规定,对于额定电压为 1000V 及以上的设备,应使用 2500V 的兆欧表进行测试,而对于 1000V 以下的设备,则使用 1000V 的兆欧表。

三、吸收比的测量

对于电容量较大的设备,如电机、变压器等,我们还可以利用吸收现象来测量其绝缘电阻值随时间的变化,以判断其绝缘状况,通常测定加压后 15s 的绝缘电阻值 R''_{15} 和 60s 时的绝缘电阻值 R''_{60},并把后者对前者的比值称为绝缘的吸收比 K;对于大容量试品,还采用测定加压后 10min 的绝缘电阻值 R'_{10} 和 1min 时的绝缘电阻值 R'_1,把前者对后者的比值称为极化指数 K',即:

$$K = \frac{R''_{60}}{R''_{15}}, \quad K' = \frac{R'_{10}}{R'_1} \qquad (6.1)$$

对于不均匀试品的绝缘(特别是对 B 级绝缘),如果绝缘状况良好,则 K 值远大于1,吸收现象特别明显。如果绝缘受潮严重或是绝缘内部有集中性的导电通道,由于泄漏电流大增,吸收电流迅速衰减,使加压后 60s 时的电流基本等于加压 15s 时的电流,K 值将大大下降,$K \approx 1$。因此,利用绝缘的吸收曲线的变化或吸收比 K 值的变化,可以有助于判断绝缘状况。

《电力设备预防性试验规程》中规定:沥青浸胶及烘卷云母绝缘(电机容量为 6000kW 及以上)的吸收比 K 不应小于 1.3 或极化指数 K' 不应小于 1.5 为绝缘干燥,如果小于以上的数值,则可判断绝缘可能受潮。

需要注意的是:有些设备其某些集中性缺陷虽已发展得很严重,以致在耐压试验中被击穿,但耐压试验前测出的绝缘电阻值和吸收比均很高,这是因为这些缺陷虽然严重,但还没有贯穿两极的缘故。因此,只凭测量绝缘电阻和吸收比来判断绝缘状况是不可靠的,但它毕竟是一种简单而且有一定效果的方法,故使用十分普遍。

四、影响因素

(1)温度的影响:一般温度每下降 10℃,绝缘电阻约增加到 1.5~2 倍。为了比较测量结果,需将测量结果换算成同一温度下的数值。

（2）湿度的影响：绝缘表面受潮（特别是表面脏污）时，使沿绝缘表面的泄漏电流增大，泄漏电流流入电流线圈 LA 中，将使绝缘电阻读数显著下降，引起错误的判断。为此，必须很好地清洁被试品绝缘表面，并利用屏蔽电极接到兆欧表的屏蔽端子"G"的接线方式（见图 6.3）消除表面泄漏电流的影响。

五、测量绝缘电阻时的注意事项

（1）测试前应先拆除被试品的电源及对外的一切连线，并将其接地，以充分释放残余电荷。

（2）测试时以额定转速（约 120r/min）转动兆欧表把手（不得低于额定转速的 80%），待转速稳定后，接上被试品，兆欧表指针逐渐上升，待指针读数稳定后，开始读数。

（3）对大容量的被试品测量绝缘电阻时，在测量结束前，必须先断开兆欧表"L"端子与被试品的连线，再停止转动兆欧表，以免被试品的残余电荷对兆欧表反充电而损坏兆欧表。

（4）兆欧表的线路端"L"与接地端"E"引出线不要靠在一起，接线路端的导线不可放在地上。

（5）记录测量时的温度和湿度，以便进行校正。在湿度较大条件下测量时，必须加屏蔽。

单元 6.3　介质损耗角正切值的测量

📚 学习目标

1. 掌握测量介质损耗角 tanδ 的意义和测量方法；
2. 掌握测量电路的工作原理；
3. 掌握测量相关注意事项。

📖 学习内容

介质损耗角正切值 tanδ 是在交流电压作用下，电介质中电流的有功分量与无功分量的比值。它是一个无量纲的数。在一定的电压和频率下，它反映电介质内单位体积中能量损耗的大小，它与电介质体积尺寸大小无关。由于绝缘的状态跟绝缘体的能耗有对应的关系，因此能从测得的 tanδ 数值直接了解绝缘情况。

介质损耗角正切值 tanδ 的测量是判断绝缘状况的一种比较灵敏和有效的方法，从而在电气设备制造、绝缘材料的鉴定以及电气设备的绝缘试验等方面得到了广泛的应用，特别对受潮、老化等分布性缺陷比较有效，对小体积设备比较灵敏，因而 tanδ 的测量是绝缘试验中一个较为重要的项目。

对于套管绝缘，因其体积小，故 tanδ 测量是一项必不可少且较为有效的试验。当固体绝缘中含有气隙时，随着电压的升高，气隙中将产生局部放电，使 tanδ 急剧增大，因此在不同电压下测量 tanδ，不仅可判断绝缘内部是否存在气隙，而且还可以测出局部放电的起始电压 U_0。显然，U_0 的值不应低于电气设备的工作电压。

在用 tanδ 值判断绝缘状况时，除应与有关标准规定值进行比较外，同样必须与该设备历

年的 $\tan\delta$ 值相比较以及与处于同样运行条件下的同类型其他设备相比较。即使 $\tan\delta$ 值未超过标准,但与过去比较或与同样运行条件下的同类型其他设备比较,$\tan\delta$ 值有明显增大时,必须要进行处理,以免设备在运行中发生事故。

一、QS1 型电桥原理

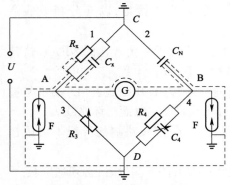

图 6.4　QS1 型电桥平衡原理接线图

在绝缘预防性试验中,常用来测量设备绝缘的 $\tan\delta$ 值的电容 C 值的方法是采用 QS1 型电桥平衡(西林电桥)。QS1 型电桥平衡原理接线图如图 6.4 所示,它由 4 个桥臂组成,臂 1 为被试品 Z_x,图中用 C_x 及 R_x 的并联等值电路来表示;臂 2 为标准无损电容器 C_N,一般为 50pF,它是用空气或其他压缩气体作为介质(常用氮气),其 $\tan\delta$ 值很小,可认为是零;臂 3、4 为装在电桥本体内的操作调节部分,包括可调电阻 R_3、可调电容 C_4 及与其并联的固定电阻 R_4。外加交流高压电源 U(电压一般为 10kV),接到电桥的对角线 CD 上,在另一对角线 AB 上则接上平衡指示仪表 G,G 一般为振动式检流计。

进行测量时,调节 R_3、C_4,使电桥平衡,即使检流计中的电流为零,或 U_{AB} 为零,这时有:

$$Z_x Z_4 = Z_2 Z_3 \tag{6.2}$$

$$Z_x = \frac{1}{\dfrac{1}{R_X} + j\omega C_x}$$

$$Z_2 = \frac{1}{j\omega C_N}$$

$$Z_3 = R_3$$

$$Z_4 = \frac{1}{\dfrac{1}{R_4} + j\omega C_4}$$

将上述阻抗值代入式(6.2),并使等式左右的实数部分和虚数部分分别相等,即可求得:

$$\tan\delta = \frac{1}{\omega C_x} = \omega C_4 R_4 \tag{6.3}$$

$$C_x = C_N \frac{R_4}{R_3} \times \frac{1}{1 + \tan^2\delta}$$

因 $\tan\delta$ 很小,$\tan^2\delta \ll 1$,故得:

$$C_x \approx C_N \frac{R_4}{R_3} \tag{6.4}$$

由于我国使用的电源频率为 50Hz,故 $\omega = 2\pi f = 100\pi$,为便于读数,在制造电桥时常取 $R_4 = 10^4/\pi = 3184\Omega$,因此:

$$\tan\delta = \omega C_4 R_4 = 100\pi \times \frac{10^4}{\pi} C_4 = 10^{-6} C_4 (\text{F}) = C_4 (\mu\text{F}) \tag{6.5}$$

这样,当调节电桥平衡时,在分度盘上 C_4 的数值就直接以 $\tan\delta(\%)$ 来表示,读取数值极为方便。

为了避免外界电场与电桥各部分之间产生的杂散电容对电桥产生干扰,电桥本体必须加以屏蔽,如图 6.4 中的虚线所示。由被试品和标准无损电容器连到电桥本体的引线也要使用屏蔽导线。在没有屏蔽时,由高压引线到 A、B 两点间的杂散电容分别与 C_x 与 C_N 并联(图 6.4),将影响电桥平衡。屏蔽后,上述杂散电容变为高压对地的电容,与整个电桥并联,就不影响电桥的平衡了。但加上屏蔽后,屏蔽与低压臂 3、4 间也有杂散电容存在,如果要进一步提高测量的标准度,必须消除它们的影响,但在一般情况下,由于低压臂的阻抗及电压降都很小,这些杂散电容的影响可以忽略不计。

二、接线方式

用国产 QS1 型电桥测量 $\tan\delta$ 时,常用两种接线方式。

1. 正接线

图 6.4 所示接线方式中,电桥的 C 点接到电源的高压端,D 点接地,这种接线称为正接线。此种接线由于桥臂 1、2 的阻抗 Z_x 和 Z_N 的数值比 Z_3 和 Z_4 大得多,外加高电压大部分降落在桥臂 1、2 上,在调节部分及 C_4 上的电压降通常只有几伏,对操作人员没有危险。为了防止被试品或标准电容器一旦发生击穿时在低压臂上出现高电压,在电桥的 A、B 点上和接地的屏蔽间接有放电管 F,以保证人身和设备的安全。正接线测量的准确度较高,试验时较安全,对操作人员无危险,但要求被试品不接地,两端部对地绝缘,故此种接线适用于试验室中,不适用于现场试验。

2. 反接线

现场电气设备的外壳大都是接地的,当测量一极接地试品的 $\tan\delta$ 时,可采用如图 6.5 所示的反接线方式,即把电桥的 D 点接到电源的高压端,而将 C 点接地。在这种接线中,被试品处于接地端,调节元件与 C_4 处于高压端,因此电桥本体(图 6.4 虚线框内)的全部元件对机壳必须具有高绝缘强度,调节手柄的绝缘强度更应能保证人身安全,国产便于携带式 QS1 型电桥的接线即属这种方式。

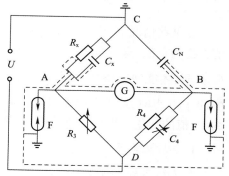

图 6.5　电桥反接线原理图

三、干扰的产生与消除

在现场测量 $\tan\delta$ 时,特别是在 110kV 及以上的变电所进行测量时,被试品和桥体往往处在周围带电部分的电场作用范围之内,虽然电桥本体及连接线都采用了前面所述的屏蔽,但对被试品通常无法做到全部屏蔽,如图 6.6 所示。这时等值干扰电源电压 U' 就会通过与被试品高压电极间的杂散电容产生干扰电流 I',因而影响测量的准确。

当电桥平衡时,流过检流计的电流 $I_G = 0$,此时检流计支路可看作开路,干扰电流 I' 在通过 C' 以后分成两路,一路 I'_x 经 C_x 入地,另一路 I_1 经 R_3 及试验变压器的漏抗入地,由于前者的阻抗远大于后者,故可以认为 I' 实际上全部流过 R_3。

在没有外电场干扰的情况下,电桥平衡时流过 R_3 的电流即为流过被试品的电流 I_x,相应的介质损耗角为 δ_x,如相量图 6.7 所示。有干扰时,由于干扰电流流过 R_3,改变了电桥的平衡条件,这时要电桥平衡就必须把 R_3 和 C_4 调整到新的数值。由于 C_4 值的改变,测得的损耗角 δ'_x 已不同于没有干扰时的实际损耗角 δ_x 了,因此对流过 R_3 的电流 $\dot{I}_x$ 已变成 $\dot{I}'_x$,即相当于在 $\dot{I}_x$ 上叠加一个干扰电流 $-\dot{I}'$,$\dot{I}'_x$ 与 $\dot{I}_N$ 的夹角就是 δ'_x。同时 R_3 值的改变也引起了测得的 C_x 值的改变。$\dot{I}'$ 引起 $\tan\delta$ 和 C_x 测量值的变化将随 $\dot{I}'$ 的数值和相位而变化。在干扰源固定时,$\dot{I}'$ 的相量端点的轨迹为一圆。

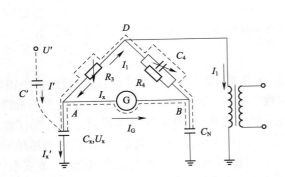

图 6.6　外界电源引起的电场干扰

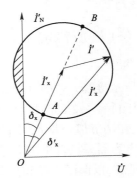

图 6.7　有电场干扰时的相量图

在某些情况下,当干扰结果使 $\dot{I}'$ 的相量端点落在图 6.7 所示的阴影部分的圆弧上时,$\tan\delta$ 值将变为负值,这时电桥在正常接线下已无法达到平衡,只有把 C_4 从桥臂 4 换接到桥臂 3 与 R_3 并联,才能使电桥平衡,并按照新的平衡条件计算出 $\tan\delta$ 值。当 $\dot{I}'$ 的相量端点落在图 6.7 中的 A、B 点时,即干扰电流 $\dot{I}'$ 与 $\dot{I}'_x$ 同相或反相时,$\tan\delta$ 值不变,但此时的 I_x 值变化将引起测得的 C_x 值的变化。为了避免干扰,消除或减小由电场干扰所引起的误差,可采用下列措施:

1. 尽量远离干扰源

在无法远离干扰源时,加设屏蔽,用金属屏蔽罩或屏蔽网将被试品与干扰源隔开,并将屏蔽罩与电桥的屏蔽相连,以消除 C' 的影响,但这往往在实际中不易做到。

2. 采用移相电源

由图 6.7 可看出,在有干扰的情况下,只要使 $\dot{I}'$ 与 $\dot{I}_x$ 同相或反相,测得的 $\tan\delta$ 值不变,干扰电流 $\dot{I}'$ 的相位一般是无法改变的,但可以改变电源的相位和电压从而改变 $\dot{I}_x$ 的相位以达到上述目的。应用移相电源消除干扰时,在试验前先将 Z_4 短接,将 R_3 调到最大值,使干扰电流尽量通过检流计(因其内阻很小),并调节移相电源的相角和电压幅值,使检流计指示达最小,这表明 $\dot{I}_x$ 与 $\dot{I}'$ 相位相反,移相任务已经完成,即可退去电源电压,保持移相电源相位,拆除 Z_4 间的短接线,然后正式开始测量。若在电源电压正、反相两种情况下测得的 $\tan\delta$ 值相等,说明移相效果良好,此时测得的 $\tan\delta$ 为真实值。

但正、反相两次所测得的电流为 $I_{OA} = I_x - I'$ 和 $I_{OB} = I_x - I'$，$I_x = (I_{OA} + I_{OB})/2$，因此，被试品电容的实际值应为正、反相两次测得的平均值。用移相法基本上可以消除同频率的电场干扰所造成的测量误差。

3. 采用倒相法

倒相法是一种比较简便的方法。测量时将电源正接和反接各测一次，得到两组测量结果 $\tan\delta_1$、C_1 和 $\tan\delta_2$、C_2，然后进行计算求得 $\tan\delta$ 值和 C_x 值。

图 6.8 表示被试品电流 $\dot{i}_x$ 和干扰电流 $\dot{i}'$ 的相量图。在图中，当电源反相时，实际上就相当于把干扰电流反相变成 $-\dot{i}'$，而其余相量不动，故在图中用反相的 $\dot{i}'$ 代替反相的 $\dot{i}_x$，这样使分析比较方便，而其结果是一样的。

当干扰不大，即 $\tan\delta_1$ 与 $\tan\delta_2$ 相差不大、C_1 与 C_2 相差不大时，可近似求得：

$$\tan\delta = \frac{\tan\delta_1 + \tan\delta_2}{2} \tag{6.6}$$

即可取两次测量结果的平均值作为被试品的介质损耗角正切值。

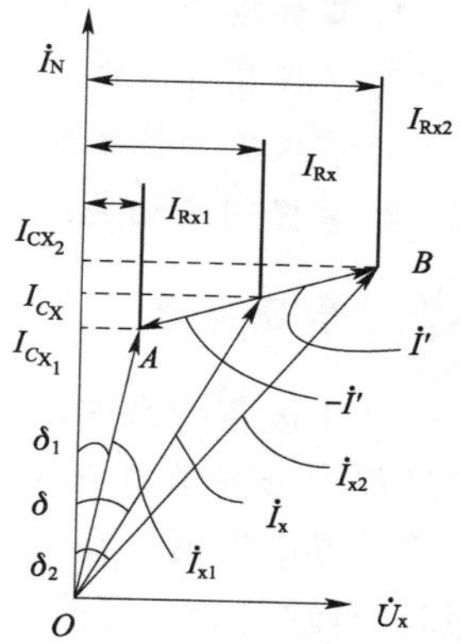

图 6.8　倒相法除干扰的向量图

在现场进行测量时，不仅受到电场的干扰，还可能受到磁场的干扰。一般情况下，磁场的干扰较小，而且电桥本体都有磁屏蔽，C_x 及 C_N 的引线虽较长，但其阻抗较大，感应弱时，不能引起大的干扰电流。但当电桥靠近电抗器等漏磁通较大的设备时，磁场的干扰较为显著。通常，这一干扰主要是由于磁场作用下电桥检流计内的电流线圈回路所引起的。可以把检流计的极性转换开关放在断开位置，此时如果光带变宽，即说明有此种干扰。为了消除干扰的影响，可设法将电桥移到磁场干扰范围以外。若不能做到，则可改变检流计极性开关进行两次测量，用两次测量的平均值作为测量结果，以减小磁场干扰的影响。

四、测量 $\tan\delta$ 时的注意事项

（1）无论采用何种接线方式，电桥本体必须接地良好。

（2）反接线时，3 根引线均处于高压，必须悬空，与周围接地体应保持足够的绝缘距离。此时，标准电容器外壳带高电压，也不应有接地的物体与外壳相碰。

（3）为防止检流计损坏，应在检流计灵敏度最低时接通或断开电源。

（4）在体积较大的设备中存在局部缺陷时，测量总体的 $\tan\delta$ 不易反映；而对体积较小的设备就比较容易发现绝缘缺陷，为此，对能分开测量的试品应尽量分开测量。

（5）一般绝缘的 $\tan\delta$ 值均随温度的上升而增大。各种试品在不同温度下的 $\tan\delta$ 值也不可能通过通用的换算式获得准确的换算结果。故应争取在相同的温度下测量 $\tan\delta$ 值，并以此相互比较。通常都以 20℃时的值作为标准（绝缘油例外）。为此，一般要求在 10 ~ 20℃ 的范围内进行测量。

（6）试验时被试品的表面应当干燥、清洁，以消除表面泄漏电流的影响。

（7）在进行变压器、电压互感器等绕组的 $\tan\delta$ 值和电容值的测量时，应将被试设备所有绕组的首尾短接起来，否则会产生很大的误差。

单元6.4 局部放电的测量

学习目标

1. 掌握测量局部放电的意义和测量方法；
2. 掌握局部放电的测量原理；
3. 掌握3种基本测量回路；
4. 掌握测量相关注意事项。

学习内容

高压设备绝缘内部不可避免地存在着一些气泡、空隙、杂质等缺陷。这些缺陷有些是在制造过程中未去净的，有些是在运行过程中由于绝缘介质的老化、分解而产生的，在运行中这些缺陷会逐渐发展。在强电场作用下，当这些气隙、气泡或局部固体绝缘表面的场强达到一定数值时，有缺陷处就可能产生局部放电。

局部放电并不立即形成贯穿性的通道，而仅仅分散地发生在极微小的局部空间内，故在当时，它几乎并不影响整个介质的击穿电压。但是，局部放电所产生的电子、离子在电场作用下运动，撞击气隙表面的绝缘材料，会使电介质逐渐分解、破坏。放电产生的导电性和活性气体会氧化、腐蚀介质。同时，局部放电使该处的局部电场畸变加剧，进一步加剧了局部放电的强度。局部放电处也可能产生局部的高温，使绝缘产生不可恢复的损伤（脆化、炭化等），这些损伤在长期的运行中继续不断扩大，加速了介质的老化和破坏，发展到一定程度时，有可能导致整个绝缘在工作电压下发生击穿或沿面闪络，故测定绝缘在不同电压下局部放电强度的规律能显示绝缘的情况。它是一种较好地判断绝缘在长期运行中性能好坏的方法。

一、测量原理

图6.9a)是介质中有气泡时的情况，图6.9b)是等值电路。图中 C_0 为气泡的电容，C_1 为与气泡串联的绝缘部分的电容，C_2 为完好绝缘部分的电容，Z 为相应于气隙放电脉冲频率的电源阻抗，F 表示放电间隙。当绝缘介质中有气泡时，由于气体的介电常数比固体介质的介电常数小，气泡中的电场强度比固体介质中的电场强度大，而气体的绝缘强度又比固体介质的绝缘强度低，故当外加电压达一定值时，气泡中首先开始放电。当电源电压瞬时值 U 上升到某一数值 U_T 时，间隙 F 上的电压为 $U_F = \dfrac{C_1}{C_0 + C_1} U_T$，假定这时恰好能引起间隙 F 放电。放电时，放电产生的空间电荷建立反电场，使 C_0 上的电压急剧下降到剩余电压 U_S 时放电就此熄灭，气隙恢复绝缘性能。由于外加电压 U 还在上升，使气隙上的电压又随之充电达到气隙的击穿电压 U_F 时，气隙又开始第二次放电，此时的电压、电流波形如图6.10所示。这样，由于充放电使局部放电重复进行，就在电路中产生脉冲电流。C_0 放电时，其放电电荷量为：

$$q_S = \left(C_0 + \frac{C_1 C_2}{C_1 + C_2} \right)(U_F - U_S) \approx (C_0 + C_1)(U_F - U_S) \tag{6.7}$$

式中：q_S——真实放电量，但因 C_0、C_1 等实际上无法测定，因此 q_S 也无法测得。

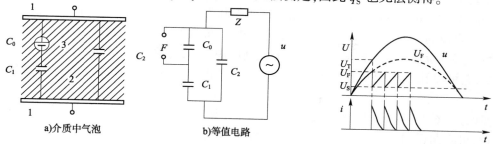

a)介质中气泡　　　　　b)等值电路

图 6.9　局部放电的等值电路

1-电极；2-绝缘介质；3-气泡

图 6.10　气隙放电的电压电流波形

由于气隙放电引起的电压变动（$U_F - U_S$）将按反比分配在 C_1、C_2 上（从气隙两端看 C_1、C_2 是相串联的），故在 C_2 上的电压变动 ΔU 应为：

$$\Delta U = \frac{C_1}{C_1 + C_2}(U_F - U_S) \qquad (6.8)$$

即当气隙放电时，试品两端电压也突然下降 ΔU，相应于试品放掉电荷：

$$q = (C_1 + C_2)\Delta U = C_1(U_F - U_S) \qquad (6.9)$$

式中：q——视在放电量。

q 虽然可以由电源加以补充，但必须通过电源侧的阻抗，因此，ΔU 及 q 值是可以测量到的。通常将 q 作为度量局部放电强度的参数。比较式（6.7）～式（6.9）可得：

$$q = \left(\frac{C_1}{C_0 + C_1}\right)q_S \qquad (6.10)$$

即视在放电量比真实放电量小得多。

二、测量回路

当电气设备绝缘内部发生局部放电时，将伴随出现许多现象，有些属于电现象，如电脉冲、介质损耗的增大和电磁波辐射等；有些属于非电的现象，如光、热、噪声、气体压力的变化和化学变化等。可以利用这些现象来判断和检测是否存在局部放电。因此，检测局部放电的方法也可以分为电和非电两类。但在大多数情况下，非电的测试方法都不够灵敏，多半属于定性的，即只能判断是否存在局部放电，而不能借以进行定量的分析，而且有些非电的测试必须打开设备才能进行，很不方便。目前得到广泛应用而且比较成功的方法是电的方法，即测量绝缘中的气隙发生放电时的电脉冲，它是将被试品两端的电压突变转化为检测网络中的脉冲电流，利用它不仅可以判断局部放电的有无，还可测定放电的强弱。前面已经指出，当试品中的气隙放电时，相当于试品失去电荷 q（视在放电量），并使其端电压突然下降 ΔU，这个一般只有微伏级的电压脉冲叠加在数量级为千伏的外施电压上。局部放电测试设备的工作原理就是把这种电压脉冲检测反映出来。图 6.11 是国际上推荐的 3 种测量局部放电的基本回路。

图 6.11a）和 b）电路的目的都是要把一定电压作用下被试品 C_x 中由于局部放电产生的脉冲电流作用到检测用的阻抗 Z_m 上，然后将 Z_m 上的电压经放大器 A 放大后送到测量仪器 M 中去，根据 Z_m 上的电压，可推算出局部放电的视在放电量 q。

　　为了达到上述目的,首先想到的是将测量阻抗 Z_m 直接串联在被试品 C_x 低压端与地之间,如图 6.11a)所示的串联测量回路。由于试验变压器绕组对高频脉冲具有很大的感抗,阻塞高频脉冲电流的流通,所以必须另加耦合电容器 C_k 形成低阻抗的通道。为了防止电源噪声流入测量回路以及被试品局部放电脉冲电流流到电源去,在电源与测量回路间接入一个低通滤波器 Z,它可以让工频电压作用到被试品上,但阻止被测的高频脉冲或电源的高频成分通过。

　　测量时,图 6.11a)的串联测量电路中,被试品的低压端必须与地绝缘,故不适用于现场试验。为此,可将图 6.11b)中的 C_x 与 C_k 的位置相互对调,组成图 6.11b)所示的并联测量电路, Z_m 与被试品 C_x 并联。不难看出,两者对高频脉冲电流的网路是相同的,都是串联地流经 C_x、 C_k 与 Z_m 3 个元件,在理论上两者的灵敏度也是相等的,但并联测试电路可适用于被试品一端接地的情况,在实际测量中使用较多。

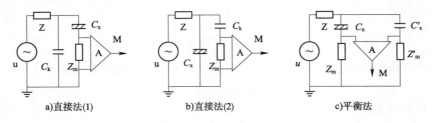

a)直接法(1)　　　　　　　b)直接法(2)　　　　　　　c)平衡法

图 6.11　测量局部放电的基本回路

C_x-被试品; C_k-耦合电容; Z_m、 Z'_m-测量阻抗; C'_x-辅助被试品; u-电压源; A-变压器; M-测量仪器; Z-低通滤波器

　　直接法测量的缺点是抗干扰性能较差。为了提高抗外来干扰的能力,可以采用图 6.11c)所示的桥式测量回路(又称平衡测量回路,简称平衡法)。 C'_x 及 Z'_m 为辅助被试品和辅助电感,测量仪器测量 Z_m 和 Z'_m 上的电压差。因为电源及外部干扰在 Z_m 及 Z'_m 上产生的信号基本上可以互相抵消,故此回路抗外部干扰的性能良好。

　　所有上述回路,都希望 Z、 Z'_m 及 C_k、 C'_x 本身在试验电压下不发生局部放电,一般情况下,希望电容 C_k 的值不小于 C_x,以增加 Z_m 上的信号,同时 Z_m 的值应小于 Z,使得在局部放电时, C_k 与 C_x 之间能较快地转换电荷,但从电源重新充电的过程则较缓慢。上述两个过程,使 Z_m 上出现电压脉冲,经放大后,用适当的仪器(示波器、脉冲电压表、脉冲计数器)进行测量。为了知道测量仪器上显示的信号在一定的测量灵敏度下代表多大的放电量,必须对测量装置进行校准(常用方波定量法校准)。

　　局部放电的另一种测量方法是测定 $\tan\delta$ 的方法,测量出 $\tan\delta = f(u)$ 的曲线,曲线开始上升的电压 U_0 即为局部放电起始电压,但与上述测量放电脉冲法相比较,测 $\tan\delta$ 的灵敏度较低,特别是对变电设备来说,由于测定 $\tan\delta$ 的 QS1 型电桥的额定电压远低于设备的工作电压,故测量 $\tan\delta$ 通常难以反映绝缘内部在工作电压下的局部放电缺陷。

　　局部放电试验用于测量套管、电机、变压器、电缆等绝缘的裂缝、气泡等内在的局部缺陷(特别是在程度上较轻时)是一个比较有效的方法。经过多年的研究改进,此项试验方法已逐渐趋于成熟,很多制造厂和运行厂已将测试局部放电列入试验的项目,并取得了较为显著的成效。

三、注意事项

测量局部放电时,除了一些高压试验的注意事项外,还必须注意:

(1)试验前,被试品的绝缘表面应清洁干燥,大型油浸式试品移动后需停放一定时间,试验时试样的温度应处于环境温度。

(2)测量时应尽量避免外界的干扰源,有条件时最好用独立电源。试验最好在屏蔽室内进行。

(3)高压试验变压器、检测回路和测量仪器三者的地线需连成一体,并应单独用一根地线,以保证试验安全和减少干扰。高压引线应注意接触可靠和静电屏蔽,并远离测量线和地线,以避免假信号引入仪器。

(4)仪器的输入单元应接近被试品,与被试品相连的线越短越好,试验回路尽可能紧凑,被试品周围的物体应良好接地。

单元 6.5　工频耐压试验

学习目标

1.掌握工频耐压试验的试验意义和试验方法;

2.掌握工频耐压试验的试验原理;

3.掌握工频高压的产生和测量方法;

4.掌握试验结果分析及相关注意事项。

学习内容

工频耐压试验是鉴定电气设备绝缘强度的最有效和最直接的方法。它可用来确定电气设备绝缘的耐受水平,可以判断电气设备能否继续运行,是避免电气设备在运行中发生绝缘事故的重要手段。

工频耐压试验时,对电气设备绝缘施加比工作电压高得多的试验电压,这些试验电压称为电气设备的绝缘水平。耐压试验能够有效发现导致绝缘抗电强度降低的各种缺陷。为避免试验时损坏设备,工频耐压试验必须在一系列非破坏性试验之后再进行,只有经过非破坏性试验合格后,才允许进行工频耐压试验。

对于 220kV 及以下的电气设备,一般用工频耐压试验来考验其耐受工作电压和操作过电压的能力,用全波冲击电压试验来考验其耐受大气过电压的能力。但必须指出,在这种系统中确定工频试验电压时,同时考虑了内过电压和大气过电压的作用。而且由于工频耐压试验比较简单,因此,通常把工频耐压试验列为大部分电气产品的出厂试验。所以,在交接和绝缘预防性试验中都需要进行工频耐压试验。

作为基本试验的工频耐压试验,如何选择恰当的试验电压值是一个重要的问题,若试验电压过低,则设备绝缘在运行中的可靠性也降低,在过电压作用下发生击穿的可能性增加;若试验电压选择过高,则在试验时发生击穿的可能性增加,从而增加检修的工作量和检修费用。一般考虑到运行中绝缘的老化及累积效应、过电压的大小等,对不同设备需加以区别对待,这主要由运行经验来决定。我国有关国家标准以及我国原电力工业部颁发的《电力设备预防性试验规程》中,对各类电气设备的试验电压都有具体的规定。

按现行国家标准规定,进行工频交流耐压试验时,在绝缘上施加工频试验电压后,要求持续 1min,这个时间的长短能保证全面观察被试品的情况,同时也能使设备隐藏的绝缘缺陷来得及暴露。该时间不宜太长,以免引起不应有的绝缘损伤,使本来合格的绝缘发生热击穿。运行经验表明,凡经受得住 1min 工频耐压试验的电气设备,一般都能保证安全运行。

一、工频耐压试验接线

对电气设备进行工频耐压试验时,常利用工频高压试验变压器来获得工频高压,其线路如图 6.12 所示。

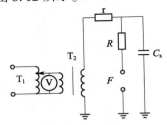

图 6.12　工频耐压试验接线图
T_1-调压器;R-球隙保护电阻;T_2-工频试验变压器;F-球间隙;C_x-试品电容;r-保护电阻

通常被试品都是电容性负载 C_x。试验时,电压应从零开始逐渐升高。如果在工频试验变压器 T_2 一次绕组上不是由零逐渐升压,而是突然加压,则由于励磁涌流,会在被试品上出现过电压;或者在试验过程中突然将电源切断,这相当于切除空载变压器(小电容试品时),也将引起过电压,因此,必须通过调压器 T_1 逐渐升压和降压。r 是工频试验变压器的保护电阻,试验时,如果被试品突然击穿或放电,工频试验变压器不仅由于短路会产生过电流,而且还将由于绕组内部的电磁振荡,在工频试验变压器匝间或层间绝缘上引起过电压,为此在工频试验变压器高压出线端串联一个保护电阻 r。保护电阻 r 的数值不应太大或太小。阻值太小,短路电流过大,起不到应有的保护作用;阻值太大,会在正常工作时由于负载电流而有较大的电压降和功率损耗,从而影响加在被试品上的电压值。一般 r 的数值可按将回路放电电流限制到工频试验变压器额定电流的 $1 \sim 4$ 倍来选择,通常取 $0.1\Omega/V$。保护电阻应有足够的热容量和足够的长度,以保证当被试品击穿时,不会发生沿面闪络。

二、工频试验变压器

产生工频高压最主要的设备是工频高压试验变压器,它是高压试验的基本设备之一,工频试验变压器的工作原理与电力变压器相同,但由于用途不同,工频试验变压器又独有一些特点。

1. 工频试验变压器的特点

工频高压试验变压器的工作电压很高,一般都做成单相的,变比较大,而且要求工作电压在很大的范围内调节。由于其工作电压高,对绕组绝缘需要特别考虑,为减轻绝缘的负担,应使绕组中的电位分布尽量保持均匀,这就要适当固定某些点的电位,以免在试验中因被试品绝缘损坏发生放电所引起的过渡过程使电位分布偏离正常情况太多。当试验变压器的电压过高时,试验变压器的体积很大,出线套管也较复杂,给制造工艺带来很大的困难。故单个的单相试验变压器的额定电压一般只做到 750kV,更高电压时可采用串级获得。三相的工频高压试验变压器用得很少,必要时可用 3 个单相试验变压器组合成三相。

工频试验变压器工作时,不会遭受大气过电压或电力系统内过电电压的作用,而且不连续运行,因此其绝缘裕度很低。在使用时应该严格控制其最大工作电压不超过额定值。

工频试验变压器的额定容量应满足被试品击穿(或闪络)前的电容电流和泄漏电流的需要,在被试品击穿或闪络后能短时维持电弧。这就是说,试验变压器的容量应保证在正常试验时被试品上有必需的电压,而在被试品击穿或闪络时,应保证有一定的短路电流,所以试验变压器的容量一般是不大的。

工频试验变压器的高压侧额定电流在 $0.1 \sim 1A$ 范围内,电压在 $250kV$ 及以上时,一般为 $1A$,对于大多数试品,一般可以满足试验要求。由于工频试验变压器的工作电压高,需要采用较厚的绝缘及较宽的间隙距离,所以其漏磁通较大,短路电抗值也较大,试验时允许通过短时的短路电流。

工频试验变压器在使用时间上也有限制,通常均为间歇工作方式,一般不允许在额定电压下长时间连续使用,只有在电压和电流远低于额定值时才允许长期连续使用。工频试验变压器的容量小、工作时间短,因此,工频试验变压器不需要像电力变压器那样装设散热管及其他附加散热装置。

工频试验变压器大多为油浸式,有金属壳及绝缘壳两类。金属壳变压器又可分为单套管和双套管两类。单套管变压器的高压绕组一端接外壳接地,另一端(高压端)经高压套管引出,如果采用绝缘外壳,就不需要套管了;双套管变压器的高压绕组的中点通常与外壳相连,两端经两个套管引出,这样,每个套管所承受的电压只有额定电压的一半,因而可以减小套管的尺寸和质量,当使用这种形式的试验变压器时,若高压绕组的一端接地,则外壳应当按额定电压的一半对地绝缘。

国产的工频试验变压器的容量如下:额定电压为 $50kV$ 时,容量为 $5kV \cdot A$,即高压绕组的额定电流为 $0.1A$;额定电压为 $100kV$ 时,容量为 $10kV \cdot A$ 或 $25kV \cdot A$,即高压绕组的额定电流为 $0.1A$ 或 $0.25A$;额定电压为 $150kV$,容量 $25kV \cdot A$ 或 $100kV \cdot A$,即高压绕组的额定电流为 $0.167A$ 或 0.67;额定电压为 $250 \sim 2250kV$ 的工频试验变压器,高压绕组的额定电流均取 $1A$。

2. 串接式工频试验变压器

如前所述,当单台工频试验变压器的额定电压提高时,其体积和质量将迅速增加,不仅给绝缘结构的制造带来困难,而且费用也大幅增加,给运输也增加了困难,因此,当需要 $500 \sim 750kV$ 以上的工频试验变压器时,常将 $2 \sim 3$ 台较低电压的工频试验变压器串接起来使用。这在经济上、技术上和运输方面都有很大的优点,使用上也较灵活,还可将两台接成两相使用,万一有一台试验变压器发生故障,也便于检修,故串接装置目前应用较广。

图 6.13 是常用的 3 台工频试验变压器 T_1、T_2、T_3 串接的原理接线图。由图中可看到,3 台工频试验变压器的高压绕组互相串联,后一级工频试电压为 $2U$,绝缘支架或支持绝缘子应验变压器的电源由前一级工频试验变压器高压端的激磁绕组供给。因此,工频试验变压器 T_2 的铁芯和外壳的对地 1 电位应与 T_1 高压绕组的额定电压 U 相等,所以它必须用绝缘支架或支柱绝缘子支撑起来,绝缘支架或支持绝缘子应能耐受电压 U。同理,T_3 的铁芯和外壳的对地能耐受电压 $2U$。T_1、T_2、T_3 高压绕组互相串联输出电压为 $3U$。

串接的工频试验变压器装置中,各工频试验变压器高压绕组的容量是相同的,但各变压器的容量(即低压绕组容量)和激磁绕组的容量并不相等。若忽略其损耗,T_3 高压绕组的容量设为 S,低压绕组的容量亦为 S。T_2 的输出容量分为两部分,一部分由高压绕组供给负载,容量为 S,另一部分由激磁绕组供给 T_3 低压绕组,其容量亦为 S,因此,T_2 低压绕组的容量为 $2S$。同理可推出,T_1 的容量为 $3S$。所以,3 台串接的工频试验变压器装置中,每台变压器的容量是不相同的,3 台变压器的容量之比为 $3:2:1$。3 台工频试验变压器串接,其输出容量 $S_{sh} = 3S$。如果串接的台数为 n,则总的输出容量为 $S_{sh} = nS$,而总的装置容量为:

$$S_{zh} = S + 2S + 3S + \cdots + nS = S(1 + 2 + 3 + \cdots + n) = \frac{n(n+1)}{2}S \tag{6.11}$$

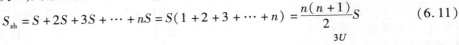

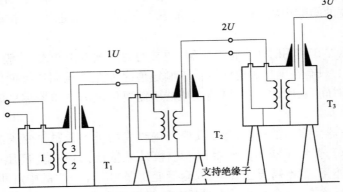

图 6.13　3 台工频试验变压器串联接线

1-低压绕组;2-高压绕组;3-激磁绕组

这样,n 级串接装置容量的利用系数为:

$$\eta = \frac{S_{sh}}{S_{zh}} = \frac{nS}{\dfrac{n(n+1)}{2}S} = \frac{2}{n+1} \tag{6.12}$$

由以上分析可见,随着工频试验变压器串接台数的增加,其利用系数越来越小,而且串接装置的漏抗比较大,串接的台数越多,漏抗越大,加上工频试验变压器外壳对地电容的影响,每台工频试验变压器上的电压分布都不均匀,因此,串接试验变压器串接的台数不宜过多,一般不超过 3 台。

三、调压方式

1. 对工频试验变压器调压的基本要求

(1)电压可由零至最大值之间均匀调节;

(2)不引起电源波形的畸变;

(3)调压器本身的阻抗小、损耗小、不因调压器而给试验设备带来较大的电压损失;

(4)调节方便、体积小、质量小、价廉等。

2. 常用的调压方式

(1)用自耦调压器调压。自耦调压器是最常用的调压器,如图 6.12 所示,其特点是调压范围广、漏抗小、功率损耗小、波形畸变小、体积小、质量小、结构简单、价格廉、携带和使用方便等。当工频试验变压器的容量不大时(单相不超过 $10kV \cdot A$),它被普遍使用。但由于它存在滑动触头,当工频试验变压器的容量较大时,调压器滑动触头与线圈接触处的发热较严重,因此,这种调压方式只适用于小容量工频试验变压器中的调压。

(2)用移圈式调压器调压。用移圈式调压器调压不存在滑动触头及直接短路线匝的问题,功率损耗小,容量可做得很大,调压均匀。但移圈式调压器本身的感抗较大,且随调压的状态而变,波形稍有畸变,这种调压方式被广泛地应用在对波形的要求不是十分严格、额定电压为 100kV 及以上的工频试验变压器上。

移圈式调压器的原理接线与结构示意图如图 6.14 所示。通常主绕组 C 和辅助绕组 D 匝数相等而绕向相反,两绕组互相串联起来组成一次绕组。短路线圈 K 套在主绕组和辅助绕组的外面,通过短路线圈的上下移动可以调节调压器的输出电压。

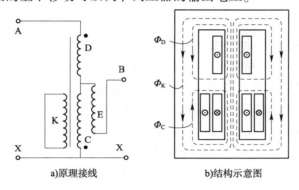

a)原理接线　　　　b)结构示意图

图 6.14　移圈调压器原理及结构示意图

当调压器的一次绕组 AX 端加上电源电压 U_1 后,若不存在短路线圈 K,则主绕组 C 和辅助绕组 D 上的电压各为 $U_1/2$。由于两绕组 C 和 D 的绕向相反,它们产生的主磁通 Φ_C 和 Φ_D 方向也相反,Φ_C 和 Φ_D 只能分别通过非导磁材料(干式调压器主要是空气,油浸式调压器则为油介质)自成闭合回路,如图 6.14b)所示。由于短路线圈 K 的存在,铁芯中的磁通分布将发生相应的变化。当短路线圈 K 处在最下端,完全套住绕组 C 时,绕组 C 产生的磁通 Φ_C 几乎完全被短路线圈 K 感应产生的反磁通 Φ_K 所抵销,绕组 C 上的电压降接近于零,即输出电压 $U_2 \approx 0$。电源电压 U_1 几乎全部在绕组 D 上。

当短路线圈 K 位于最上端时,情况正好相反。绕组 D 上的电压降几乎为零,电源电压 U_1 完全在绕组 C 上,输出电压 $U_2 \approx U_1$。而当短路线圈 K 由最下端连续而平稳地向上移动时,输出电压 U_2 即由零逐渐均匀升高,这样就实现了调压。

一般移圈式调压器还在主绕组 C 上增加一个补偿绕组 E,其作用是补偿调压器内部的电压降落,使调压器的输出电压稍高于输入电压。有无补偿绕组的移圈式调压器,其工作原理相同。

移圈式调压器没有滑动触头,容量可做得较大,可从几十千伏安到几千千伏安,适用于大容量试验变压器的调压。移圈式调压器的主要缺点之一是短路阻抗较大,因而减小了工频高压试验下的短路容量。另外,移圈式调压器的主磁通要经过一段非导磁材料,磁阻很大,因此,空载电流很大,达额定电流的 1/3 ~ 1/4。

(3)用单相感应调压器调压。调压性能与移圈式调压器相似,对波形的畸变较小,但调压器本身的感抗较大,且价格较贵,故一般很少采用。

(4)用电动机—发电机组调压。采用这种调压方式不受电网电压质量的影响,可以得到很好的正弦电压波形和均匀的电压调节,如果采用直流电动机作为原动机,则还可以调节试验电压的频率。但这种调压方式所需要的投资及运用费用都很高,运行和管理的技术水平也要求较高,故这种调压方式只适宜对试验要求很严格的大型试验基地。

四、工频高压的测量

在工频耐压试验中,试验电压的准确测量也是一个关键环节。工频高压的测量应既方便又能保证有足够的准确度,其幅值或有效值的测量误差应不大于3%。测量工频高压的方法很多,概括起来可分为两类:即低压侧测量和高压侧测量。

1. 低压侧测量

低压侧测量的方法是在工频试验变压器的低压侧或测量线圈(一般工频试验变压器中设有仪表线圈或称测量线圈,它的匝数一般是高压线圈的1/1000)的引出端接上相应量程的电压表,然后通过换算确定高压侧的电压。在一些成套工频试验设备中,为便于使用,还常常把低压侧电压表直接按高压侧的电压刻度标记。这种方法在较低电压等级的试验设备中,应用很普遍。由于这种方法只是按固定的匝数比来换算,实际使用中会有较大的误差,一般在试验前应对高压与低压之比予以校验。有时也将此法与其他测量装置配合,用于辅助测量。

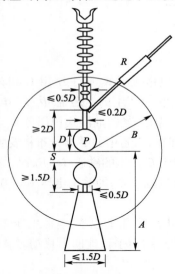

图 6.15　垂直球隙及应保证的尺寸
P-高压球的放电点;R-球隙保护电阻

2. 高压侧测量

进行工频耐压试验时,被试品一般均属电容性负载,试验时的等值电路如图 6.15 所示。在对重要设备,特别是容量较大的设备进行工频耐压试验时,由于被试品的电容 C_x 较大,流过试验回路的电流为一电容电流 I_C,I_C 在工频试验变压器的漏抗 X_1 上将产生一个与被试品上的电压 U_{CX} 反方向的电压降落 $I_C X_1$,从而导致被试品上的电压 U_{CX} 比工频试验变压器高压侧的输出电压 U_1 还高,此种现象称为"容升现象",也称"电容效应"。由于"电容效应"的存在,就要求直接在被试品的两端测量电压,否则将会产生很大的测量误差;也可能会人为地使 U_{CX} 过高造成试品绝缘损伤。被试品的电容量及试验变压器的漏抗越大,则"电容效应"越显著。

在工频试验变压器高压侧直接测量工频高压的方法有以下几种:

(1)用球隙测量工频电压的幅值。测量球隙是由一对相同直径的铜球构成。当球隙之间的距离 S 与铜球直径 D 之比不大时,两铜球间隙的电场为稍不均匀电场,放电时延很小,伏秒特性较平,分散性也较小。在一定的球隙距离下,球隙间具有相当稳定的放电电压值。因此,用球隙可以测量交流电压的幅值,也可测量直流高压和冲击电压的幅值。测量球隙可以水平布置(直径 25cm 以下大都用水平布置),也可以垂直布置。使用时,一般一极接地。测量球隙的球表面要光滑,曲率要均匀,球隙的结构、尺寸、导线连接和安装空间的尺寸如图 6.15 所示。使用时下球极接地,上球极接高压。标准球径的球隙放电电压值与球间隙距离的关系如表 6.1 所示(国际通用标准表),利用球隙放电现象结合查表就可以得到测量电压值。在 $S/D \leqslant 0.5$ 且满足其他有关规定时,用球隙测量的准确度可保持在 ±3% 以内,当 S/D 在 0.5~0.75 时,其准确度较差,所以测量较高的电压应使用直径较大的球隙。

球隙放电点 P 对地面的高度 A 以及对其他带电或接地物体的距离 B 应满足表 6.1 的要求,以免影响球隙的电场分布及测量的准确度。用球隙测量高压时,通过球隙保护电阻 R 将交流高电压加到测量球间隙上,调节球间隙的距离,使球间隙恰好在被测电压下放电,根据球隙距离 S、球直径 D,即可求得交流高压值。由于空气中的尘埃或球面附着的细小杂物的影响(球隙表面需擦干净),使球隙最初几次的放电电压可能偏低且不稳定。故应先进行几次预放电,最后取二次连续读数的平均值作为测量值。各次放电的时间间隔不得小于 1min,每次放电电压与平均值之间的偏差不得大于 3%。

球隙对地和周围空间的要求

表6.1

球隙直径 D（cm）	A 的最小值	A 的最大值	B 的最小值	球隙直径 D（cm）	A 的最小值	A 的最大值	B 的最小值
6.25 及以下	7D	9D	14S	75	4D	6D	8S
10~15	6D	8D	12S	100	3.5D	5D	7S
25	5D	7D	10S	150	3D	4D	6S
50	4D	6D	8S	200	3D	4D	6S

气体间隙的放电电压受大气条件的影响,标准表中的击穿电压值只适用于标准大气条件,若测量时的大气条件与标准大气条件不同,必须按有关的公式进行校正,以求得测量时的实际电压。

用球隙测量直流高压和交流高压时,为了限制电流,使其不致引起球极表面烧伤,必须在高压球极串联一个保护电阻 R,R 同时在测量回路中起阻尼振荡的作用。电阻 R 的电阻值不能太小,太小起不到应有的保护作用,但也不能太大,以免球隙击穿之前流过球隙的电容电流在电阻上产生压降而引起测量误差。测量交流电压时,这个压降不应超过 1%,由此得出保护电阻的电阻值应为:

$$R = K\left(\frac{50}{f}\right)U_{max} \tag{6.13}$$

式中:U_{max}——被测电压的幅值,V;

f——被测电压的频率,Hz;

K——由球径决定的常数,其值可按表 6.2 决定,Ω/V。

K 的取值

表6.2

球径(cm)	2~15	25	50~75	100~150	170~200
$K(\Omega/V)$	20	5	2	1	0.5

(2)用电容分压器配用低压仪表。电容分压器是由高压臂电容 C_1 和低压臂电容 C_2 串联而成的,C_2 的两端为输出端,如图 6.16 所示(可以参考"电容式电压互感器")。为了防止外电场对测量电路的影响,通常用高频同轴电缆来传输分压信号。当然,该电缆的电容应计入低

131

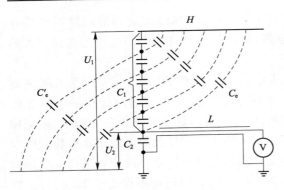

图 6.16　工频分压器测压电路

H-高压引线；C_1-高压臂电容；C_2-低压臂电容；C_e-高压臂对高压引线杂散电容；L-同轴电缆；C'_e-高压臂对地杂散电容

压臂的电容量 C_2 中。为了保证测量的准确度，测量仪表在被测电压频率下的阻抗应足够大，至少要比分压器低压臂的阻抗大几百倍。为此，最好用高阻抗的静电式仪表或电子仪表（包括示波器、峰值电压表等）。若略去杂散电容不计，则分压比 K 为：

$$K = \frac{U_1}{U_2} = \frac{C_1 + C_2}{C_1} \qquad (6.14)$$

分压器各部分对地杂散电容 C'_e 和对接试品高压端 H 的杂散电容 C_e 的存在，会在一定程度上影响其分压比，不过，只要周围环境不变，这种影响就将是恒定的，并且不随被测电压的幅值、频率、波形或大气条件等因素而变。所以，对一定的环境，只要一次准确测出电容分压器的分压比，则此分压比可适用于各种工频高压的测量。虽然如此，人们仍然希望尽可能使各种杂散电容的影响相对减少。为此，对无屏蔽的电容分压器，应适当增大高压臂的电容值。

电容分压器的另一个优点是它几乎不吸收有功功率，不存在温升和随温升而引起的各部分参数的变化，因而可以用来测量极高的电压，但应注意高压部分的防晕。

（3）用电磁式电压互感器测量。将电压互感器的原边接在被试品的两端头上，在其副边测量电压，根据测得的电压值和电压互感器的变压比即可计算出高压侧的电压（可以参考"电磁式电压互感器"）。为了保证测量的准确度，电压互感器一般不低于 1 级，电压表不低于 0.5 级。

五、试验分析

对于绝缘良好的被试品，在工频耐压试验中不应击穿，被试品是否击穿可根据下述现象来分析。

（1）根据试验回路接入表计的指示进行分析。一般情况下，电流表指示突然上升，说明被试品击穿。但当被试品的容抗 X_C 与工频试验变压器的漏抗 X_L 之比等于 2 时，虽然被试品已击穿，但电流表的指示不变；当 X_C 与 X_L 的比值小于 2 时，被试品击穿后，使试验回路的电抗增大，电流表的指示反而下降。通常 $X_L \ll X_C$ 不会出现上述现象，只有在被试品容量很大或工频试验变压器的容量不够时，才有可能出现上述现象。此时，应以接在高压侧测量被试品上的电压表指示来判断，被试品击穿时，电压表指示明显下降；低压侧电压表的指示也会有所下降。

（2）根据控制回路的状况进行分析。如果过流继电器整定适当，在被试品击穿时，过流继电器应动作，使自动空气开关跳闸；若过流继电器整定值过小，可能在升压过程中，因电容电流的充电作用而使开关跳闸；当过流继电器的整定值过大时，即使被试品放电或小电流击穿，继电器也不会动作。因此，应正确整定过流继电器的动作电流，一般应整定为工频试验变压器额定电流的 1.3～1.5 倍。

（3）根据被试品的状况进行分析。被试品发出击穿响声或断续的放电声、冒烟、出气、焦臭味、闪弧、燃烧等都是不允许的，应查明原因。这些现象如果确定是绝缘部分出现的，则认为被试品存在缺陷或击穿。

六、注意事项

（1）被试品为有机绝缘材料时，试验后应立即触摸绝缘物，如出现普遍或局部发热，则认为绝缘不良，应立即处理，然后再做试验。

（2）对夹层绝缘或有机绝缘材料的设备，如果耐压试验后的绝缘电阻值比耐压试验前下降30%，则认为该试品不合格。

（3）在试验过程中，若由于空气的温度、湿度、表面脏污等影响，引起被试品表面滑闪放电或空气放电，不应认为被试品不合格，需经清洁、干燥处理之后，再进行试验。

（4）试验时调压必须从零开始，不允许冲击合闸。升压速度在40%试验电压以内，可不受限制，其后应均匀升压，速度约为每秒3%的试验电压。

（5）耐压试验前后，均应测量被试品的绝缘电阻值。

（6）试验时，应记录试验环境的气象条件，以便对试验电压进行气象校正。

单元6.6　直流耐压试验

学习目标

1. 掌握直流耐压试验的试验意义；
2. 掌握直流耐压试验的试验方法；
3. 掌握试验相关注意事项。

学习内容

直流耐压试验能有效发现绝缘受潮、脏污等整体缺陷，并能通过电流与泄漏电流的关系曲线发现绝缘的局部缺陷。由于直流电压下按绝缘电阻分压，所以能比交流更有效地发现端部绝缘缺陷。同时，因直流电压下绝缘基本上不产生介质损失，因此，直流耐压对绝缘的破坏性小。另外，由于直流耐压只需供给很小的泄漏电流，因而所需试验设备容量小、携带方便。

一、直流耐压试验方法

在发电机、电动机、电缆、电容器等设备的绝缘预防性试验中广泛应用直流耐压试验。它与工频耐压试验相比，主要有以下一些特点：

（1）在进行工频耐压试验时，试验设备的容量 $S = 2\pi f C_x U^2 \times 10^{-3}$，当被试品电容 C_x 较大时，需要较大容量的试验设备，在一般情况下不容易办到。而在直流电压作用下，没有电容电流，故做直流耐压试验时，只需供给较小的（最高只达毫安级）泄漏电流，加上可以用串级的方法产生直流高压，试验设备可以做得体积小而轻巧，适用于现场预防性试验的要求。

（2）在进行直流耐压试验时，可以同时测量泄漏电流（详见单元6.7），并根据泄漏电流随所加电压的变化特性来判断绝缘的状况，以便及早发现绝缘中存在的局部缺陷。

（3）直流耐压试验比工频耐压试验更能发现电机端部的绝缘缺陷。其原因是交流电压作用下,绝缘内部的电压分布是按电容分布的,在交流电压作用下,电机绕组绝缘的电容电流沿绝缘表面流向接地的定子铁芯,在绕组绝缘表面半导体防晕层上产生明显的电压降落,离铁芯越远,绕组上承受的电压越小。而在直流电压下,没有电容电流流经绕组绝缘,端部绝缘上的电压较高,有利于发现绕组端部的绝缘缺陷。

(4)直流耐压试验对绝缘的损伤程度较小。工频耐压试验时产生的介质损耗较大,易引起绝缘发热,促使绝缘老化变质。对被击穿的绝缘,工频耐压试验时的击穿损伤部分面积大,修复的难度增加。

(5)由于直流电压作用下在绝缘内部的电压分布与工频电压作用下的电压分布不同,直流耐压试验对设备绝缘的考验不如工频耐压试验接近实际运行情况。绝缘内部的气隙也不像在工频电压作用下容易产生游离、发生热击穿,因此,直流耐压试验发现绝缘缺陷的能力相对于工频耐压试验差,不能用直流耐压试验完全代替工频耐压试验,两者应配合使用。

(6)直流耐压试验时,试验电压值的选择是一个重要的问题。如前所述,由于直流电压下的介质损耗小,局部放电的发展也远比工频耐压试验时弱,故绝缘在直流电压作用下的击穿强度比工频电压作用下高,在选择直流耐压试验的试验电压值时,必须考虑到这一点,并主要根据运行经验来确定。例如对发电机定子绕组,按不同情况,其直流耐压试验电压值分别取 2~3 倍额定电压;对油纸绝缘电力电缆,2~10kV 电缆取 5 倍额定电压;15~30kV 取 4 倍额定电压;35kV 及以上取 2.6~2 倍额定电压。直流耐压试验时的加压时间也应比工频耐压试验长一些,如发电机试验电压是以每级 0.5 倍额定电压分阶段升高的,每阶段停留 1min,读取泄漏电流值;电缆试验时,在试验电压下持续 5min,以观察并读取泄漏电流值。

二、直流高压的测量

当试验时,若被试品的电容量 C_x 较大,或滤波电容器 C 的数值较大,同时其泄漏电流又非常小时,输出的直流电压较为平稳,此时,被试品上所加的直流电压值可在工频试验变压器的低压侧进行测量,然后换算出高压侧的直流电压值。但一般情况下,最好在高压侧进行测量。高压侧测量直流高电压的方法通常有下列几种。

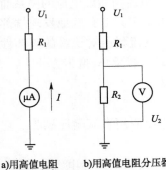

a)用高值电阻串联微安表　　b)用高值电阻分压器

图 6.17　直流电压的测量接线

(1)用如图 6.17a)高值电阻串联微安表或 b)电压表配高值电阻分压器。这两种方法是测量直流高压的常用而又比较方便的方法。被测电压为:

$$U_1 = IR_1 \quad 或 \quad U_2 = \frac{R_1 + R_2}{R_2} \qquad (6.15)$$

使用分压器时,应选用内阻极高的电压表,如静电电压表、晶体管电压表、数字电压表或示波器等。

电阻 R_1 是一个能够承受高电压且数值稳定的高值电阻,通常由多个碳膜电阻或金属膜电阻串联而成。

由于高压直流电源的容量较小,为了使 R_1 的接入不致影响其输出电压,也为了使 R_1 本身不致过热,通过 R_1 的电流不应太大;另一方面,这一电流也不应太小,以免由于电晕放电和绝缘支架漏电流而造成测量误差。一般按照通过 R_1 的电流为 $0.1 \sim 1\text{mA}$ 来选取 R_1 值,并把 R_1 放在绝缘筒中,并充以绝缘油,可以抑制或消除电晕放电和漏电,并降低温升,从而提高 R_1 阻值的稳定性。

(2)用高压静电电压表测量直流高压的平均值。

(3)用球—球间隙测量直流高压的峰值。

三、试验时的注意事项

(1)试验完毕,必须先将被试品上的残余电荷放掉,放电时最好先通过电阻放电。

(2)试验小容量的试品时需接入 $0.1\mu\text{F}$ 左右的滤波电容 C,以减小被试品上的电压脉动。

单元6.7   直流泄漏电流的测量

📖 **学习目标**

1.掌握测量直流泄漏电流的意义;

2.掌握测量直流泄漏电流的接线方法;

3.掌握试验方法和微安表的使用注意事项。

📓 **学习内容**

测量泄漏电流和用兆欧表测量绝缘电阻的原理相同,不过直流泄漏电流试验中所用的直流电源一般均由高压整流设备供给,用微安表来指示泄漏电流,它比用兆欧表测绝缘电阻的优越之处是试验电压高,并可以随意调节,对不同电压等级的被试设备施以相应的试验电压,可比兆欧表测绝缘电阻更有效地发现一些尚未完全贯通的集中性缺陷,同时,在试验的升压过程中,可以随时监视微安表的指示,以便及时了解绝缘情况。另外,微安表比兆欧表读数更为灵敏。

图 6.18 为某发电机的直流泄漏电流 I 随所加直流电压 U 的变化曲线。在同一直流电压作用下,良好绝缘的泄漏电流较小,且随电压的增加泄漏电流正比增加(曲线 1);绝缘受潮时,泄漏电流增大(曲线 2);当绝缘有集中性缺陷时,电压升高到一定值后,泄漏电流激增(曲线 3);绝缘的集中性缺陷越严重,出现泄漏电流激增的电压将越低(曲线 4)。当泄漏电流超过一定标准时,应尽可能找出原因,并加以消除。

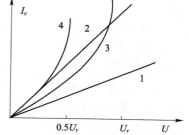

图 6.18   发电机绝缘泄漏电流与所加直流电压的关系曲线

1-良好;2-受潮;3-绝缘集中性缺陷;4-有危险集中性缺陷;U_r-耐压试验电压

一、直流泄漏试验接线

(1)被试品不接地。图 6.19 为被试品不接地时测量泄漏电流或做直流耐压试验的接线图。图中 T_1 为调压器,它的作用是调节电压;T_2 为工频试验变压器,通过它将交流低压变成交流高压,其电压值必须满足试验的需要;高压硅堆 V 起整流作用,由于被试设备的电导甚小,试验时电流一般不超过 1mA。现场试验时,可用电压互感器来代替工频试验变压器。

C 为滤波电容器,其作用是使整流电压平稳,C 越大加于被试品上的电压越平稳,直流电压的数值也就越接近工频交流高压的幅值。在现场试验时,当被试品的电容 C_x 值较大时滤波电容 C 可以不加;当 C_x 较小时,则需接入一个 $0.1\mu F$ 左右的电容器,以减小电压的脉动。

保护电阻 R_1 的作用是限制被试品击穿时的短路电流不超过高压硅堆和试验变压器的允许值,以保护工频试验变压器和硅堆,故 R_1 也叫限流电阻,其值可按 $10\Omega/V$ 来选取,通常用玻璃管或有机玻璃管充水溶液制成。

微安表用作测量泄漏电流,它的量程可根据被试品的种类及绝缘情况等适当选择。用图 6.19 的接线最简便,这时微安表接在接地端,读数安全、方便,而且高压引线的漏电流、整流元件和保护电阻绝缘支架的漏电流以及试验变压器本身的漏电流均直接流入试验变压器的接地端而不会流入微安表,故测量比较精确。但此接线被试品不能直接接地,故不适用于现场。

(2)被试品一极接地。为适用于现场被试品外壳接地的情况,直流泄漏试验的接线宜采用图 6.20 所示的方式。此时微安表接在高压端。为了避免由微安表到被试品的连接导线上产生的电晕电流以及沿支柱绝缘子表面的泄漏电流流过微安表,需将微安表及其到被试品的高压引线屏蔽起来,使其处于等电位屏蔽中,这样杂散电流就不通过微安表,不会带来测量的误差。但此种接线,微安表对地需良好绝缘并加以屏蔽,在试验中调整微安表量程时必须使用绝缘棒,因此操作不便,且由于微安表距人较远,读数不易看清。

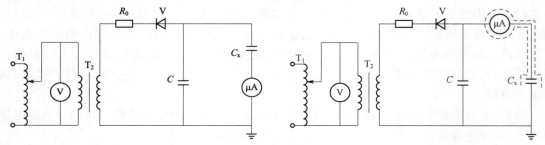

图 6.19　被试品不接地时的测量泄漏电流接线图　　　　图 6.20　被试品一极接地时试验接线图

T_1-调压器;T_2-工频试验变压器;R_0-保护电阻;V-二极管整流器;C-滤波电容;C_x-被试品电容

(3)串级直流装置。以上两种半波整流电路能获得的最高直流电压等于工频试验变压器输出交流电压的峰值 U_m。如欲得到更高的直流高压并充分利用试验变压器的容量,可采用图 6.21 所示的倍压整流电路。

在图 6.21 中,当电源电势为负时,整流元件 V_2 闭锁,V_1 导通;电源电势经 V_1、R_b 向电容 C_1 充电至 U_m;当电源电势为正时,电源与 C_1 串联起来经 V_2、R_b 向 C_2 充电至 $2U_m$。当空载时,直流输出电压 $U=2U_m$。V_1、V_2 的反峰电压也都等于 $2U_m$,电容 C_1 的工作电压为 U_m,而 C_2 的工作电压则为 $2U_m$。

当需要更高的直流输出电压时,可把若干个如图 6.21 所示的电路单元串接起来,构成串级直流高压装置。图 6.22 是一个三级串级直流高压装置的接线,在空载情况下其直流输出电压可达 $6U_m$。

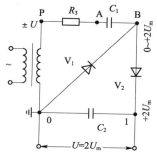

图 6.21   倍压整流电路

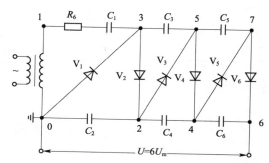

图 6.22   三级串级直流高压装置接线

电路在空载时,各级电容的充电过程简单分析如下:在电源电势为负半波时,V_1 导通,电源电势经 V_1、R_b 向电容 C_1 充电至 U_m;正半波时,电源与 C_1 串联起来(U_{30} 由 $0 \sim 2U_m$ 变化),经 V_2、R_b 向 C_2 充电,使 C_2 上的电压达到 $2U_m$。在接下来的负半波时,电源与 C_2 串联(U_{21} 由 $U_m \sim 3U_m$ 变化),经 R_b、V_3 向 C_3 及 C_1 充电,使 C_3 及 C_1 上的总电压达到 $3U_m$,即 C_3 上的电压达到 $2U_m$;在后续正半波时,电源与 C_1、C_3 串联(U_{50} 由 $2U_m \sim 4U_m$ 变化),经 R_b、V_4 向 C_4 及 C_2 充电,使 C_4 及 C_2 上的总电压达到 $4U_m$,即 C_4 上的电压达到 $2U_m$。依此类推,最终可使点 6 上的电位即直流输出电压达到 $U = 6U_m$。

由于上一级电容的电荷需要由下一级电容供给和补充,串级装置在接上负载时的电压脉动 δU 和电压降 ΔU 都比较大,级数越多及负载电流越大时,δU 和 ΔU 越大。因此,这种串级直流高压装置的输出电流较小,一般只能做到 10mA 左右。

二、试验方法

(1)进行直流泄漏试验时,对被试品额定电压为 35kV 及以下的电气设备施加 $10 \sim 30$kV 的直流电压;对额定电压为 110kV 及以上的设备施加 40kV 的直流电压,试验时按每级 0.5 倍试验电压分阶段升高电压,每阶段停留 1min 后,微安表的读数即为泄漏电流值;同时还可以把泄漏电流 i 与加压时间 t 的关系、泄漏电流 i 与试验电压 u 的关系绘制成曲线图进行全面的分析。

(2)直流泄漏试验时,泄漏电流的判断标准在试验规程中做了一些规定。对泄漏电流有规定的设备,应按是否符合规定值来判断。对规程中无明确规定的设备,以同一设备各相之间相互比较,或与历年的试验结果比较及同类型的设备互相比较,就其变化来分析判断。

三、微安表的保护

微安表是精密仪表,使用中应十分爱护。一般微安表都有专门的保护装置,其接线如图 6.23 所示。在微安表回路中串联一个阻值较大的电阻 R(称为增压电阻),当有电流流过时,就在 AB 两端产生一个电压降。当电流超过微安表的额定电流时,AB 两端的电压使放电管 F 放电,电流就从放电管中流过,保护了微安表。由于整流后的直流电压含有交流分量,所以并联一个电容器 C,以滤去整流后的交流分量,以减少微安表指针的摆动,同时,C 还可以稳

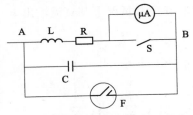

图 6.23　微安表保护装置的接线

定放电管 F 的放电电压。当试验回路因突然短路而出现冲击电流时,放电管来不及动作,为此串入一个电感 L 以阻止大冲击电流流过微安表,以避免微安表的损坏,因电容 C 也具有这个作用,故有时可不加电感 L。在微安表表头两端并一开关 S,在升压或降压过程中合上开关 S,将微安表短接,只有在稳定时才将 S 打开,保护微安表。

单元6.8　冲击高压试验

学习目标

1. 掌握冲击电压发生器的基本电路及工作原理;
2. 掌握多级冲击电压发生器的基本电路及工作原理。

学习内容

电力系统中的高压电气设备,除了承受长时期的工作电压作用外,在运行过程中,还可能会承受短时的雷电过电压和操作过电压的作用。冲击高压试验就是用来检验高压电气设备在雷电过电压和操作过电压作用下的绝缘性能或保护性能。由于冲击高压试验本身的复杂性等原因,电气设备的交接及预防性试验中,一般不要求进行冲击高压试验。

雷电冲击电压试验采用全波冲击电压波形或截波冲击电压波形,这种冲击电压持续时间较短,约数微秒至数十微秒,它可以由冲击电压发生器产生;操作冲击电压试验采用操作冲击电压波形,其持续时间较长,数百至数千微秒,它可利用冲击电压发生器产生,也可利用变压器产生。许多高电压试验室的冲击电压发生器既可以产生雷电冲击电压波,也可以产生操作冲击电压波。本节仅对产生全波的冲击电压发生器做简单的介绍。

一、冲击电压发生器

冲击电压发生器是产生冲击电压波的装置。如前所述,雷电冲击电压波形是一个很快从零上升到峰值然后较慢下降的单向性脉冲电压。这种冲击电压通常可以利用高压电容器通过球隙对电阻电容回路放电而产生。图 6.24 给出了冲击电压发生器的两种基本回路:回路 1 见图 6.24a),回路 2 见图 6.24b)。

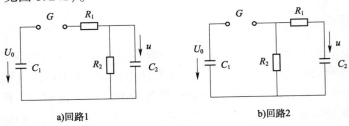

a)回路1　　　　　　　　　　　　b)回路2

图 6.24　冲击电压发生器的基本回路

图 6.24 中的冲击主电容 C_1 在被间隙 G 隔离的状态下由直流电源充电到稳态电压 U_0。当球隙 G 被点火击穿后,主电容 C_1 上的电荷对电阻 R_2 放电(回路 1 中要经过 R_1),同时对负荷电容 C_2 充电,在被试品上形成上升的电压波前。当 C_2 上的电压波充电达到最大值后,反过来 C_2 又与 C_1 一起对 R_2 放电(回路 2 中要经过 R_1),在被试品上形成下降的电压波尾。

被试品的电容可以等值并入电容 C_2 中。一般选择 R_2 比 R_1 大很多,这样就可以在 C_2 上得到所要求的波前较短(时间常数 R_1C_2 较小)而波长较长(时间常数 R_2C_1 较大)的冲击电压波形。输出电压峰值 U_m 与 U_0 之比,称为冲击电压发生器的利用系数 η。由于 U_m 不可能大于由冲击电容上的起始电荷 U_0C_1 分配到 $(C_1 + C_2)$ 后所决定的电压,即:

$$U_m \leqslant U_0 \frac{C_1}{C_1 + C_2} \tag{6.16}$$

故得:

$$\eta = \frac{U_m}{U_0} \leqslant \frac{C_1}{C_1 + C_2} \tag{6.17}$$

可见,为了提高冲击电压发生器的利用系数,应该选择 C_1 比 C_2 大得多。

如上所述,由于一般选择 $R_2C_1 \gg R_1C_2$,在回路 2 中,在很短的波前时间内,C_1 对 R_2 放电时,对 C_1 上的电压没有显著影响,所以回路 2 的利用系数主要决定于上述电容间的电荷分配,即:

$$\eta_2 \approx \frac{C_1}{C_1 + C_2} \tag{6.18}$$

而在回路 1 中,影响输出电压幅值 U_m 的,除了电容上的电荷分配外,还有在电阻 R_1、R_2 上的分压作用。因此,回路 1 的利用系数可近似表示为:

$$\eta_1 \approx \frac{R_2}{R_1 + R_2} \times \frac{C_1}{C_1 + C_2} \tag{6.19}$$

比较式(6.18)及式(6.19)可知,$\eta_2 > \eta_1$,所以回路 2 称为高效率回路。由于回路 2 具有较高的利用系数,在实际的冲击电压发生器中,回路 2 常被采用,作为冲击电压发生器的基本接线方式。

二、多级冲击电压发生器

由于受到整流设备和电容器额定电压的限制,单级冲击电压发生器的最高电压一般不超过 $200 \sim 300kV$。但实际的冲击电压试验中,常常需要产生高达数千千伏的冲击电压,就只有多级冲击电压发生器才能做到了。多级冲击电压发生器的工作原理简单说来就是利用多级电容器在并联连接下充电,然后通过球隙将各级电容器串联起来放电,即可获得幅值很高的冲击电压。适当选择放电回路中各元件的参数,即可获得所需的冲击电压波形。

图 6.25 所示为多级冲击电压发生器的电路图。图中,先由工频试验变压器 T 经过整流元件 V 和充电电阻 R_{ch}、保护电阻 R_b 给并联的各级主电容 $C_1 \sim C_3$ 充电,达稳态时,点 1、3、5 的电位为零,点 2、4、6 的电位为 $-U_0$,充电电阻 $R_{ch} \gg$ 波尾电阻 $R_2 \gg$ 阻尼电阻 R_G,各级球隙 $G_1 \sim G_4$ 的放电电压调整到稍大于 U_0。

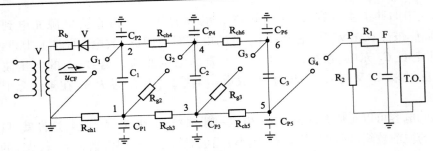

图 6.25　多级冲击电压发生器的基本电路

T-变压器；R_b-保护电阻；V-整流元件；$C_{P1} \sim C_{P6}$-各级对地杂散电容；$C_1 \sim C_3$-各级主电容；C-另加的波前电容；$R_{ch1} \sim R_{ch6}$-充电电阻；R_{g2}、R_{g3}-阻尼电阻；G_1-点火间隙；G_2、G_3-中间球隙；G_4-输出球隙；T. O.-被试品

当主电容充电完成后，利用触发脉冲 u_{CF} 使间隙 G_1 点火击穿，此时点 2 的电位由 $-U_0$ 突然升到零；主电容 C_1 经 G_1 和 R_{ch1} 放电，由于 R_{ch1} 的阻值很大，故放电进行得很慢，且几乎全部电压都降落在 R_{ch1} 上，使点 1 的电位升到 $+U_0$。当点 2 的电位突然升到零时，经 R_{ch4} 也会对 C_{P4} 充电，但因 R_{ch4} 阻值很大，在极短的时间内，经 R_{ch4} 对 C_{P4} 的充电效应是很小的，点 4 的电位仍接近于 $-U_0$，于是间隙 G_2 上的电位差接近于 $2U_0$，促使 G_2 击穿，G_2 击穿后，主电容 C_1 通过串联电路 G_1—C_1—R_{G2}—G_2 对 C_{P4} 充电；同时又串联 C_2 后对 C_{P3} 充电；由于 C_{P4}、C_{P3} 的值很小，R_{G2} 的值也很小故可以认为 G_2 击穿后，对 C_{P4}、C_{P3} 的充电几乎是立即完成的，点 4 的电位立即升到 $+U_0$，而点 3 的电位立即升到 $+2U_0$；与此同时，点 6 的电位却由于 R_{ch6} 和 R_{ch5} 的阻隔，仍维持在原电位 $-U_0$；于是间隙 G_3 上的电位差就接近 $3U_0$，促使 G_3 击穿。接着，主电容 C_1、C_2 串联后，经 G_1、G_2、G_3 电路对 C_{P6} 充电；再串联 C_3 后对 C_{P5} 充电；由于 C_{P6}、C_{P5} 很小，R_{G2}、R_{G3} 也很小，故可以认为 C_{P6} 和 C_{P5} 的充电几乎是立即完成的；也即可以认为 G_3 击穿后，点 6 的电位立即升到 $+2U_0$，点 5 的电位立即升到 $+3U_0$。P 点的电位显然未变，仍为零。于是间隙 G_4 的电位差接近 $3U_0$，促使 G_4 击穿。这样，各级主电容 $C_1 \sim C_3$ 就被串联起来，经各组阻尼电阻 R_G 向波尾电阻 R_2 放电，形成主放电回路；与此同时，也经 R_1 对波前电容 C 和被试品电容充电，形成冲击电压波的波前。

虽然此过程中，也存在着各级主电容经充电电阻 R_{ch}、阻尼电阻 R_G 和中间球隙 G 的局部放电。由于 R_{ch} 的值足够大，这种局部放电的速度比主放电的速度慢很多倍，因此，可认为对主放电没有明显的影响。

中间球隙击穿后，主电容对相应各点杂散电容 C_P 充电的回路中总存在某些寄生电感，这些杂散电容的值又极小，这就可能引起一些局部振荡。这些局部的振荡将叠加到总的输出电压波形上去。为消除这些局部振荡，就应在各级放电回路中串入一阻尼电阻 R_G，此外，主放电回路本身也应保证不产生振荡。

冲击电压是非周期性的快速变化过程。因此，测量冲击电压的仪器和测量系统必须具有良好的瞬变响应特性。冲击电压的测量包括峰值测量和波形记录两个方面。目前最常用的测量冲击电压的方法有：①测量球隙；②分压器—峰值电压表；③分压器—示波器。球隙和峰值电压表只能测量冲击电压的峰值，示波器则能记录波形，即不仅能指示冲击电压的峰值，而且能显示冲击电压随时间的变化过程。

课后习题

1. 绝缘预防性试验的目的是什么？它分为哪两大类？

2. 用兆欧表测量大容量试品的绝缘电阻时，为什么随着加压时间的增加，兆欧表的读数由小逐渐增大并趋于一稳定值？兆欧表的屏蔽端子有何作用？

3. 何谓吸收比？绝缘干燥时和受潮后的吸收现象有何特点？为什么可以通过测量吸收比来发现绝缘的受潮？

4. 什么是测量 $\tan\delta$ 的正接线和反接线？各适用于何种场合？试述测量 $\tan\delta$ 时干扰产生的原因和消除的方法。

5. 给出对被试品进行工频耐压试验的原理接线图，说明各元件的名称和作用。被试品试验电压的大小是根据什么原则确定的？当被试品容量较大时，其试验电压为什么必须在工频试验变压器的高压侧进行测量？

6. 给出被试品一端接地时测量直流泄漏电流的接线图，说明各元件的名称和作用。

单元7　电力系统过电压及保护

 单元提示

　　电力系统工作的可靠性,主要取决于其绝缘能否耐受作用于其上的各种电压。在电力系统正常运行情况下,系统中设备只承受电网的额定电压作用,但是由于各种原因,电力系统中的某些部分的电压可能超过甚至大大超过正常状态下的电压,危及设备的绝缘,这种危及设备绝缘的过电压可分为大气过电压和内部过电压。

　　本单元讨论电力系统的大气雷电过电压和属于内过电压的工频过电压、操作过电压的发生、特性和防护。主要内容有:雷电放电的基本过程,雷电的主要参数和主要的防雷设备;输电线路上感应雷过电压和直击雷过电压的产生及计算方法,耐雷水平和雷击跳闸率的概念及其计算方法;发电厂和变电所直击雷保护措施和雷电波沿输电线路入侵发电厂和变电所的防雷保护措施;电力系统中内过电压与工频过电压的基本概念、分类及其特点;电力系统中几种操作过电压的产生原因、产生的物理过程、影响过电压大小的因素及限制过电压的措施。

单元7.1　大气雷电过电压

学习目标

　　1.了解雷电放电的基本过程、雷电的主要参数和主要的防雷设备;

　　2.掌握雷电的主要参数:雷电流、雷暴日、地面落雷密度和输电线路落雷次数;

　　3.掌握雷电波的传播、折射、反射、通过电感及电容的特点和规律,并能加以应用;

　　4.掌握避雷器的分类和它们的作用原理,着重掌握阀式避雷器和氧化锌避雷器的结构与元件的作用原理,以及主要电气参数;

　　5.理解防雷接地的作用和它的计算表达式;

　　6.理解输电线路上感应雷过电压和直击雷过电压的产生并掌握其计算方法;

　　7.掌握雷击塔顶和绕击这两种过电压的耐雷水平和雷击跳闸率的计算,并熟悉输电线路的防雷措施;

　　8.掌握防止雷直击于发电厂、变电所设备的原理和方法;

　　9.理解雷电波沿输电线路入侵发电厂和变电所时,用避雷器保护的原理;

　　10.掌握变电所的进线段和变压器、旋转电机的防雷保护。

📖 学习内容

本单元主要讨论大气过电压的计算及采取的防护措施。我们知道,大气过电压是由于雷击电气设备而产生的,雷电这种现象极为频繁,在没有专门保护设备时,雷电放电产生的过电压可达数百万伏,这样的过电压足以使任何额定电压的设备绝缘发生闪络和损坏。在电力系统中,高压架空输电线路纵横交错,广泛分布在广阔的地面上,更容易遭受雷击,以致破坏电气设备引起停电事故,给国民经济和人民生活带来严重损失。因此,研究雷电的基本现象及其防止雷电过电压的措施是确保电力系统安全可靠运行的一项刻不容缓的任务。本单元主要介绍雷电放电的基本过程及主要的防雷设备,要求着重掌握雷电的主要参数、避雷针和避雷器的保护原理及有关计算等基本内容。

一、雷云对地放电的过程

雷电是一种自然现象,人们对这种现象的科学认识是从 18 世纪才开始的。富兰克林通过他的著名风筝试验提出了雷电是大气中的火花放电理论;罗蒙诺索夫提出了关于乌云起电的学说。之后又有一些科学家对雷电现象不断做出了许多研究,但至今对雷云如何会聚集起电荷还没有获得比较满意的解释。目前一般认为包含大量水滴的积雨云并伴有强烈的高空气流是形成雷云的条件。

实测表明,对地放电的雷云绝大多数带有负电荷,在雷云电场的作用下,大地被感应出与雷云极性相反的电荷,就像一个巨大的电容器,其间的电场强度平均小于 1kV/m,但雷云个别部分的电荷密度可能很大,当雷云附近某一部分的电场强度超过大气的绝缘强度时,就使空气游离,放电由此开始,叫作先导放电。当先导通道到达地面或与地面目标上发出的迎面先导相遇时,雷云及大地极性相反的巨量电荷相向运动,巨量电荷互相中和形成巨大放电电流,叫作主放电。主放电之后剩余少量电荷继续中和,虽然电流较小但时间较长,称为余辉放电。

作为工程技术人员,所关心的主要是雷云形成以后对地面的主放电。几十年来,人们对雷电进行了长期的观察和测量,积累了不少有关雷电参数的资料,尽管目前有关雷电发生和发展过程的物理本质尚未完全掌握,但随着对雷电研究的不断深入,雷电参数不断被修正和补充。

1. 雷击时的等值电路

雷击地面由先导放电转变为主放电的过程可以用一根已充电的垂直导线突然与被击物体接通来比拟,如图 7.1a)所示。图中 Z 是被击物体与大地(零电位)之间的阻抗,σ 是先导放电通道中电荷的线密度,开关 S 未闭合之前相当于先导放电阶段。当先导通道到达地面或与地面目标上发出的迎面先导相遇时,主放电即开始,相当于开关 S 合上。此时将有大量的正、负电荷沿先导通道逆向运动,并使其中来自雷云的负电荷被中和,如图 7.1b)所示。与此同时,主放电电流即雷电流 i 流过雷击点 A 并通过阻抗 Z,此时 A 点电位 u 也突然升至 $u = iZ$。显然,电流 i 的数值与先导通道的电荷密度 σ 及主放电的发展速度 v 有关,并且还受阻抗 Z 的影响。因为先导通道的电荷密度很难测定,主放电的发展速度也只能根据观测大体判断,唯一容易测知的量是主放电以后(相当于 S 合上以后)流过阻抗 Z 的电流 i_z。

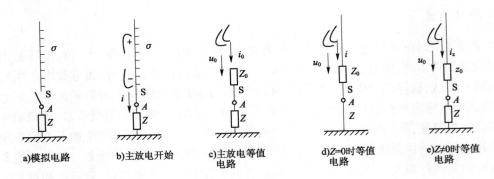

a)模拟电路　　b)主放电开始　　c)主放电等值　　d)Z=0时等值　　e)Z≠0时等值
　　　　　　　　　　　　　　　　　电路　　　　　电路　　　　　电路

图 7.1　雷击放电计算模型

2. 雷电流

因为雷电波流经被击物体时的电流与被击物体的波阻抗有关,用图 7.1c)表示主放电等值电路。图中 Z_0 和 Z 是雷云的波阻抗和被击物波阻抗, i_0 和 u_0 是从雷云向地面传来的电流波和电压波。我们把流经被击物体的波阻抗 $Z = 0$ 时的电流定义为"雷电流",用 i 来表示[即 $Z = 0$ 时 $i_0 = i$,见图 7.1d)];考虑雷击时实际状况有关规程规定 $Z \leqslant 30\Omega$], i_z 是雷击阻抗 Z 时雷电流[即 $Z \neq 0$ 时 $i_0 = i_z$ 见图 7.1e)]。因此,按雷电流的定义 $u_0 = iZ_0$;雷击阻抗 Z 时 $u_0 = i_z(Z_0 + Z)$,显然:

$$i_z = i\frac{Z_0}{Z_0 + Z} \tag{7.1}$$

目前,我国规程建议雷电通道的波阻抗 Z_0 为 $300 \sim 400\Omega$。

雷电流 i 为一非周期冲击波,它与气象、自然条件等有关,是一个随机变量。下面我们介绍它的幅值、波头、陡度、波长及其波形(可参阅"雷电冲击电压"的内容)。

雷电流幅值与气象、自然条件等有关,只有通过大量实测才能正确估计其概率分布规律。图 7.2 是根据我国年平均雷暴日大于 20 的地区,在线路杆塔和避雷针上测录到的大量雷电流数据,经筛选后,取 1205 个雷电流值画出来的概率—幅值($P - I$)的关系曲线。例如,当雷击时,出现大于 88kA 的雷电流幅值的概率 P 约为 10%。

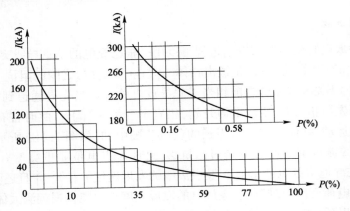

图 7.2　雷电流数据曲线

雷电流幅值 I 可从图7.2的曲线上按给定的概率 P 值查出。我国西北地区、内蒙古等雷电活动较弱,雷电流幅值可从图7.2按给定的 P 值查出 I 值后,将其减半求得。也可用下式求出:

$$\ln P = -\frac{I}{88} \quad 或 \quad P = 10^{-I/88}$$

$$\ln P = -\frac{I}{44} \quad 或 \quad P = 10^{-I/44} \tag{7.2}$$

式中: I ——雷电流幅值,kA;

P ——雷电流为 I 的概率,%。

二、避雷针和避雷线

雷电放电作为一种强大的自然力的爆发,是难以人为避免的。目前人们主要是设法去躲避和抑制它的破坏性,其基本措施就是设置避雷针、避雷线、避雷器和接地装置。避雷针、避雷线可以防止雷电直接击中被保护物体,因此也称作直击雷保护;避雷器可以防止沿输电线侵入变电所的雷电冲击波,因此也称作侵入波保护;而接地装置的作用是减小避雷针(线)或避雷器与大地(零电位)之间的电阻值,以达到降低雷电冲击电压幅值的目的。本部分介绍避雷针和避雷线。

1. 保护作用的原理

避雷针(线)的保护原理可归纳为:能使雷云电场发生突变,使雷电先导能沿着避雷针的方向发展,直击于其上,雷电流通过避雷针(线)及接地装置泄入大地而防止避雷针(线)周围的设备受到雷击。

避雷针一般用于保护发电厂和变电所,可根据不同情况装设在配电构架上,或独立架设;避雷线主要用于保护线路,也用来保护发电厂和变电所。

避雷针需有足够截面的接地引下线和良好的接地装置,以便将雷电流安全引入大地。

2. 保护范围

由于雷电的路径受很多偶然因素的影响,因此要保证被保护物绝对不受直接雷击是不现实的。一般保护范围是指具有0.1%左右雷击概率的空间范围,实践证实,此概率是可以被接受的。

1)单支避雷针

单支避雷针的保护范围是一个以避雷针为轴的近似锥体的空间,就像一个帐篷一样。它的侧面母线近似用折线代替,尺寸构成如图7.3所示。在被保护物高度 h_x 水平面上的保护半径 r_x 可按下式计算:

$$\begin{cases} 当 h \geq \dfrac{h}{2} 时, r_x = (h - h_x)P \\ 当 h < \dfrac{h}{2} 时, r_x = (1.5h - 2h_x)P \end{cases} \tag{7.3}$$

式中: h ——避雷针高度,m;

h_x ——被保护物高度,m;

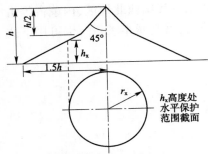

图7.3 单支避雷针的保护范围

P——高度影响系数,当$h \leqslant 30m$时,$P=1$;当$30m < h \leqslant 120m$时,$P=5.5/\sqrt{h}$;当$h > 120m$时,$P=5.5/\sqrt{120}$。

2)两支等高避雷针

当保护范围较大时,如果采用单支避雷针保护,势必要求针比较高,这在经济上是不合算的,技术上也难以实现,因此,可采用多针保护。

两支避雷针在相距不太远时,由于联合屏蔽作用,使两针中间部分的保护范围比单支针时有所扩大。若两支高为h的避雷针①、②相距为$D(m)$,则它们的保护范围及高为h_x的被保护物水平面上保护范围确定如图7.4所示。

两针外侧的保护范围按单针避雷针的计算方法确定。两针内侧的保护范围如下:

(1)定出保护范围上部边缘最低点O,O点的高度h_0按下式计算:

$$h_0 = h - \frac{D}{7P} \tag{7.4}$$

式中:D——两针间距离。

这样,保护范围上部边缘是由O点及两针顶点决定的圆弧来确定。

(2)两针间h_x水平面上保护范围的一侧宽度b_x可按下式计算:

$$b_x = 1.5(h_0 - h_x) \tag{7.5}$$

一般两针间的距离与针高之比D/h不宜大于5。根据《交流电气装置的过压保护和绝缘配合》(DL/T 620—1997)行业标准,b_x的计算还可以查曲线求得。

3)两支不等高避雷针

其保护范围按下法确定:如图7.5所示,两针内侧的保护范围先按单针做出高针①的保护范围,然后经过较低针②的顶点作水平线与之交于点③,再设点③为一假想针的顶点,做出两等高针②和③的保护范围,图中$f = \dfrac{D'}{7P}$,两针外侧的保护范围仍按单针计算。

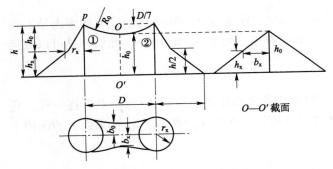

图7.4 两根等高避雷针①及②的保护范围

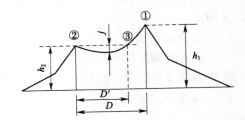

图7.5 两支不等高避雷针的保护范围

4)多支等高避雷针

(1)3支等高避雷针的保护见图7.6,3针所形成的三角形1、2、3的外侧保护范围分别按两支等高针的计算方法确定,如在三角形内,被保护物处在与其最大高度h_x的水平面上各自相邻避雷针间保护范围b_x内侧时,则全部受到保护,参见图7.4及式(7.5)。

（2）4 支及 4 支以上避雷针。4 支等高避雷针可将其分成两个三角形,然后按三角形等高针的方法计算。4 支以上避雷针可分成两个以上三角形,然后按三角形等高针的计算方法。

5）避雷线

在架空输电线路上架设双避雷线时如图 7.7 所示,塔顶的 AB 弧线以下和避雷线同外侧导线的连线与垂直线之间的夹角 α 之内为保护范围,角 α 为保护角,α 越小,导线就越处在保护范围的内部,保护也越可靠。在高压输电线路的杆塔设计中一般取 $\alpha = 20° \sim 30°$,就认为导线已得到可靠保护。

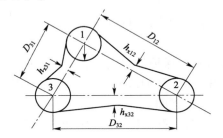
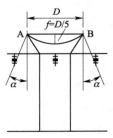

图 7.6　3 支等高避雷针的保护范围　　　　图 7.7　避雷线的保护角

三、避雷器

如上所述,当发电厂、变电所用避雷针保护以后,电力设备几乎可以免受直接雷击。但是长达数十、数百公里的输电线路,虽然有避雷线保护,但由于雷电的绕击和反击,仍不能完全避免输电线遭受大气过电压的侵袭。幅值可达一二百万伏的电压波还会沿着输电线侵入发电厂或变电所,直接危及变压器等电气设备,造成事故。为了保护电气设备的安全,必须限制出现在电气设备绝缘上的过电压峰值,这就需要装设另外一类过电压保护装置,通称避雷器。目前使用的避雷器主要有 4 种类型：①保护间隙；②排气式避雷器；③阀式避雷器；④金属氧化物避雷器。保护间隙和排气式避雷器主要用于配电系统、线路和发电厂、变电所进线段的保护,以限制入侵的大气过电压；阀式避雷器和金属氧化物避雷器用于变电所和发电厂的保护,在 220kV 及以下系统主要用于限制大气过电压,在超高压系统中还将用来限制内过电压或作为内过电压的后备保护。

1. 基本要求

为了使避雷器达到预期的保护效果,必须正确使用和选择避雷器,一般有如下基本要求：

（1）雷电击于输电线路时,过电压波会沿着导线入侵发电厂或变电所,在危及被保护绝缘时,要求避雷器能瞬时动作。

（2）避雷器一旦在冲击电压作用下放电,就造成对地短路,此时瞬间的雷电过电压虽然已经消失,但工频电压却相继作用在避雷器上,此时雷击放电后流经间隙的工频电弧电流称为工频续流,此电流将是间隙安装处的短路电流,为了不造成断路器跳闸,避雷器应当具有自行迅速截断工频续流、恢复绝缘强度的能力,使电力系统得以继续正常工作。

（3）应当具有平直的伏秒特性曲线,并与被保护设备的伏秒特性曲线之间有合理配合。这样,在被保护设备可能击穿以前,避雷器便发生动作,将过电压波截断,从而提供被保护设备可靠的保护。

（4）具有一定通流容量，且其残压应低于被保护物的冲击耐压。避雷器动作以后，在规定的雷电流通过时，不应损坏避雷器，同时在避雷器上造成的压降—残压（冲击电压通过阀式避雷器时，在避雷器上产生的最大压降）应低于被保护设备的冲击耐压。否则，虽然避雷器动作，但被保护设备仍有被击穿的危险。

2. 保护间隙

（1）结构

保护间隙是一种最简单的避雷器。按其形状分为棒形、角形、环形、球形等。图 7.8 为常用的角形间隙，电极做成角形是为了使工频电弧易于伸长而自行熄灭。

（2）作用原理

如图 7.9 所示，当雷电侵入波要危及避雷器所保护的电气设备的绝缘时，间隙 1 首先击穿，工作母线接地，避免了被保护设备上的电压升高，从而起到保护设备的作用。过电压消失后，由于工频电压的作用，间隙中仍有工频续流，通过间隙而形成工频电弧。然后根据间隙的熄弧能力决定在电流过零时或自行熄弧，恢复正常运行；或不能自行熄弧，将引起断路器跳闸。

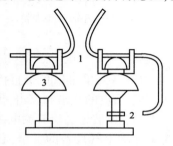

图 7.8　角形保护间隙
1-主间隙；2-辅助间隙；3-瓷瓶

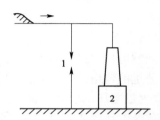

图 7.9　保护间隙与被保护设备
1-保护间隙；2-被保护设备

保护间隙应满足在绝缘配合条件下，选用最大容许值，以防不必要的误动作。一般保护间隙除了主间隙 1 外，在接地引线上还串联了一个辅助间隙 2，这样即使主间隙由于意外原因短路，也不会引起导线接地。

保护间隙的优点明显，它结构简单、制造方便。然而由于一般保护间隙的电场属于极不均匀电场，因此它的伏秒特性曲线比较陡，与被保护设备的绝缘配合不理想，并且动作后会形成截波。保护间隙还具有另一个重要的缺点，就是熄弧能力低。在中性点有效接地系统中一相间隙动作或在中性点非有效接地系统中两相间隙动作后，流过的工频续流就是电网的短路电流。对于这种续流电弧，保护间隙一般是不能自行熄灭的。因此保护间隙多用于低压配电系统中。

3. 排气式避雷器

由于保护间隙熄弧能力较差，目前使用不多。为了提高熄弧能力，出现了排气式避雷器，它实质上是一个具有较高熄弧能力的保护间隙。

（1）结构

如图 7.10 所示，它有两个间隙相互串联，一个间隙 S_1 装在产气管内，称为内间隙或灭弧间隙，内间隙一端以棒 2 为电极，另一端以环 3 为电极。管 1 由纤维、塑料或橡胶等产气材料制成。另一个间隙 S_2 在大气中称外间隙,其作用是隔离工作电压以避免产气管被工频电流烧坏。这种避雷器也叫管式避雷器。

（2）作用原理

当排气式避雷器受到雷电波入侵时,内外间隙同时击穿,雷电流经间隙再流入大地,过电压消失后,内外间隙的击穿状态将由导线 4 的工作电压维持,此时流经间隙的工频续流就是排气式避雷器安装处的短路电流,工频续流电弧的高温使管内产气材料分解出大量气体,管内压力升高,气体在高压力作用下由环形电极 3 的开口孔喷出,形成强烈的纵吹作用,从而使工频续流在第一次经过零值时就熄灭。排气式避雷器的熄弧能力与工频续流大小有关,续流太大产气过多,管内气压

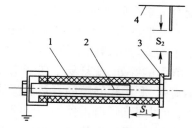

图 7.10　排气式避雷针
1-产气管;2-棒式电极;3-环形电极;4-导线;S_1-内间隙;S_2-外间隙

太高将造成管子炸裂;续流太小产气过少,管内气压太低不足以熄弧。故排气式避雷器熄灭工频续流有上下限的规定,通常在型号中注明。例如 GXS $- \dfrac{u_N}{I_{\min} - I_{\max}}$, u_N 是额定工作电压,$I_{\min}$、$I_{\max}$ 是熄弧电流(有效值)上、下限。使用时必须核算安装处在各种运行情况下短路电流最大值与最小值,排气式避雷器的上下限熄弧电流应分别大于和小于短路电流的最大值和最小值。

排气式避雷器的熄弧能力还与管子材料、内径和内间隙大小有关。管的内径越小,电弧和管壁就越容易接触,即越容易产生气体。所以缩小管的内径可以使管型避雷器的下限电流降低,但此时上限电流也随之降低。

（3）优缺点

如前所述,排气式避雷器的熄弧能力比保护间隙要强,但它具有和保护间隙同样的缺点,即伏秒特性较陡且放电分散性较大,不易与被保护电气设备实现合理的绝缘配合。同时,排气式避雷器动作后工作导线直接接地形成截波,对变压器纵绝缘不利。此外,其放电特性受大气条件影响较大,因此排气式避雷器目前只用于线路保护、发电厂和变电所进线段保护。

4. 阀式避雷器

在变电所和发电厂大量使用的是阀式避雷器,它相对于排气式避雷器来说在保护性能上有重大改进,是电力系统中广泛采用的主要防雷保护设备。阀式避雷器的保护特性是决定高压电气设备绝缘水平的基础。它分普通型和磁吹型两大类。普通型有 FS 型和 FZ 型;磁吹型有 FCZ 型和 FCD 型。

1）普通型阀式避雷器

（1）结构与元件作用原理

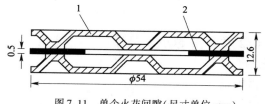

图 7.11　单个火花间隙(尺寸单位:mm)
1-黄铜电极;2-云母垫圈

阀式避雷器由火花间隙和非线性电阻两个基本部件组成。

①火花间隙。普通型阀式避雷器的火花间隙由许多如图 7.11 所示的单个间隙串联而成,单个间隙的电极由黄铜冲压而成,二电极以云母垫圈隔开形成间隙,间隙距离为 0.5～1.0mm。由于电极之间的电场接近均匀电场,而且在过电

压的作用下云母垫圈与电极之间的空气缝隙中还会发生局部放电,对间隙提供了光辐射使间隙的放电时间缩短。因此火花间隙的伏秒特性比较平缓,放电分散性也较小,有利于实现绝缘配合。单个间隙的工频放电电压约为 2.7 ~ 3.0kV(有效值)。

一般由若干个火花间隙形成一个标准组合件,然后再把几个标准组合件串联在一起,就构成了阀式避雷器的全部火花间隙。这种结构方式的火花间隙除了伏秒特性较平缓外,还有另一方面的好处,就是易于切断工频续流。在避雷器动作后,工频续流被许多单个间隙分割成许多短弧,利用短间隙的自然熄弧能力使电弧熄灭。短弧还具有工频电流过零后不易重燃的特性,所以提高了避雷器间隙绝缘强度的恢复能力。试验表明,间隙工频续流需限制在 80A 以下,以免电极产生热电子发射,此时单个间隙的绝缘强度可达 250V。

图 7.12 间隙上并联分路电阻

因为阀式避雷器的间隙是由许多单个间隙串联而成的,所以间隙串联后将形成一等值电容链,由于间隙各电极对地和对高压端有寄生电容存在,故电压在间隙上的分布是不均匀的,这会使每个火花间隙的作用得不到充分发挥,减弱了避雷器的熄弧能力,它的工频放电电压也会降低。为了解决这个问题,可在每组间隙上并联一个分路电阻,如图 7.12 所示。在工频电压和恢复电压作用下,间隙电容的阻抗很大,而分路电阻阻值较小,故间隙上的电压分布将主要由分路电阻决定,因分路电阻阻值相等,故间隙的电压分布均匀,从而提高了熄弧电压和工频放电电压。在冲击电压作用下,由于冲击电压的等值频率很高,电容的阻抗小于分路电阻,间隙上的电压分布主要取决于电容分布,又由于间隙对地和瓷套寄生电容的存在,使电压分布很不均匀,因此其冲击放电电压较低,避雷器的冲击放电电压低于单个间隙放电电压的总和,冲击系数一般为 1 左右,甚至小于 1,从而改善了避雷器的保护性能。

采用分路电阻均压后,在系统工作电压作用下,分路电阻中长期有电流流过,因此,分路电阻必须有足够的热容量,通常采用非线性电阻,其优点主要是热容量大和热稳定性好。其伏安特性为:

$$u = C_{\mathrm{S}} i^{-a_{\mathrm{s}}} \tag{7.6}$$

式中:C_{S}——取决于材料的常数;

a_{s}——非线性系数,为 0.35 ~ 0.45。

FS 型的配电系统用避雷器的间隙无并联电阻。

②非线性阀片电阻。它由金刚砂(SiC)和结合剂烧结而成,呈圆盘状,其直径为 55 ~ 105mm。阀片的电阻值随流过电流的大小而变化,其伏安特性如图 7.13 所示。亦可用下式表示:

$$u = Ci^a \tag{7.7}$$

式中:C——常数;

a——非线性系数。普通型阀片的 a 一般在 0.2 左右,a 越小,说明阀片的非线性程度越高,性能越好。

阀片电阻的作用主要是利用它的阀性来限制雷电流下的残压。前已述及,如果避雷器只有火花间隙,当截断冲击电压波以后,将会出现对绝缘不利的截波,而且工频续流就是导致直接接地的短路电

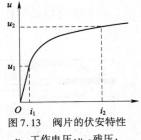

图 7.13 阀片的伏安特性
u_1-工作电压;u_2-残压;
i_1-工频续流;i_2-雷电流

流,难以自行熄灭。在火花间隙中串入电阻以后可限制工频续流以利熄弧。但如果电阻过大,当雷电流通过时其端部残压会过高,数值过高的残压作用在被保护的电气设备上,同样会破坏绝缘。采用非线性阀片电阻有助于解决这一矛盾。在雷电流的作用下,由于电流甚大,阀片工作在低阻值区域,因而使残压降低;当工频续流流过时,由于电压相对较低,阀片工作在阻值高的区域,因而限制了电流。由此可见,阀片电阻使雷电流顺利流过而又阻止工频续流,阀门的特性起自动节流的作用,这就是阀式避雷器的名称由来。显而易见,阀片电阻的非线性程度越高,其保护性能越好。

阀片电阻的另一个重要参数是通流容量,它表示阀片通过电流的能力。我国规定普通型阀片的通流容量为波形 $20/40\mu s$、幅值 5kA 的冲击电流和幅值 100A 的工频半波各 20 次。这是因为根据实测统计,在有关规程建议的防雷结构的 35 ~ 220kV 变电所中,流经阀式避雷器的雷电流超过 5kA 的概率是非常小的,因此我国对 35 ~ 220kV 的阀式避雷器以 5kA 作为设计依据,此类电网的电气设备的绝缘水平也以避雷器 5kA 下的残压作为绝缘配合的依据;对 330kV 及更高的电网,由于线路绝缘水平较高,雷电侵入波的幅值也高,故流过避雷器的雷电流较大,但一般不超过 10kA,我国规定取 10kA 作为计算标准。由于普通型阀式避雷器阀片的通流容量与直击雷雷电流相差甚远,因此不宜用作线路防雷保护,一般只用于发电厂和变电所中。

（2）工作原理

在系统正常工作时,间隙将电阻阀片与工作母线隔离,以免工作电压在阀片电阻中产生电流使阀片烧坏。由于采用电场比较均匀的间隙,因此其伏秒特性曲线较平,放电分散性较小,能与变压器绝缘的冲击放电特性很好配合。当系统中出现过电压且其幅值超过间隙放电电压时,间隙击穿,冲击电流通过阀片流入大地,从而使设备得到保护。由于阀片的非线性特性,其电阻在流过大的冲击电流时变得很小,故在阀片上产生的残压将得到限制,使其低于被保护设备的冲击耐压,设备就得到了保护;当电压消失后,间隙中由工作电压产生的工频续流仍将继续流过避雷器,此续流是在工频恢复电压作用下,其值较冲击电流小,使间隙能在工频续流第一次经过零值时就将电弧切断。以后,间隙的绝缘强度能够耐受电网恢复电压的作用而不会发生重燃。这样,避雷器从间隙击穿到工频续流的切断不超过半个周期,而且工频续流数值也不大,继电保护来不及动作,系统就已恢复正常。

（3）电气参数

阀式避雷器的主要电气参数如下:

①额定电压 u_N。避雷器两端子间允许的最大工频电压的有效值。

②灭弧电压。指避雷器保证能够在工频续流第一次经过零值时灭弧的条件下允许加在避雷器上的最高工频电压。灭弧电压应当大于避雷器工作母线上可能出现的最高工频电压,否则将不能保证续流灭弧而使阀片烧坏,酿成事故。工作母线上可能出现的最高电压与系统运行方式有关,根据实际运行经验并从安全的角度考虑,系统中会出现已经存在单相接地故障、非故障相的避雷器又发生放电的情况。因此单相接地时非故障相电压就成为可能出现的最高工频电压,避雷器的灭弧电压应当高于这个数值。

计算表明,发生单相接地时非故障相的电压在中性点直接接地的系统中可达工作线电压的 80%,在中性点不接地(包括经消弧线圈接地)的系统中可达工作线电压的 100% ~ 110%。

当选用避雷器时,对 110kV 及以下的中性点不接地系统,灭弧电压取为系统最大工作线电压的 100% ～ 110%;对 110kV 及以上的中性点直接接地系统,则取最大工作线电压的 80%。

③工频放电电压。指在工频电压作用下,避雷器将发生放电的电压值。由于间隙击穿的分散性,它都是给出一个下限范围以供选择使用。指明避雷器工频放电电压的上限值(不大于),使用户了解如工频电压超过这一数值时此避雷器将会击穿放电;指明下限值,使用户了解在低于它的工频电压作用下,避雷器不会击穿放电。

避雷器的工频放电电压不能太高,因为避雷器间隙的冲击系数是一定的。工频放电电压太高意味着冲击放电电压也高,将使避雷器的保护性能变弱;工频放电电压也不能太低,这是因为工频放电电压太低就意味着灭弧电压太低,将不能可靠地切断工频续流。普通型阀式避雷器不允许在内过电压下动作,工频放电电压太低还意味着有可能在内过电压下动作,导致避雷器爆炸。在 35kV 以下中性点不直接接地电网和 110kV 及以上中性点直接接地电网中,通常内过电压分别不超过 3.5 倍和 3.0 倍最大工作相电压,因此,为防止避雷器在内过电压下动作,35kV 及以下和 110kV 及以上的避雷器的工频放电电压应分别大于系统最大工作相电压的 3.5 倍和 3.0 倍。

④冲击放电电压。指在预放电时间为 1.5 ～ 20μs 的冲击放电电压。它应低于被保护设备绝缘的冲击击穿电压才能起到保护作用。我国生产的避雷器其冲击放电电压与 5kA(对 330kV 为 10kA)下的残压基本相同。

⑤残压。雷电流通过避雷器时在阀片电阻上产生的压降叫避雷器的残压。在防雷计算中以 5kA 下的残压作为避雷器的最大残压。残压对于出现在被保护设备上的过电压有着直接影响,根据阀式避雷器的工作原理可知,避雷器放电以后就相当于以残压突然作用到被保护设备上,因此避雷器残压越低则保护性能就越好。为了降低被保护设备的冲击绝缘水平,必须同时降低避雷器的冲击放电电压和残压。

⑥保护比。避雷器残压与灭弧电压(幅值)之比叫避雷器的保护比。保护比越小,说明残压越低或灭弧电压越高,这样的避雷器显然保护性能越好。普通型阀式避雷器的保护比约为 2.3 ～ 2.5,磁吹型阀式避雷器约为 1.7 ～ 1.8。

⑦直流电压下电导电流。指避雷器在直流电压作用下测得的电导电流,它可以判断间隙分路电阻的性能。电导电流太小,意味着分路电阻值太大,均压效果减弱;电导电流太大,意味着分路电阻太小,在工作电压作用下流经分路电阻的电流增大,发热较多易烧毁,故电导电流也必须在一定范围之内。

2)磁吹型阀式避雷器(磁吹避雷器)

为了改善阀式避雷器的保护特性,在普通型基础上发展出了磁吹型阀式避雷器。与普通型相比较,它具有更高的熄弧能力和较低的残压,因此它适宜用于电压等级较高的变电所电气设备的保护以及绝缘水平较弱的旋转电机的保护。

磁吹避雷器的原理和基本结构与普通型避雷器相同,主要区别在于采用了磁吹式火花间隙。它也是由许多单个间隙串联而成的,但它是利用磁场对电弧的电动力,迫使间隙中的电弧加快运动并延伸,使间隙的去游离作用增强,从而提高了灭弧能力。单个火花间隙的基本结构和电弧运动如图 7.14 所示,火对电极间的电弧(图中虚线所示)产生的电动力 F 使其拉长,电弧最终进入灭弧栅中,可拉长到起始长度的数十倍。灭弧栅由陶瓷或云母玻璃制成,电弧在其中受到强烈去游离而熄灭,使间隙绝缘强度迅速恢复。单个间隙的工频放电电压约 3kV,可以切断 450A 左右的工频电流。

由于电弧被拉长,电弧电阻明显增大,还可以起到限制工频续流的作用,因而这种火花间隙又称为限流间隙。计入电弧电阻的限流作用就可以适当减少阀片电阻的数目,这样又能降低避雷器的残压。

间隙中电弧受到的 N、S 磁极的磁场是依靠工频续流自身产生的。办法就是在间隙串联回路中增加磁吹线圈,在工频电流作用下可产生磁场,其原理如图 7.15 所示。增加磁吹线圈以后,在冲击电流作用下线圈上会产生压降,此压降增大了避雷器残压,为了避免这种情况,又将磁吹线圈并联一个辅助间隙,如图 7.15 中辅助间隙 2。当冲击电流流过时,由于频率高,线圈两端的电压降会使辅助间隙击穿,使磁吹线圈短路,放电电流经过辅助间隙、主间隙和阀片电阻而进入大地,从而使避雷器仍保持有较低的残压;对于工频续流,磁吹线圈的压降不足以维持辅助间隙放电,电流仍自线圈中流过并发挥磁吹作用。

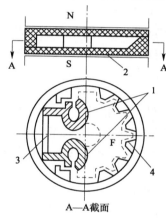

图 7.14　磁吹式火花间隙
1-间隙电极;2-灭弧盒;3-并联电阻;4-灭弧栅

图 7.15　磁吹避雷器
1-主间隙;2-辅助间隙;3-磁吹线圈;
4-阀片电阻;5-工作母线

磁吹避雷器的阀片电阻也是用碳化硅原料烧结而成,与普通阀片电阻相比,它是在高温下焙烧的,通流容量大,但非线性系数 a 较高,约等于 0.24。

3)金属氧化物避雷器

金属氧化物避雷器(MOA)也称为氧化锌避雷器,是 20 世纪 70 年代开始出现的新一代避雷器,它的非线性电阻阀片主要成分是氧化锌;另外还有氧化铋及一些其他的金属氧化物,经过煅烧混料、造粒、成型、表面处理等工艺过程而制成。它的结构非常简单,仅由相应数量的氧化锌阀片密封在瓷套内组成。

(1)氧化锌阀片的伏安特性

氧化锌阀片较之碳化硅阀片有非常优异的伏安特性。两者比较如图 7.16 所示。图中曲线表示 10kA 下残压 $U_{c=10}$ 相同的两种避雷器,在相同工作电压 U_N 下,SiC 阀片中电流有 100A,而 ZnO 阀片中的电流却只有几十微安。也就是说,在工作电压下氧化锌阀片实际上相当于一个绝缘体,金属氧化物避雷器可以不用串联间隙隔离阀片电阻。氧化锌阀片的伏安特性如

图7.17所示。伏安特性可分3个典型区域:区域Ⅰ是小电流区,电流在1mA以下,非线性系数 a 较高,约为0.2,故曲线较陡峭,在正常运行电压下,氧化锌阀片工作于此小电流区;区域Ⅱ为工作电流区,电流在 $1 \times 10^{-3} \sim 3 \times 10^{3} A$,非线性系数大大降低,$a$ 为 $0.02 \sim 0.04$,此区域内曲线较平坦,呈现出理想的非线性关系,所以此区域也称为非线性区。区域Ⅲ为饱和电流区,随电压的增加电流增长不快,a 约为0.1,非线性减弱。

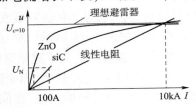

图7.16 两种阀片的伏安特性比较

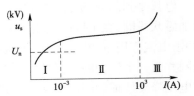

图7.17 氧化锌阀片的伏安特性

(2)金属氧化物避雷器的特点

与碳化硅阀型避雷器相比,金属氧化物避雷器有其明显的优点:

①保护性能好。虽然10kA雷电流下残压目前仍与碳化硅阀型避雷器相同,但后者串联间隙要等到电压升至较高的冲击放电电压时才可将电流泄放,而金属氧化物避雷器在整个过电压过程中都有电流流过,电压还未升至很高数值之前不断泄放过电压的能量,这对抑制过电压的发展是有利的。

由于没有间隙,金属氧化物避雷器在陡波头下伏秒特性上翘要比碳化硅阀型避雷器小得多,这样在陡波头下的冲击放电电压的升高也小得多。金属氧化物避雷器的这种优越的陡波响应特性(伏秒特性),对于具有平坦伏秒特性的 SF_6 气体绝缘变电所(GIS)的过电压保护尤为合适,易于绝缘配合,增加安全裕度。

②无续流和通流容量大。金属氧化物避雷器在过电压作用之后,流过的续流为微安级,可视为无续流,它只吸收过电压能量,不吸收工频续流能量,这不仅减轻了其本身的负载,而且对系统的影响甚微。再加上阀片通流能力要比碳化硅阀片大 $4 \sim 4.5$ 倍,又没有工频续流引起串联间隙烧伤的制约,金属氧化物避雷器的通流能力很大,所以金属氧化物避雷器具有耐受重复雷、重复动作的操作过电压或一定持续时间短过电压的能力。并且可通过并联阀片或整只避雷器并联的方法来进一步提高避雷器的通流能力,制成特殊用途的重载避雷器,用于长电缆系统或大电容器组的过电压保护。

③无间隙。无间隙可以大大改善陡度响应,提高吸收过电压的能力,以及可采用阀片并联以进一步提高通流容量;可以大大缩减避雷器尺寸和质量;可以使运行维护简化;可以使避雷器有较好的耐污秽和带电水冲洗的性能,有间隙的阀式避雷器瓷套在严重污秽或在带电水冲洗时,由于瓷套表面电位分布的不均匀或发生局部闪络,通过电容耦合,使瓷套内部间隙放电电压降低,甚至可能在工作电压下动作时因不能熄弧而爆炸。

无间隙还可以使避雷器易于制成直流避雷器。因为直流续流不像工频续流那样会自然过零,而对于金属氧化物避雷器,当电压恢复到正常时,其电流非常小,所以只要改进阀片电阻的配方以使其能长期承受直流电压作用,就可以制成直流避雷器。

由于金属氧化物避雷器具有碳化硅阀型避雷器所没有的优点,使得其在电力系统中应用越来越广泛,特别是超高压电力设备的过电压保护和绝缘配合已完全取决于金属氧化物避雷器的性能。

四、防雷接地

1. 接地与防雷接地

所谓接地,就是把设备与电位参照点的地球做电气上的连接,使其对地保持一个低的电位差。其办法是在大地表面土层中埋设金属电极,这种埋入地中并直接与大地接触的金属导体,叫作接地体,有时也称为接地装置。

接地按其目的可分为4种:

(1)工作接地:为了电力系统运行的需要,将电网某一点接地,其目的是为了稳定对地电位与继电保护上的需要。

(2)保护接地:为了保护人身安全,防止因电气设备绝缘劣化使得外壳可能带电而危及工作人员安全。

(3)静电接地:在可燃物场所的金属物体,蓄有静电后往往易爆发火花,以致造成火灾。因此要对这些金属物体(如储油罐等)接地以消除静电。

(4)防雷接地:导泄雷电流,以消除过电压对设备的危害。

我们知道,避雷针或避雷器因雷击而动作时,幅值极高的雷电流将经避雷针或避雷器及其接地装置而流入大地,如果接地装置不符合要求,接地电阻 R 过大,被击物(如避雷针、避雷线等)仍将会有很高电位,以致被保护设备有可能遭到反击,因此防雷接地装置起着十分重要的作用。

2. 冲击电流流经接地装置入地时的基本现象

(1)土壤中的电位分布

当接地装置流过电流时,电流从接地体向周围土壤流散,由于大地并不是理想的导体,它具有一定的电阻率,接地电流将沿大地产生电压降。在靠近接地体处,电流密度和电位梯度最大,距接地体越远,电流密度和电位梯度也越小,一般接地装置约在 $20\sim40m$ 处电位便趋于零。电位分布曲线如图7.18所示。

接地点电位 u 与接地电流 i 的关系服从欧姆定律,即 $u=iR$,R 称为接地体的接地电阻,根据接地电流的性质,有冲击电流或工频电流,接地电阻 R 可分别称为冲击接地电阻或工频接地电阻。当 i 为定值时,接地电阻越小,电位 u 越低,反之就越高,这时地面上的接地物也具有了电位 u。由于接地点电位 u 的升高,有可能引起与其他带电部分间绝缘的闪络,也有可能引起大的接触电压和跨步电压,从而不利于电气设备的绝缘以及人身的安全,这就是为什么要力求降低接地电阻的原因。

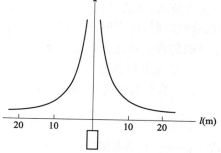

图7.18 接地装置在地表面电位分布

(2)土壤中的电场强度

当冲击电流流经接地装置时,在接地装置附近的土壤中出现了很大的电流密度,因而在接地装置附近的土壤中产生很大的电场强度,土壤中的电场强度 E 由下式决定:

$$E=\delta\rho \tag{7.8}$$

式中:δ——冲击电流在土壤中的密度;

ρ——土壤电阻率。

当土壤中的电场强度大于 $3\sim6\text{kV/m}$ 时,土壤中就可能产生火花击穿,出现火花击穿后,此部分土壤的电阻率就大为降低而成为良好的导体,因而接地装置好像被良好的导电介质包围一样,其作用相当于扩大了接地装置的直径,这样就会使接地装置流过冲击电流时的冲击接地电阻低于流过工频接地电阻。

从式(7.8)可知,冲击电流越大(即 δ 越大)、土壤电阻率越大,则土壤中的电场强度也越大,土壤中的火花击穿程度越激烈,冲击接地电阻下降得就越多。

(3)接地装置的电感效应及利用率

当工频电流流经接地装置时,由于电流频率不高,接地装置的利用程度最高;当冲击电流流经接地装置时,由于电流变化很快,接地装置本身电感的作用不能再被忽略。其分布电感阻碍了电流流经接地装置较远的部分,此时冲击电流在接地装置全部长度上的电流扩散密度是不相同的,这使接地装置的利用程度降低,使冲击接地电阻增加,接地装置的长度越长,则电感的效应越显著,冲击接地电阻增加越多,因此对于水平敷设的伸长接地体,为了得到在冲击电流作用下较好的接地效果,要求单根水平敷设的伸长接地体的长度有一定限制。

综上所述,流经冲击电流时接地装置的接地电阻 R_{ch} 与雷电流幅值、土壤电阻率和接地装置的长度及其结构形状有关。通常将冲击接地电阻 R_{ch} 与工频接地电阻 R_{G} 之比值 a_{ch} 称为接地装置的冲击系数,由于考虑到雷电流幅值大,土壤中便会发生局部火花放电,使土壤电导率增加,接地电阻减小,所以 a_{ch} 值一般小于1,但由于雷电流频率高,对于伸长接地装置因有电感效应,阻碍电流向接地体远端流去,故冲击系数可能大于1。

3. 防雷接地装置的形式及其电阻估算方法

1)接地装置的形式

接地装置一般可分为人工接地装置和自然接地装置。人工接地装置有水平接地、垂直接地以及既有水平又有垂直的复合接地装置。水平接地一般是作为变电所和输电线路防雷接地的主要方式;垂直接地一般作为集中接地方式,如避雷针、避雷线的集中接地;在变电所和输电线路防雷接地中有时还采用复合接地装置。对钢筋混凝土杆、铁塔基础、发电厂、变电所的构架基础等我们称之为自然接地装置。

2)接地电阻估算公式

(1)单个垂直接地体的工频接地电阻 R_{CG} 在 $l\gg d$ 时:

$$R_{\text{CG}}=\frac{\rho}{2\pi\cdot l}\ln\frac{4l}{d} \tag{7.9}$$

式中:ρ——土壤电阻率,$\Omega\cdot\text{m}$;

l——接地体的长度,m;

d——接地体的直径,m;当采用扁钢时,$d=b/2$,b 是扁钢宽度;当采用角钢时,$d=0.84b$,b 是角钢每边宽度。

(2)单个水平接地体的工频接地电阻 R_{PG}:

$$R_{\text{PG}}=\frac{\rho}{2\pi\cdot l}\left(\ln\frac{l^2}{dh}+A\right) \tag{7.10}$$

式中:h——水平接地体埋设深度,m;

　　　A——形状系数。

表7.1列出了不同形状水平接地体的 A 值,它反映了因受屏蔽影响而使接地电阻变化的系数。

水平接地体形状系数 A 表7.1

序号	1	2	3	4	5	6	7	8
接地体形式	—	L	人	○	+	□	※	✳
形状系数 A	0	0.38	0.48	0.87	1.69	2.14	5.27	8.18

(3)单个接地体的冲击接地电阻 R_{ch}:

$$R_{ch} = a_{ch}R_G \tag{7.11}$$

式中:R_G——工频接地电阻;

　　　a_{ch}——接地装置的冲击系数。

(4)钢筋混凝土杆的自然接地电阻

高压输电线路在每一杆塔下一般都设有接地装置,并通过引线与避雷线相连,其目的是使击中避雷线的雷电流通过较低的接地电阻而进入大地。高压线路杆塔的钢筋混凝土基础的电阻 R 计算用式(7.9)乘系数 k,一般 k 取 1.4,即:

$$R = 1.4R_{CG} \tag{7.12}$$

式中:R_{CG}——垂直工频接地体的电阻。

大多数情况下单纯依靠自然接地电阻是不能满足要求的,需要装设人工接地装置。我国有关标准规定线路杆塔接地电阻如表7.2所示。

装有避雷线的线路杆塔工频接地电阻值(上限) 表7.2

土壤电阻率 $\rho(\Omega \cdot m)$	工频接地电阻(Ω)	土壤电阻率 $\rho(\Omega \cdot m)$	工频接地电阻(Ω)
100 及以下	10	1000 ~ 2000	25
100 ~ 500	15	2000 以上	30
500 ~ 1000	20		

注:或敷设 6 ~ 8 根总长不超过 500m 的放射线,或用两根连续伸长接地体,限制不做规定

(5)复式接地体的冲击接地电阻

由于复式接地装置各个接地体之间的相互屏蔽作用,会使接地装置的利用情况较差,图 7.19 表示 3 根垂直接地体组成的接地装置的电流分布示意图,由图可知,相互的屏蔽作用妨碍了每个接地体向土壤中扩散电流,因此复式接地装置的总冲击电导并不等于各个接地体冲击电导之和,而比之要小一些,其影响可用冲击利用系数 η_{ch} 来表示。

由 n 根等长水平放射形接地体组成的接地装置,其冲击接地电阻 R'_{ch} 可按下式计算:

$$R'_{ch} = \frac{R_{ch}}{n} \times \frac{1}{\eta_{ch}} \tag{7.13}$$

式中:η_{ch}——冲击利用系数;

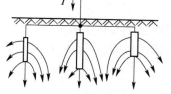

图7.19　三根接地极组成的接地装置的电流分布

R_{ch}——每根水平放射形接地体的冲击接地电阻。

$$R''_{ch} = \frac{\dfrac{R_{c \cdot ch}}{n} \times R_{P \cdot ch}}{\dfrac{R_{c \cdot ch}}{n} + R_{P \cdot ch}} \times \frac{1}{\eta_{ch}}$$

（7.14）

式中：$R_{c \cdot ch}$——每根垂直接地体的冲击接地电阻；

$R_{P \cdot ch}$——水平接地体的冲击接地电阻；

η_{ch}——冲击利用系数。

一般，η_{ch} 小于 1，在 0.65 ~ 0.8 之间取值。

（6）伸长接地体

在土壤电阻率较高的岩石地区，为了减小接地电阻，有时需要加大接地体的尺寸，主要是增加水平埋设的扁钢的长度，通常称这种接地体为伸长接地体。由于雷电流等值频率高，对接地体自身的电感将会产生很大影响。通常，伸长接地体只是在 40 ~ 60m 的范围内有效，超过这一范围，接地阻抗基本上不再变化。

4. 发电厂和变电所的防雷接地

发电厂和变电所内需要有良好的接地装置以满足工作、安全和防雷保护的接地要求。一般的做法是根据安全和工作接地要求敷设一个统一的接地网，然后再在避雷针和避雷器下面增加接地体以满足防雷接地的要求。

接地网由扁钢水平连接，埋入地下 0.6 ~ 0.8m 处，其面积 S 大体与发电厂和变电所的面积相同，如图 7.20 所示。这种接地网的总接地电阻 R 可按下式估算：

$$R = \frac{0.44\rho}{\sqrt{S}} + \frac{\rho}{L} \approx 0.5 \frac{\rho}{\sqrt{S}}$$

（7.15）

式中：ρ——土壤电阻率；

L——接地体（包括水平的与垂直的）总长度，m；

S——接地网的总面积，m^2。

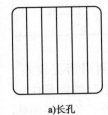

a) 长孔　　　　b) 方孔

图 7.20　接地网示意图

接地网构成网孔形的目的，主要在于均压，接地网中两水平接地带之间的距离，一般取为 3 ~ 10m，然后校核接触电位和跨步电位后再予以调整。

土壤是由无机物、有机物颗粒及水分等基本成分组成，干燥的土壤及纯净的水的电阻率都是极高的，但是，由于土壤含有少量酸碱盐类物质，它们溶于水中形成电解液而影响了土壤的整个导电性能，所以土壤电阻率主要取决于其化学成分及湿度大小。计算防雷接地装置所采用的土壤电阻率 ρ 应取雷季中最大可能的数值，一般按下式计算：

$$\rho = \rho_0 \varphi$$

（7.16）

式中：ρ_0——雷季中无雨水时所测得的土壤电阻率；

φ——考虑土壤干燥程度所取的季节系数，见表 7.3。

防雷接地装置土壤电阻率的季节系数　　　　　　　　　　表 7.3

埋深（m）		0.5	0.8～1.0	2.5～3.0	注：计算土壤电阻率时土壤比较
φ	水平接地体	1.4～1.8	1.25～1.45	1.0～1.1	干燥采用表中较小值；比较潮湿则
	2～3m 垂直接地体	1.2～1.4	1.3～1.5	1.0～1.1	应采用较大值

五、输电线路的大气雷电感应过电压

在整个电力系统防雷中，输电线路的防雷问题最为突出。这是因为输电线路一般很长，地处旷野，又往往是地面上最高耸的物体，因此极易遭受雷击。计算表明：在 100m 长，平均高度 8m 的输电线路中，每年平均受雷击次数约为 4.8 次。又根据运行经验，电力系统中的停电事故几乎有一半之多是由雷击线路造成的。此外，雷击线路时自线路侵入发电厂、变电所的雷电波也是威胁发电厂、变电所的主要因素。因此，提高输电线路的防雷性能，不仅直接提高了供电的可靠性，而且还能保护发电厂、变电所的电气设备，使之能安全可靠运行。

输电线路防雷性能的优劣，主要通过两个指标来衡量：一是耐雷水平，即雷击线路绝缘不发生闪络的最大雷电流幅值，以千安（kA）为单位，低于耐雷水平的雷电流击于线路不会引起闪络，反之，则将发生闪络；二是雷击跳闸率，即每 100m 线路每年由雷击引起的跳闸次数，这是衡量线路防雷性能的综合指标。显然，雷击跳闸率越低，说明线路防雷性能越好。

虽然，输电线路的防雷是十分重要的，但在目前还不可能要求线路绝对防雷。对各种线路究竟采用什么防雷措施，仍需综合多方面考虑，一般可以从线路通过地区雷电活动强弱、该线路的重要性以及防雷设施投资与提高线路耐雷性能所得到的经济效益等因素综合考虑。总之，通过一系列的措施以提高输电线路的耐雷水平和降低雷击跳闸率以达到人们所能接受的程度。

输电线路上出现的大气过压一般有两种：感应雷过电压和直击雷过电压。运行经验表明，直击雷过电压对电力系统的危害更大，因此掌握输电线路直击雷过电压的计算以及它们的耐雷水平和雷击跳闸率的计算是十分重要的，同时要求掌握输电线路的防雷措施。

1. 雷击线路附近大地时线路上的感应过电压

1）感应过电压的产生

当雷电击于线路附近大地时，由于雷电通道周围空间电磁场的急剧变化，会在线路上产生感应过电压，它包括静电和电磁两个分量，感应过电压的形成如图 7.21 所示。

在雷云放电的起始阶段，存在着向大地发展的先导放电过程，线路处于雷云与先导通道的电场中，由于静电感应，沿导线方向的电场强度分量 E_X 将导线两端与雷云异号的正电荷吸引到靠近先导通道的一段导线上成为束缚电荷，导线上的负电荷则由于 E_X 的排斥作用而使其向两端运动，经线路的泄漏电导和系统的中性点而流入大地，见图 7.21a）。导线上正电荷产生的电场在导线高度处被先导通道的负电荷产生的电场所抵消。因为先导通道发展速度不大，所以导线上电荷的运动也很缓慢，由此而引起的导线中的电流很小，同时由于导线对地泄漏电导的存在，导线电位将与远离雷云处的导线电位相同。

当雷云对线路附近的地面 O 点形成主放电时，先导通道中的负电荷被迅速中和，先导通道所产生的电场迅速降低使导线上的束缚面电荷得到释放，沿导线向两侧运动形成感应雷过

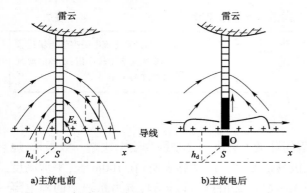

a)主放电前　　　　b)主放电后

图 7.21　感应雷过电压形成示意图

电压,见图 7.21b)。这种由于先导通道中电荷所产生的静电场突然消失而引起的感应电压称为感应过电压的静电分量。同时,雷电主放电通道中雷电流在通道周围空间建立了强大的磁场,其中一部分磁力线会穿链导线—大地回路,因而在导线上感应出高电压,由于先导通道中雷电流所产生的磁场变化而引起的感应电压称为感应过电压的电磁分量。由于主放电通道中雷电流通常与导线垂直,故感应过电压的电磁分量较小,感应雷过电压基本上由静电分量构成。

2)感应过电压的计算

(1)导线上方无避雷线。当雷击点 O 离开线路的水平距离 $S > 65\text{m}$ 时,则导线上的感应雷过电压最大值 $U_G(\text{kV})$ 可按下式计算:

$$U_G \approx 25\,\frac{Ih_d}{S} \tag{7.17}$$

式中:S——雷击点 O 至线路的水平距离,m;

　　h_d——导线悬挂的平均高度,m;

　　I——雷电流幅值,kA。

感应雷过电压 U_G 的极性与雷电流极性相反。从式(7.17)可知,感应过电压与雷电流幅值 I 成正比,与导线悬挂平均高度 h_d 成正比。h_d 越高则导线对地电容越小,感应电荷产生的电压就越高;感应过电压与雷击点到线路的水平距离 S 成反比,导线离开雷击点 O 越远,感应过电压越小。

由于雷击地面时雷击点的自然接地电阻较大,雷电流幅值 I 一般不超过 100kA,实测证明,感应过电压一般不超过 300~400kV,对 35kV 及以下水泥杆线路会引起一定的闪络事故;对 110kV 及以上的线路,由于绝缘水平较高,所以一般不会引起闪络事故。

感应过电压同时存在于三相导线,故相间不存在电位差,只能引起对地闪络,如果二相或三相同时对地闪络即形成相间闪络事故。

(2)导线上方挂有避雷线。当雷电击于挂有避雷线的导线附近大地时,由于避雷线的屏蔽效应,导线上的感应电荷就会减少,从而降低导线上的感应过电压。在避雷线的这种屏蔽作用下,导线上的感应过电压可用下法求得。

设导线和避雷线的对地平均高度分别为 h_d 和 h_b,若避雷线不接地,则根据式(7.17)可求得避雷线和导线上感应过电压分别为 U_{Gb} 和 U_{Gd}

$$U_{Gb} = 25\,\frac{Ih_b}{S}, \quad U_{Gd} = 25\,\frac{Ih_d}{S}$$

于是 $\dfrac{U_{Gb}}{U_{Gd}} = \dfrac{h_b}{h_d}$,　即 $U_{Gb} = U_{Gd}\dfrac{h_b}{h_d}$

但是避雷线实际上是通过基杆塔接地的,因此必须设想在避雷线上尚有一个 $-U_{Gb}$ 电压,以此来保持避雷线为零电位，由于避雷线与导线间耦合作用，此设想的 $-U_{Gb}$ 将在导线上产生耦合电压 $k_0(-U_{Gb})$，k_0 为避雷线与导线间的几何耦合系数。这样导线上的电位将为：

$$U'_{Gd} = U_{Gd} - k_0 U_{Gb} = U_{Gd}\left(1 - k_0 \frac{h_b}{h_d}\right) \qquad (7.18)$$

式(7.18)表明，接地避雷线的存在，可使导线上的感应过电压由 U_{Gd} 下降到 U'_{Gd}。耦合系数 k_0 越大，则导线上的感应过电压越低。

2. 雷击线路杆塔时导线上的感应过电压

式(7.17)只适用于 $S > 65\mathrm{m}$ 的情况，更近的落雷，事实上将因线路的引雷作用而击于线路。当雷击杆塔或线路附近的避雷线(针)时，由雷电通道所产生的电磁场的迅速变化，将在导线上感应出与雷电流极性相反的过电压。相关规程建议对一般高度(约40m以下)无避雷线的线路，此感应过电压最大值可用下式计算：

$$U_{Gd} = a h_d \qquad (7.19)$$

式中：a——感应过电压系数，kV/m；其数值等于以 kA/μs 计的雷电流平均陡度，即 $a = I/2.6$。

有避雷线时，由于其屏蔽效应，式(7.19)应为：

$$U'_{Gd} = a h_d \left(1 - k_0 \frac{h_b}{h_d}\right) \qquad (7.20)$$

式中：k_0——耦合系数。

六、输电线路的直击雷过电压

输电线路遭受直击雷一般有三种情况：①雷击杆塔塔顶；②雷击避雷线或挡距中央；③雷击导线或绕过避雷线绕击于导线。

我们以中性点直接接地系统中有避雷线的线路为例进行分析，其他线路的分析原则相同。

1. 雷击杆塔塔顶

(1)雷击塔顶时雷电流的分布及等值电路图

雷击塔顶前，雷电通道的负电荷在杆塔及架空地线上感应正电荷；当雷击塔顶时，雷电通道中的负电荷与杆塔及架空地线上的正感应电荷迅速中和形成雷电流，如图7.22a)所示。雷击瞬间自雷击点(即塔顶)有一负雷电流波 i_G 沿杆塔向下运动，另有两个相同的负电流波 $i_b/2$ 分别自塔顶沿两侧避雷线向相邻杆塔运动，与此同时，自塔顶有一正雷电波 i 沿雷电通道向上运动，此正雷电流波的数值与3个负电流波之总和相等，线路绝缘上的过电压即由这几个电流波所引起。

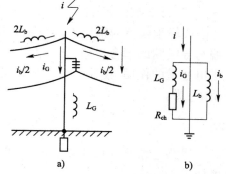

图7.22　雷击塔顶时雷电流分布及等效电路

对于一般高度的杆塔(40m以下)，在工程上常采用图7.22b)的集中参数等值电路进行分析，图中 L_G 为杆塔的等值电感，R_{ch} 为被击杆塔的冲击接地电阻，L_b 为杆塔两侧的一个挡距内避雷线电感的并联值，i 是雷电流。不同类型杆塔的等值电感 L_G 可由表7.4查得。单根避雷线的等值电感 L_b 约为 $0.67l\mu\mathrm{H}$(l 为挡距长度，m)，双根避雷线的 L_b 约为 $0.42l\mu\mathrm{H}$。

杆塔的电感和波阻抗的平均值　　　表7.4

杆塔形式	无拉线水泥杆	有拉线水泥杆	无拉线水泥双杆	铁塔	门形铁塔
避雷线杆塔电感($\mu H/m$)	0.84	0.42	0.42	0.50	0.42
杆塔波阻(Ω)	250	125	125	150	125

（2）塔顶电位

考虑到雷击点的阻抗较低,故在计算中可略去雷电通道波阻的影响。由于避雷线的分流作用,流经杆塔的电流 i_G 小于雷电流 i,可以表示为:

$$i_G = \beta i \tag{7.21}$$

式中:β——分流系数,对于不同电压等级一般长度挡距的杆塔,β 值可由表7.5 查得。

一般长度挡距的线路杆塔分流系数 β　　　表7.5

线路额度电压(kV)	110	220	330	500
避雷线数	1/2	1/2	2	2
β 值	0.90/0.86	0.92/0.88	0.88	0.88

于是塔顶电位 u_{Gt} 可由下式计算:

$$u_{Gt} = R_{ch}i_G + L_G\frac{di_G}{dt} = \beta R_{ch}i + \beta L_G\frac{di}{dt} \tag{7.22}$$

而杆塔横担高度处电位 u_{Gh} 为:

$$u_{Gh} = \beta R_{ch}i + \beta L_G\frac{h_h}{h_G}\frac{di}{dt}$$

式中:h_h——横担对地高度,m;

h_G——杆塔顶对地高度,m。

取 I 为雷电流幅值,有 $\dfrac{di}{dt} = \dfrac{I}{2.6}$,则横担高度处杆塔电位的幅值 U_{Gh} 为:

$$U_{Gh} = \beta I\left(R_{ch} + \frac{L_G}{2.6}\frac{h_h}{h_d}\right) \tag{7.23}$$

（3）导线电位和线路绝缘子串上的电压

当塔顶电位为幅值 U_{Gt} 时,则与塔顶相连的避雷线上也将有相同的电位 U_{Gt};由于避雷线与导线间的耦合作用,导线上将产生耦合电压 kU_{Gt},此电压与雷电流同极性。此外,由于雷电通道的作用,在导线上尚有感应过电压,此电压与雷电流异极性。所以,导线电位的幅值 U_d 为:

$$U_d = kU_{Gt} - ah_d\left(1 - k_0\frac{h_b}{h_d}\right) \tag{7.24}$$

线路绝缘子串上两端电压为杆塔横担高度处电位和导线电位之差,故线路绝缘上的电压幅值 U_J 为:

$$U_J = U_{Gh} - U_d = U_{Gh} - kU_{Gt} + ah_d\left(1 - k_0\frac{h_b}{h_d}\right) \tag{7.25}$$

把式（7.21）、式（7.23）代入式（7.25）,得:

$$U_{\mathrm{J}} = I\left[(1-k)\beta R_{\mathrm{ch}} + \left(\frac{h_{\mathrm{h}}}{h_{\mathrm{G}}} - k \right)\beta \frac{L_{\mathrm{G}}}{2.6} + \left(1 - \frac{h_{\mathrm{b}}}{h_{\mathrm{d}}} k_0 \right)\frac{h_{\mathrm{d}}}{2.6} \right] \tag{7.26}$$

雷击时,导线、地线上电压较高,将出现冲击电晕,k 值应采用电晕修正后的数值。应该指出,式(7.24)表示的导线电位没有考虑线路上的工作电压,事实上,作用在线路绝缘上的电压还有导线上的工作电压,对 220kV 及以下的线路,因其值所占的比重不大,一般可以略去,但对超高压线路,则不可不计,雷击时导线上工作电压的瞬时值及其极性应作为一随机变量来考虑。

(4)耐雷水平

前面说过,雷击时线路绝缘不发生闪络的最大雷电流幅值就是耐雷水平,用 I_1 表示。从式(7.25)看出,当电压 U_{J} 未超过线路绝缘水平,即 $U_{\mathrm{J}} < U_{50\%}$ 时,导线与杆塔之间不会发生闪络,由此可得出雷击杆塔时线路的耐雷水平为:

$$I_1 = \frac{U_{50\%}}{(1-k)\beta R_{\mathrm{ch}} + \left(\dfrac{h_{\mathrm{h}}}{h_{\mathrm{G}}} - k \right)\beta \dfrac{L_{\mathrm{G}}}{2.6} + \left(1 - \dfrac{h_{\mathrm{b}}}{h_{\mathrm{d}}} k_0 \right)\dfrac{h_{\mathrm{d}}}{2.6}} \tag{7.27}$$

需注意,此处的 $U_{50\%}$ 应取绝缘子串中的正极性 50% 冲击放电电压,因为流入杆塔电流大多是负极性的,此时导线相对于塔顶处于正电位,而绝缘子串的 $U_{50\%}$ 在导线为正极性时较低。由式(7.26)可看出,减少接地电阻 R_{ch}、提高耦合系数 k、减小分流系数 β、加强线路绝缘都可以提高线路的耐雷水平。实际上往往以降低杆塔接地电阻 R_{ch} 和提高耦合系数 k 作为提高耐雷水平的主要手段。对一般高度杆塔,冲击接地电阻 R_{ch} 上的压降是塔顶电位的主要成分,因此降低接地电阻可以减小塔顶电位,以提高其耐雷水平;增加耦合系数 k,可以减少绝缘子串上的电压和感应过电压,因此同样可以提高其耐雷水平。

(5)反击的概念

如雷击杆塔时雷电流超过线路的耐雷水平 I_1,就会引起线路闪络,这种由于接地的杆塔及避雷线电位升高所引起的对输电线路放电,称为"反击"。"反击"是一个重要的概念,因为原来被认为接了地的杆塔却带上了高电位,反过来对输电线路放电,把雷电压施加在线路上,并进而侵入变电所。为了减少反击,我们必须提高线路的耐雷水平,相关规程规定,不同电压等级的输电线路,雷击杆塔时的耐雷水平 I_1 不应低于表7.6所列数值。

有避雷线线路的耐雷水平　　　　　　　　　　　　　　　　　　表7.6

额定电压(kV)	35	60	110	220	330	500
耐雷水平(kA)	20 ~ 30	30 ~ 60	40 ~ 75	80 ~ 120	100 ~ 150	125 ~ 175

2. 雷击避雷线挡距中央

(1)等值电路图及雷击点的电压

雷击避雷线挡距中央如图 7.23a)所示,根据雷电流的定义及图 7.23a)可画出等值电路图 7.23b)和图 7.23c),按彼得逊法则可画出等值电路图 7.23d)。对于图 7.23b)有 $u_0 = iZ_0$,比较等值电路与彼得逊等值电路,有 $2u = u_0$,即 $u = \frac{1}{2} u_0 = \frac{1}{2} iZ_0$;最终可得彼得逊等值电路图 7.23e)。由图7.23e)列出彼得逊方程及雷击点 A 的电压 u_{A} 表达式:

$$2\left(\frac{1}{2}iZ_0\right) = i_z Z_0 + u_A, \quad u_A = i_z \frac{Z_b}{2}$$

所以：

$$u_A = i\frac{Z_0 Z_b}{2Z_0 + Z_b} \tag{7.28}$$

式中：i——雷电流。

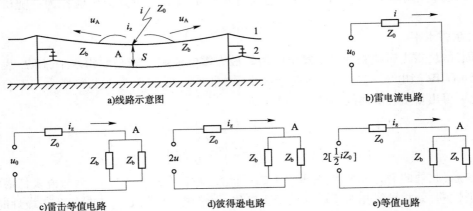

图 7.23　雷击避雷线挡距中央及其等值电路

a)线路示意图　　b)雷电流电路

c)雷击等值电路　　d)彼得逊电路　　e)等值电路

1-避雷线;2-导线;Z_0-雷电通道波阻抗;Z_b-避雷线波阻抗;S-线间气隙;i-雷电流;i_z-A 点的电流

（2）避雷线与导线空气隙 S 所承受的最大电压

雷击点处的电压波 u_A 沿两侧避雷线的相邻杆塔运动，经 $l/(2v_b)$ 时间（l 为挡距长度，v_b 为避雷线中的波速）到达杆塔，由于杆塔的接地作用，在杆塔处将有一负反射波返回雷击点；又经 $l/(2v_b)$ 时间，此负反射波到达雷击点，若此时雷电流尚未到达幅值，即 $2l/(2v_b)$ 小于雷电流波头时间，则雷击点的电位将下降，故雷击点 A 的最高电位将出现在 $t = 2l/(2v_b)$ 即 $t = l/v_b$ 时刻。

若雷电流取为斜角波头，即 $i = at$，则根据式（7.28）以 $t = l/v_b$ 代入可得雷击点的最高电位 U_A，如下式：

$$U_A = a\frac{l}{v_b} \cdot \frac{Z_0 Z_b}{2Z_0 + Z_b} \tag{7.29}$$

由于避雷线与导线间的耦合作用，在导线上将产生耦合电压 kU_A，故雷击处避雷线与导线间的空气隙 S 上所承受的最大电压 U_S 如下式表示：

$$U_S = U_A(1-k) = a\frac{l}{v_b} \cdot \frac{Z_0 Z_b}{2Z_0 + Z_b}(1-k) \tag{7.30}$$

由此可见，U_S 与耦合系数 k、雷电流陡度 a、挡距长度 l 等因素有关。利用式（7.30）并依据空气间隙的抗电强度，可以计算出不发生击穿的最小空气距离 S。经过我国多年运行经验，规程认为如果挡距中央导线、地线间空气距离 S 满足下述经验公式，则一般不会出现击穿事故：

$$S = 0.012l + 1 \tag{7.31}$$

式中：l——挡距长度，m。

对于大跨越挡距,若 l/v_b 大于雷电流波头时间,则相邻杆塔来的负反射波到达雷击点 A 时,雷电流已过峰值,故雷击点的最高电位由雷电流峰值所决定,导线、地线间的距离 S 将由雷击点的最高电位和间隙平均击穿强度所决定。

3. 雷绕过避雷线击于导线或直接击于导线

(1)等值电路图及雷击点的电压

类似前述方法画出彼得逊等值电路图,如图 7.24 所示,于是雷击点 d 的电压 u_d 为:

$$u_d = i \frac{Z_0 Z_d}{2Z_0 + Z_d} \qquad (7.32)$$

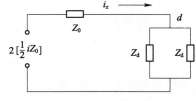

图 7.24　雷击导线等值电路图

按我国有关标准,雷电通道的波阻抗:

$$Z_0 \approx Z_d/2,$$

故:

$$u_d = i \frac{Z_d}{4}$$

一般 Z_d 大约等于 400Ω,所以:

$$u_d \approx 100 \cdot i \qquad (7.33)$$

式中:i——雷电流。

显然导线上电压 u_d 随雷电流 i 的增加而增加,若其幅值超过线路绝缘子串的冲击闪络电压,则绝缘将发生闪络。

(2)耐雷水平

根据式(7.33)计算雷击导线的耐雷水平 I_2,可令 u_d 等于绝缘子串 50% 闪络电压 $U_{50\%}$。即:

$$I_2 \approx \frac{U_{50\%}}{100} \qquad (7.34)$$

根据我国有关标准,35kV、110kV、220kV、330kV 线路的绕击耐雷水平分别为 3.5kA、7kA、12kA 和 16kA,其值较雷击杆塔的耐雷水平小得多。

七、输电线路的雷击跳闸率

在工程设计中用来衡量输电线路的防雷性能的一个综合指标是雷击跳闸率,即每 100km 线路每年因雷击引起的跳闸次数。输电线路落雷时,引起线路跳闸必须要满足两个条件,其一是雷电流超过线路耐雷水平,引起线路绝缘发生冲击闪络,这时,雷电流沿闪络通道入地,但由于时间只有几十微秒,线路开关来不及动作,因此还必须满足第二个条件,即雷电流消失后,沿着雷电通道流过工频短路电流的电弧持续燃烧,线路才会跳闸停电。但是并不是每次闪络都会转化为稳定工频电弧,它有一定的概率,所以还必须研究其建弧的概率,即建弧率的问题。

1. 建弧率

建弧率就是冲击闪络转为稳定工频电弧的概率,用 η 来表示。从冲击闪络转为工频电弧的概率与弧道中的平均电场强度有关,也与闪络瞬间工频电压的瞬时值和去游离条件有关,根

据试验和运行经验,建弧率 $\eta(\%)$ 可用下式表示:

$$\eta = 4.5E^{0.75} - 14 \tag{7.35}$$

式中:E——绝缘子串的平均运行电压梯度,kV(有效值)/m。

对中性点直接接地系统:

$$E = \frac{U_N}{\sqrt{3}(l_J + 0.5l_m)} \tag{7.36}$$

对中性点非直接接地系统:

$$E = \frac{N_N}{2l_J + l_m} \tag{7.37}$$

上两式中:U_N——额定电压,kV(有效值);

$\quad\quad l_J$——绝缘子串闪络距离,m;

$\quad\quad l_m$——木横担线路的线间距离,m;对铁横担和水泥横担,$l_m = 0$。

对于中性点不接地系统,单相闪络不会引起跳闸,只有当第二相导线再发生反击后才会造成相间闪络而跳闸,因此在式(7.36)和式(7.37)中,E 应是线电压梯度,l_m 是相线间距离。实践证明,当 $E \leqslant 6$kV(有效值)/m 时,建弧率很小,所以近似地认为 $\eta = 0$。

2. 有避雷线线路雷击跳闸率的计算

输电线路的雷击跳闸率与线路可能受雷击的次数有密切的关系,对于 110kV 及以上的输电线路,雷击线路附近地面时的感应过电压一般不会引起闪络;而根据国内外的运行经验,在挡距中间雷击避雷线引起的闪络事故也极为罕见。因此,在求 110kV 及以上有避雷线线路的雷击跳闸率时,可以只考虑雷击杆塔和雷绕击于导线两种情况下的跳闸率并求其总和,现分述如下。

1)雷击杆塔时的跳闸率 n_1

雷击杆塔时的跳闸率 n_1,单位是次/(100km·a),可用下式表达:

$$n_1 = NgP_1\eta \tag{7.38}$$

式中:N——每 100km 线路每年(a)落雷次数(雷暴日为 40 的地区),$N = 0.28(b + 4h)$,且有无避雷线时 h 分别为避雷线高度 h_b、导线高度 h_d;

$\quad g$——击杆率,雷击杆塔次数与雷击线路总次数的比称为击杆率,它与避雷线所经过地区地形有关,规程建议击杆率可取表 7.7 中的数值;

$\quad P_1$——雷电流峰值超过雷击杆塔的耐雷水平 I_1 的概率,它可由式(7.26)及式(7.2)计算得出;

$\quad \eta$——建弧率,它可由式(7.35)计算得到。

击 杆 率 g 表7.7

避雷线根数	0	1	2
平原	1/2	1/4	1/6
山区	—	1/3	1/4

2)绕击跳闸率 n_2

雷电绕过避雷线直击于线路的跳闸率 n_2 可由下式表示:

$$n_2 = NP_aP_2\eta \tag{7.39}$$

式中：P_2——雷电流峰值超过绕击耐雷水平 I_2 的概率，它可由式(7.33)和式(7.2)计算得出；

　　　P_a——绕击率。

绕击率即雷电绕过避雷线直击于线路的概率。模拟试验和现场经验证明，绕击概率与避雷线对外侧导线的保护角 α（如图7.7所示）、杆塔高度和线路经过地区的地貌和地质有关，我国有关标准建议用下式计算绕击率 P_a（对平原地区和山区）：

$$\begin{cases} \text{平原}——\lg P_a = \dfrac{a\sqrt{h_G}}{86} - 3.9 \quad 或 \quad P_a = 10^{\frac{a\sqrt{h_G}}{86}-3.9} \\[3mm] \text{山区}——\lg P_a = \dfrac{a\sqrt{h_G}}{86} - 3.35 \quad 或 \quad P_a = 10^{\frac{a\sqrt{h_G}}{86}-3.35} \end{cases} \tag{7.40}$$

式中：a——保护角，度；

　　　h_G——杆塔高度，m。

3）输电线路雷击跳闸率 n

不论雷击杆塔，还是绕过避雷线击于线路，均属于雷击输电线路，因此输电线路雷击跳闸率 n 为：

$$n = n_1 + n_2 = N(gP_1 + P_aP_2)\eta \tag{7.41}$$

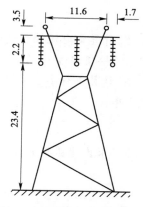

图7.25　例题图(尺寸单位:m)

【例7.1】平原地区220kV双避雷线线路如图7.25所示，避雷线半径 $r = 5.5$mm，导线弧垂12m，避雷线弧垂7m，绝缘子串由 $13 \times X - 4.5$ 组成，其正极性 $U_{50\%}$ 为1200kV，杆塔冲击接地电阻 $R_{ch} = 7\Omega$，求该线路的耐雷水平及雷击跳闸率。

解：(1)根据图7.25尺寸计算避雷线在杆塔上的悬挂端点高 h_G 及横担距地面高 h_h：

$$h_G = 23.4 + 2.2 + 3.5 = 29.1(\text{m})$$
$$h_h = 23.4 + 2.2 = 25.6(\text{m})$$

由导线在绝缘子上的悬挂端点高 $h = 23.4$m，避雷线弧垂 $h' = 7$m，导线弧垂 $h'' = 12$m，计算避雷线和导线对地的平均高度 h_b 和 h_d：

$$h_b = h_G - \frac{2}{3}h' = 29.1 - \frac{2}{3} \times 7 = 24.5(\text{m})$$

$$h_d = h - \frac{2}{3}h'' = 23.4 - \frac{2}{3} \times 12 = 15.4(\text{m})$$

(2)计算双避雷线对外侧导线的耦合系数。避雷线对外侧导线的耦合系数比对中相导线的耦合系数小，线路绝缘的过电压也较为严重，故取作计算条件，双避雷线对外侧导线的几何耦合系数设为 k_0，对照图7.25尺寸得：

$$k_0 = \frac{\ln\dfrac{\sqrt{39.9^2 + 1.7^2}}{\sqrt{9.1^2 + 1.7^2}} + \ln\dfrac{\sqrt{39.9^2 + 13.3^2}}{\sqrt{9.1^2 + 13.3^2}}}{\ln\dfrac{2 \times 24.5}{0.0055} + \ln\dfrac{\sqrt{49^2 + 11.6^2}}{11.6}} = 0.237$$

由 k_0 并考虑电晕，查表7.1得 $k_1 = 1.25$，则耦合系数：

$$k = k_1 k_0 = 1.25 \times 0.237 = 0.296$$

另计算杆塔等值电感及分流系数。查表7.4，铁塔的电感可按 $0.5\mu H/m$ 计算，故得：

$$L_G = 0.5 \times 29.1 = 14.55(\mu H)$$

查表7.5，可得分流系数 $\beta = 0.88$。

（3）计算雷击杆塔时耐雷水平 I_1。根据式（7.26）：

$$I_1 = \frac{U_{50\%}}{(1-k)\beta R_{ch} + \left(\dfrac{h_h}{h_G} - k\right)\beta \dfrac{L_G}{2.6} + \left(1 - \dfrac{h_b}{h_d}k_0\right)\dfrac{h_d}{2.6}}$$

代入数据可得：

$$I_1 = \frac{1200}{(1-0.296) \times 0.88 \times 7 + \left(\dfrac{25.6}{29.1} - 0.296\right) \times 0.88 \times \dfrac{14.5}{2.6} + \left(1 - \dfrac{24.5}{15.4} \times 0.237\right) \times \dfrac{15.4}{2.6}}$$

$$= 110(kA)$$

（4）计算雷绕击于导线时的绕击耐雷水平 I_2。根据式（7.34），代入数据，可得：

$$I_2 = \frac{1200}{100} = 12(kA)$$

（5）计算雷电流幅值超过耐雷水平的概率。根据雷电流幅值概率式（7.2），$P = 10^{-I/88}$，可得雷电流幅值超过 I_1 的概率 $P_1 = 5.6\%$，超过 I_2 的概率 $P_2 = 73.1\%$。

（6）计算击杆率 g、绕击率 P_a 和建弧率 η。查表7.7，得击杆率 $g = 1/6$。按式（7.40），可得绕击率：

$$P_a = 10^{\frac{a\sqrt{h_G}}{86} - 3.9} = 10^{\frac{16.6\sqrt{29.1}}{86} - 3.9} = 0.144\%$$

为了求出建弧率 η，先依据式（7.36）计算 E：

$$E = \frac{220}{\sqrt{3} \times 2.2} = 57.735(kA/m)$$

所以，根据式（7.35）得：

$$\eta = (4.5 \times 57.735^{0.75} - 14)\% = 80\%$$

（7）计算线路跳闸率 n

把 $b = 11.6$；$h = h_b = 24.5$；$g = 1/6$；$P_1 = 5.6\%$；$P_2 = 73.1\%$；$P_a = 0.144\%$；$\eta = 80\%$ 代入 $N = 0.28(b + 4h)$ 及 $n = N(gP_1 + P_aP_2)\eta$ 中得：

$$n = 0.28 \times (11.6 + 4 \times 24.5) \times \left(\frac{1}{6} \times \frac{5.6}{100} + \frac{0.144}{100} \times \frac{73.1}{100}\right) \times \frac{80}{100} = 0.25[次/(100km \cdot a)]$$

八、输电线路的防雷措施

线路雷害事故的形成通常要经历这样几个阶段：首先输电线路要受到雷电过电压的作用，并且线路要发生闪络，然后从冲击闪络转变为稳定的工频电弧，引起线路跳闸，如果在跳闸后不能迅速恢复正常运行，就会造成供电中止。因此，输电线路的防雷措施在许可情况下，要做到"四道防线"，即：①使输电线路不受雷直击；②线路受雷后绝缘不发生闪络；③闪络后不建立稳定的工频电弧;④建立工频电弧后不中断电力供应。在确定输电线路的防雷方式时,还应全面考虑线路的重要程度、系统运行方式、线路经过地区雷电活动的强弱、地形地貌特点、土壤电阻率的高低等条件,结合当地原有线路运行经验,根据技术经济比较的结果因地制宜,采取合理的保护措施。

1. 架设避雷线

避雷线是高压和超高压输电线路最基本的防雷措施,其主要目的是防止雷电直击导线。此外,避雷线还对雷电流有分流作用,减小流入杆塔的雷电流,使塔顶电位下降;对导线有耦合作用,降低雷击杆塔时绝缘子串上的电压;对导线有屏蔽作用,可降低导线上的感应电压。

我国有关标准规定,330kV 及以上输电线路必须全线架设双避雷线;220kV 输电线路应该全线架设双避雷线;110kV 输电线路一般全线架设避雷线,但在少雷区或运行经验证明雷电活动轻微的地区可不沿全线架设避雷线;35kV 及以下线路一般不全线架设避雷线。保护角一般取 20°~30°,330kV 及 220kV 双避雷线线路一般采用 20°左右。现代超高压、特高压线路或高杆塔皆采用双避雷线,杆塔上两根避雷线间的距离不应超过导线与避雷线间垂直距离的 5 倍。

为了降低正常工作时避雷线中电流引起的附加损耗和将避雷线兼作通信用,可将避雷线经小间隙对地绝缘起来,雷击时此小间隙击穿避雷线接地。

2. 降低杆塔接地电阻

对于一般高度的杆塔,降低杆塔接地电阻是提高线路耐雷水平防止反击的有效措施。规程规定,有避雷线的线路,每基杆塔(不连避雷线)的工频接地电阻,在雷季干燥时不宜超过表 7.8 所列数值。

有避雷线输电线路杆塔的工频接地电阻 表 7.8

土壤电阻率(Ω·m)	100 及以下	100~500	500~1000	1000~2000	2000 以上
接地电阻(Ω)	10	15	20	25	30

土壤电阻率低的地区,应充分利用杆塔自然接地电阻,一般认为采用与线路平行的地中伸长地线办法,因其与导线间的耦合作用,可降低绝缘子串上的电压而使耐雷水平提高。

3. 架设耦合地线

在降低杆塔接地电阻有困难时,可采用在导线下方架设地线的措施,其作用是增加避雷线与导线间的耦合作用以降低绝缘子串上的电压。此外,耦合地线还可增加对雷电流的分流作用。运行经验表明,耦合地线对减少雷击跳闸率效果是显著的。

4. 采用不平衡绝缘方式

在现代高压及超高压线路中,同杆架设的双回路线路日益增多,对此类线路在采用通常的防雷措施尚不能满足要求时,还可采用不平衡绝缘方式来降低双回路雷击同跳闸率,以保证不中断供电。不平衡绝缘的原则是使二回路的绝缘子串片数有差异,这样,雷击时绝缘子串片少的回路先闪络,闪络后的导线相当于地线,增加了对另一回路导线的耦合作用,提高了另一回路的耐雷水平,使之不发生闪络以保证另一回路可继续供电。一般认为,二回路绝缘水平的差异宜为 $\sqrt{3}$ 倍相电压(峰值),差异过大将使线路总故障率增加,差异究竟为多少,应以各方面技术经济比较来决定。

5. 采用消弧线圈接地方式

对于 35kV 及以下的线路，一般不采用全线架设避雷线方式，而采用中性点不接地或经消弧线圈接地的方式。这可使得雷击引起的大多数单相接地故障能够自动消除，不致引起相间短路和跳闸；而在两相或三相着雷时，雷击引起第一相导线闪络并不会造成跳闸，闪络后的导线相当于地线，增加了耦合作用，使未闪络相绝缘子串上的电压下降，从而提高了耐雷水平。

6. 装设自动重合闸装置

由于雷击造成的闪络大多能在跳闸后自行恢复绝缘性能，所以重合闸成功率较高。据统计，我国 110kV 及以上高压线路重合闸成功率为 75% ~ 90%；35kV 及以下线路约为 50% ~ 80%。因此，各级电压的线路应尽量装设自动重合闸装置。

7. 装设排气式避雷器和加强绝缘

一般在线路交叉处和在高杆塔上装设排气式避雷器以限制过电压。

在冲击电压作用下，木质是较良好的绝缘，因此可以采用木横担来提高耐雷水平和降低建弧率，但我国受客观条件限制，一般不采用木绝缘。

对于高杆塔，可以采取增加绝缘子串片数的办法来提高其防雷性能，高杆塔的等值电感大，感应过电压大，绕击率也随高度而增加。因此规程规定，全高超过 40m 有避雷线的杆塔，每增高 10m 应增加一片绝缘子，全高超过 100m 的杆塔，绝缘子数量应结合运行经验通过计算确定。

九、发电厂和变电所的防雷保护

发电厂和变电所是电力系统的枢纽和心脏，一旦发生雷害事故，往往导致变压器、发电机等重要电气设备的损坏，并造成大面积停电，严重影响国民经济和人民生活。因此，发电厂、变电所的防雷保护必须是十分可靠的。

发电厂、变电所遭受雷害一般来自两方面：一是雷电直击于发电厂、变电所；二是雷击输电线后产生的雷电波侵入发电厂、变电所。

对直击雷的保护，一般采用避雷针或避雷线，根据我国的运行经验，凡装设符合规程要求的避雷针(线)的发电厂和变电所绕击和反击事故率是非常低的。

因线路落雷比较频繁，所以沿线路侵入的雷电波是造成变电所、发电厂雷害事故的主要原因。由线路侵入的雷电波电压受到线路绝缘的限制，其峰值不可能超过线路绝缘的闪络电压，但线路绝缘水平比发电厂、变电所电气设备的绝缘水平高，例如 110kV 线路绝缘子串 50% 放电电压为 700kV，而变压器的全波冲击试验电压只有 425kV，若不采取专门的防护措施，势必造成电气设备的损害事故。对侵入波防护的主要措施是在发电厂、变电所内安装阀式避雷器以限制电气设备上的过电压峰值，同时在发电厂、变电所的进线段上采取辅助措施以限制流过阀式避雷器的雷电流和降低侵入波的陡度。对于直接与架空线路相连的旋转电机(一般称为直配电机)，还应在电机母线上装置电容器以降低侵入波陡度，使电机匝间绝缘和中性点绝缘不被损坏。

这里重点讲述雷电波沿线路侵入发电厂、变电所的保护原理及其措施，通过学习，要求掌握以进线、母线到各种电气设备的雷电侵入波保护，并掌握其保护原理。

为了防止雷直击发电厂、变电所,可以装设避雷针(线)来保护。安装的避雷针(线)应满足所有设备处于避雷针(线)的保护范围之内,同时还必须防止雷击避雷针时引起与被保护物的反击事故。出于对反击问题的考虑,避雷针的安装方式可分为独立避雷针和构架避雷针两种,现分述如下。

1. 独立避雷针

对于 35kV 及以下的变电所,由于绝缘水平较低,为了避免反击的危险,应架设独立避雷针,且其接地装置与主接地网分开埋设,并在空气中及地下保持足够的距离,如图 7.26 所示。雷击避雷针时雷电流经避雷针,在避雷针上等于构架高度 h 的 A 处和避雷针的接地装置上 B 处将出现的高电位 u_A 和 u_B 为:

$$u_A = L_0 h \frac{di_L}{dt} + i_L R_{ch} \qquad (7.42)$$

$$u_B = i_L R_{ch} \qquad (7.43)$$

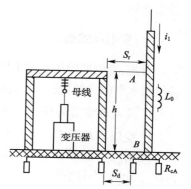

图 7.26　独立避雷针与配电构架距离

式中:L_0——避雷针的单位高度等值电感,μH;

　　　h——配电构架高度,m;

　　　i_L——流过避雷针的雷电流,kA;

　　　R_{ch}——避雷针的冲击接地电阻,Ω;

　　　$\dfrac{di_L}{dt}$——雷电流的上升陡度,$\dfrac{kA}{\mu s}$。

根据运行经验,取 $L_0 = 1.7\mu H/m$(h 是避雷针 A 处的高度,单位:m),$\dfrac{di_L}{dt} = 30 \dfrac{kA}{\mu s}$,$i_L = 150kA$;于是:

$$u_A = 51h + 150R_{ch}, u_B = 150R_{ch}$$

为防止避雷针与被保护的配电构架或设备之间的空气间隙 S_K 被击穿而造成反击事故,必须要求 S_K 大于一定距离,若取空气平均耐压强度为 500kV/m,则 S_K 应满足下式要求:

$$S_K > \frac{u_A}{500} \quad 即 \ S_K > 0.1h + 0.3R_{ch} \qquad (7.44)$$

同样,为了防止避雷针接地装置和被保护设备接地装置之间在土壤中的间隙 S_d 被击穿,必须要求 S_d 大于一定距离,取土壤的平均耐电强度为 300kV/m,则 S_d 应满足下式要求:

$$S_d > \frac{u_B}{300} \quad 即 \ S_d > 0.3R_{ch} \qquad (7.45)$$

在一般情况下,S_K 不应小于 5m,S_d 不应小于 3m。

单独避雷针的工频接地电阻不宜大于 10Ω(规定工频接地电阻值是为了现场便于检查),接地电阻过大时,S_K、S_d 都需要增大,因而避雷针也要加高,这在经济上会不合理。

2. 构架避雷针

对于 110kV 及以上的变电所,可以将避雷针架设在配电装置的构架上,由于此类电压等级配电装置的绝缘水平较高,雷击避雷针时在配电构架上出现的高电位不会造成反击事故,并且可以节约投资、便于布置。为了确保变电站中最重要而绝缘又较弱的设备——主变压器的绝缘免受反击的威胁,要求在装置避雷针的构架附近埋设辅助集中接地装置,且避雷针与主接地网的地下连接点,至变压器接地线与主接地网的地下连接点,沿接地体的距离不得小于15m。因为当雷击避雷针时,在接地装置上出现的电位升高,在沿接地体传播的过程中将发生衰减,经过15m的距离后,一般已不至于对变压器造成反击,基于同样的理由,在变压器的门形构架上,不允许装避雷针(线)。

线路终端杆塔上的避雷线能否与变电所构架相连,也要由是否发生反击来考虑。110kV及以上的配电装置可以将线路避雷线引至出线门形架上,但在土壤电阻率 $\rho > 1000\Omega \cdot m$ 的地区,应加设集中接地装置;对 35 ~ 60kV 配电装置,在 $\rho \leqslant 500\Omega \cdot m$ 的地区也允许线路避雷线与出线门形架相连,但同样需加设集中接地装置;当 $\rho > 500\Omega \cdot m$ 时,避雷线不能与门形架相连,最后一档线路靠避雷针保护;发电厂厂房一般不装避雷针,以免发生反击事故和引起继电保护器误动作。

十、变电所的侵入波防护

首先,变电所中限制雷电侵入波过电压的主要措施是安装避雷器,变压器及其他高压电气设备绝缘水平的选择,就是以阀式避雷器的特性作为依据的;其次,是变电所的进线段避雷保护。

1. 阀式避雷器的保护作用分析

1)变压器和避雷器之间的距离为零

如图 7.27a)所示,避雷器直接连在变压器旁,即认为变压器与避雷器之间的距离为零。为简化分析,不计变压器对地入口电容,且输电线路为无限长,雷电侵入波自线路入侵,避雷器动作前后可用图 7.27b)、c)的等值电路来分析,假定避雷器的伏安特性 $u_b = f(i_b)$,且避雷器间隙的伏秒特性 $u_F = f(t)$ 为已知,则可用作图法求出变压器上的电压 u_b。

动作前避雷器处相当于线路末端开路,侵入雷电波发生全反射使 b 点入侵电压等于 $2u$;当 $2u$ 与避雷器冲击放电伏秒特性 $u_F = f(t)$ 相交时(见图 7.28),则避雷器动作。避雷器动作后等值电路如图 7.27c),由此可列出下列方程:

$$2u = u_b + i_b Z \tag{7.46}$$

式中:i_b——避雷器流过的电流;

Z——线路波阻抗。

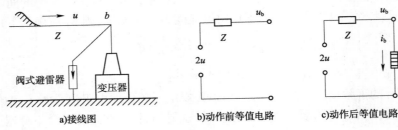

图 7.27 避雷器直接装在变压器旁边

(1)作图法:如图 7.28 所示,纵坐标取为电压 u,横坐标分别取为时间 t 和电流 i;在 $u\text{-}t$ 平面上作出 b 点侵入电压波 $2u$ 与伏秒特性 u_F 曲线;在 $u\text{-}i$ 平面内作出给定的避雷器伏安特性 $u_b = f(i_b)$ 和 $i_b Z$ 曲线;再将其合成为 $u_b + i_b Z$ 曲线。

当侵入波 $2u$ 与伏秒特性 u_F 曲线相交瞬时(t_0)避雷器开始放电,交点 1 对应的电压就是

冲击击穿电压 U_{ch}；由式（7.46），侵入波 $2u$ 与 $u_b + i_b Z$ 应该相等，因此可以由交点 1 处作水平线交 $u_b + i_b Z$ 曲线于点 2；点 2 对应的横坐标是避雷器放电电流 i_b，对于伏安特性是 $u_b = f(i_b)$ 的避雷器来说与 i_b 对应的电压是放电电压 u_b，在图上过点 2 的垂线与 $u_b = f(i_b)$ 曲线相交于点 3，点 3 的纵坐标即是 u_b；而 u_b 也是避雷器瞬时放电变压器上的电压，那么过点 3 向左作水平线与 t_0 线交点 4，即表示了变压器上的电压 u_b。

以这种方法，对于侵入波 $2u$ 各个时刻 t 作出 u_b 对应的各点，就得到了 u_b 波形图（即图中带斜线的曲线），这也就是并接了避雷器的变压器上的电压。

由图 7.28 中 u_b 波形图可见，避雷器电压 u_b 具有两个峰值：一个是 U_{ch}，它是避雷器冲击放电电压，其值决定于避雷器的伏秒特性，由于阀式避雷器的伏秒特性 u_F 很平，可认为 U_{ch} 是一固定值；另一个是 U_{ca}，这就是避雷器残压的最高值，在避雷器伏安特性一定的情况下，它与通过避雷器的电流 i_b 的大小有关，但由于阀片的非线性，电流 i_b 在很大范围内变动时残压的变化很小。

（2）等值分析：由于在具有正常防雷接线的 110～220kV 变电所中，流经避雷器的雷电流一般不超过 5kA（对应的 330kV 为 10kA），故残压的最大值 U_{ca} 可以取为 5kA 下的残压 $U_{c\cdot5}$ 值，因此我们可以将避雷器电压 u_b 近似地视为一斜角平顶波，如图 7.29 标有斜线的曲线所示，其幅值为 5kA 的残压 $U_{c\cdot5}$，波头时间 t_P 则取决于侵入波陡度。若雷电侵入波为斜角波 $u = at$，则避雷器的作用相当于 $t = t_P$ 时刻，在避雷器安装处产生一负电压波 u'，即 $u' = -\alpha(t - t_P)$。

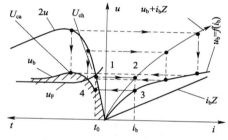

图 7.28　避雷器电压 u_b 图解法

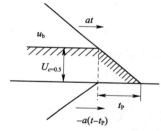

图 7.29　用避雷器上电压波形分析

由于避雷器直接接在变压器旁，故变压器上的过电压波形与避雷器上电压波形相同，若变压器的冲击耐压大于避雷器的冲击放电电压和 5kA 下残压，则变压器将得到可靠的保护。

2）变压器和避雷器之间有一定的电气距离

变电所中有许多电气设备，我们不可能在每个设备旁边装设一组避雷器，一般只在变电所母线上装设避雷器，这样，避雷器与各个电气设备之间就不可避免地要沿连接线分开一定的距离 l，称为电气距离。当侵入波电压使避雷器动作时，由于波在这段距离传播，发生折射和反射，就会在设备绝缘上出现高于避雷器端点的电压。此时，为了分析避雷器对变电所所有设备是否都能起到保护作用，我们以图 7.30 所示接线来分析当雷电波侵入时，避雷器和变压器上承受的电压。

图 7.30 所示避雷器离开变压器距离为 l，为计算方便，不计变压器的对地电容，且视变压器为开路终端，即 T 点 $a_T = 2$ 和 $\beta_T = 1$。避雷器动作前对线路无影响，动作后看作短路，即 B 点 $a_B = 0$ 和 $\beta_B = -1$；设 $t = 0$ 时，入侵波为斜角波 $u_R = at$（图 7.31

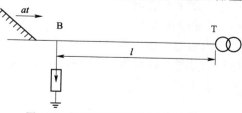

图 7.30　避雷器与变压器分开一定距离

中曲线①）到达避雷器 B 点；再过 $\tau = l/v$ 时间，波到达变压器 T 处。由于 $\beta_T = 1$，反射波为 $\beta_T u_R = u_R$，入侵波全反射，即 $u_F = at$ 以曲线②表示；变

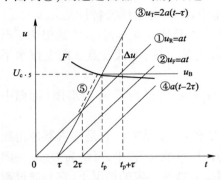

图 7.31　避雷器与变压器有距离时电压关系图

压器 T 上电压为 $u_R + u_F$，即 $u_T = 2a(t-\tau)$，以曲线③表示；反射波 u_F 经过 τ 时间，即在横坐标 2τ 时返回避雷器 B 点，此时反射波表示为 $u_F = a(t-2\tau)$，见曲线④；由此时开始至避雷器动作之前 B 点电压为 u_R、u_F 之和，即 $2\tau \leqslant t \leqslant t_P$ 时，$u_B = at + a(t-2\tau) = 2a(t-\tau)$，见图中虚线⑤；之后随着时间进行到 t_P，避雷器上电压逐渐升高到曲线⑤与避雷器伏秒曲线 F 相交时，避雷器放电。避雷器动作后，避雷器上电压维持残压 $u_B = U_{c.5}$，使线路电压不再升高，见图 7.31 中曲线 u_B。随后避雷器上电压波经过 τ 时间到达变压器 T 处。在 $U_{c.5}$ 由避雷器处传播到变压器之前的 τ 时间里，变压器上电压会按曲线③上升 Δu，且 $\Delta u = 2a\tau = 2al/v$，那么变压器上的电压为：

$$u_T = u_B + \Delta u \tag{7.47}$$

由此可见，只要设备离避雷器有一段距离，则设备上所受冲击电压的最大值必然要高于避雷器残压 $U_{c.5}$，变电所设备上所受冲击电压的最大值 U_m 可用下式表示：

$$U_m = U_{c.5} + 2a\tau = U_{c.5} + 2a\frac{l}{v} \tag{7.48}$$

式中：$U_{c.5}$——避雷器上 5kA 下的残压；

　　　a——雷电波的陡度；

　　　l——设备与避雷器间的距离；

　　　v——雷电波传播速度。

2. 变压器承受雷电波能力

前面分析的变压器波形是基于最简单也是最严重的情况。在实际情况下，由于变电所接线比较复杂，出线可能不止一路，设备本身又存在对地电容，避雷器变压器间连线也有电感和电容，这些都将对变电所的波过程产生影响。实测表明，雷电波侵入变电所时变压器上实际电压的典型波形如图 7.32 所示。它相当于在避雷器的残压 $U_{c.a}$ 上叠加一个衰减的振荡波，这种波形和全波波形相差较大，对变压器绝缘的作用与截波的作用较为接近，因此我们常以变压器承受截波的能力来说明在运行中该变压器承受雷电波的能力。变压器承受截波的能力称为多次截波耐压值 U_J。根据实践经验，对变压器而言，此值为变压器 3 次截波冲击试验电压 $U_{J.3}$ 的 1.5 倍，即 $U_J = U_{J.3}/1.5$。同样，其他电气设备在运行中承受雷波的能力可用多次截波耐压值 U_J 来表示。

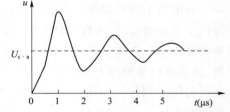

图 7.32　雷电侵入时变压器上电压波形

当雷电波侵入变电所时，若设备上受到最大冲击电压值 U_m 小于设备本身的多次截波耐压值 U_J，则设备不会发生事故；反之，则可能造成雷害事故。因此，为了保证设备安全运行，必须满足下式：

$$U_m \leqslant U_J \quad 即 \quad U_{c.5} + 2a\frac{l}{v} \leqslant U_J \tag{7.49}$$

式(7.49)表明,为了保证变压器和其他设备的安全运行,必须对流过避雷器的电流加以限制使之不大于 5kA,同时也必须限制侵入波陡度 a 和设备离开避雷器的电气距离 l。此外,从式中看到,变压器绝缘的多次截波耐压值 U_J 是由避雷器残压 $U_{c.5}$ 所决定的,残压越高,则需要变压器本身绝缘的冲击耐压值就越高;反之则低。从这里可以看到降低避雷器残压的重大经济效果。

3. 变电所中变压器距避雷器的最大允许电气距离 l_m

从前面的分析中知道,当侵入波的陡度一定时,避雷器与变压器的电气距离越大,变压器上电压高出避雷器残压就越多。为了限制变压器上电压以免发生绝缘击穿事故,就必须规定避雷器与变压器间允许的最大电气距离 l_m。l_m 可用式(7.49)导出:

$$l_m \leqslant \frac{U_J - U_{c.5}}{2a/v} \tag{7.50}$$

式(7.50)表明,避雷器的保护作用是有一定范围的,变压器到避雷器的最大允许电气距离 l_m,与变压器多次截波冲击耐压值 U_J 和避雷器 5kA 下残压的差值($U_J - U_{c.5}$)有关,该值越大,则 l_m 越大。不同电压等级变压器的多次截波冲击耐压 U_J 和避雷器的 5kA 下残压 $U_{c.5}$ 见表7.9。从表可知,U_J 比普通型避雷器残压 $U_{c.5}$ 高出 40% 左右,比磁吹型避雷器残压高出约 80% 左右。因此,变电所中若使用磁吹型避雷器,则变压器到避雷器的最大允许电压距离 l_m 将比使用普通型时大。

变压器多次截波耐压值 U_J 与避雷器残压 $U_{c.5}$ 的比较　　　　　　　　　表7.9

额定电压 (kV)	变压器 3 次 截波耐压(kV)	变压器多次 截波耐压(kV)	FZ 避雷器 5kA 残压(kV)	FCZ 避雷器 5kA 残压(kV)	U_J 与 $U_{c.5}$ 的比较	
					FZ	FCZ
35	225	196	134	108	1.46	1.81
110	550	478	332	260	1.44	1.83
220	1090	949	664	515	1.43	1.85
330	1130	1130	—	820	—	1.38

式(7.50)又表明,最大允许电气距离 l_m 与侵入波陡度 a 密切相关,a 越大,则 l_m 越小;a 越小,则 l_m 越大。

令式(7.50)中 $\frac{a}{v} = a'$,a' 称作雷电波空间陡度(kV/m)。图7.33 和图7.34 是对装设普通型阀式避雷器的 35～330kV 变电所典型接线通过模拟试验求得的变压器到避雷器的最大允许电气距离 l_m 与侵入波陡度 a' 的关系曲线。变电所内其他设备的冲击耐压值比变压器高,它们距避雷器的最大允许电气距离比图7.33 和图7.34 相应增加 35%。

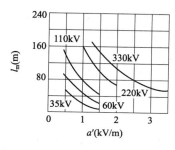

图 7.33　一路进线变电所 l_m-a' 关系曲线

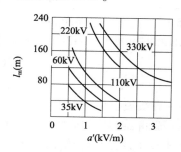

图 7.34　二路进线变电所 l_m-a' 关系曲线

对于多路出线的变电所,其最大允许电气距离 l_m 可比单路出线时大,我国有关标准建议,3 路进线变电所的 l_m 可按图 7.33 增大 20%,4 路及以上进线可增大 35%。

对一般变电所的侵入雷电波防护设计主要是选择避雷器的安装位置,其原则是在任何可能的运行方式下,变电所的变压器和各设备距避雷器的电气距离皆应小于最大允许电气距离 l_m。一般来说,避雷器安装在母线上,若一组避雷器不能满足要求,则应考虑增设。

4. 变电所的进线段保护作用

通过阀式避雷器的保护作用分析知道,要使避雷器能可靠地保护电气设备,必须设法使避雷器电流幅值不超过 5kA(330~500)kV 级为 10kA,而且保证来波陡度 a 不超过一定的允许值。但对 35~110kV 无避雷线线路来说,如果当雷直击于变电所附近的导线时,流过避雷器的电流显然可能超过 5kA,而且陡度也会超过允许值。因此,必须在靠近变电所的一段进线上采取可靠防直击雷保护措施,进线段保护是对雷电侵入波保护的一个重要辅助手段。

进线段保护是指在临近变电所 1~2km 的一段线路上加强防雷保护措施。当线路全线无避雷线时,此段必须架设避雷线;当线路全线有避雷线时,应使此段线路具有较高耐雷水平,减小该段线路内由于绕击和反击所形成侵入波的概率。这样,就可以认为侵入变电所的雷电波主要是来自"进线"保护段之外,使它经过这段距离后才能达到变电所。在这一过程中由于进线波阻抗的作用减小了通过避雷器的雷电流,同时由于导线冲击电晕的影响削弱了侵入波的陡度。

5. 雷电侵入波经进线段后的电流和陡度的计算

采取进线段保护以后,能否满足规程规定的雷电流幅值和陡度的要求,让我们在最不利的情况下计算雷电流 i_b 和陡度 a。

（1）进线段首端落雷时流经避雷器电流的计算

最不利的情况是进线段首端落雷,由于受线路绝缘放电电压的限制,雷电侵入波的最大幅值为线路绝缘 50% 冲击闪络电压 $U_{50\%}$;行波在 1~2km 的进线段来回一次的时间需要 $\dfrac{2l}{v}=$

$\dfrac{2\times(1000\sim2000)}{300}=6.7\sim13.7\mu s$,侵入波的波头又甚短,故避雷器动作后产生的负电压波折回雷击点,在雷击点产生的反射波到达避雷器前,流经避雷器的雷电流已过峰值,因此可以不计反射波及其以后过程的影响,只按照原侵入波进行分析计算。

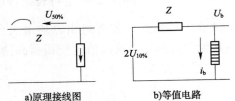

a)原理接线图　　　b)等值电路

图 7.35　进线段限制避雷器电流接线图及等效电路

进线段接线如图 7.35a),画出彼得逊等值电路图如图 7.35b),从而有:

$$\begin{cases} 2U_{50\%} = i_b Z + u_b \\ u_b = f(i_b) \end{cases} \tag{7.51}$$

式中：　Z——导线波阻抗;

$u_b = f(i_b)$——避雷器阀片的非线性伏安特性。

可参照图 7.28,用图解法解出通过避雷器的最大电流 i_b。例如,对于 220kV,线路绝缘强度 $U_{50\%}=120kV$,导线波阻抗 $Z=400\Omega$,采用 FZ-220J 型避雷器,得出的通过避雷器的大雷电流不超过 4.5kA。这也就是避雷器电气特性中一般给出 5kA 下的残压值作为标准的理由。不同电压等级的 i_b 见表 7.10。

进线段外落雷,流经单路进线变电所避雷器雷电流最大值的计算　　　　表 7.10

额定电压(kV)	避雷器型号	线路绝缘的 $U_{50\%}$(kV)	i_b(kA)
35	FZ-35	450	1.4
110	FZ-110	700	2.6
220	FZ-220	1200 ~ 1400	4.35 ~ 5.5
330	FCZ-330	1645	7

从表可知,1 ~ 2km 长的进线段已能够满足限制避雷器中雷电流不超过 5kA(或 10kA)的要求。

(2)进入变电所的雷电波陡度 a 的计算

可以认为,在最不利的情况下,出现在进线段首端的雷电侵入波最大幅值为线路绝缘的 50% 冲击闪络电压 $U_{50\%}$ 且具有直角波头。$U_{50\%}$ 已大大超过导线的临界电晕电压,因此在侵入波作用下,导线将发生冲击电晕,于是直角波头的雷电波自进线段首端向变电所传播过程中,波形将发生变形,波头变缓。根据波头陡度定义可求得进入变电所雷电波的陡度 a 为:

$$a = \frac{u}{\Delta \tau} = \frac{u}{l \left(0.5 + \dfrac{0.008u}{h_d} \right)} \tag{7.52}$$

式中:h_d——进线段导线悬挂平均高度,m;

　　　l——进线段长度,km;

　　　u——避雷器的冲击放电电压或残压。

虽然来波幅值由线路绝缘的 $U_{50\%}$ 决定,但由于变电所内装有阀式避雷器,只要求在避雷器放电以前来波陡度不大于一定值即可,而在避雷器放电后,电压已基本上不变,其值等于残压,所以在计算侵入波陡度时,u 值取为避雷器的冲击放电电压或残压。

因为波的传播速度为 $v = 3 \times 10^8 \text{m/s}$,可将式(7.52)的 a 化为以 kV/m 为单位的空间陡度 a':

$$a' = \frac{a}{v} = \frac{a}{300} \tag{7.53}$$

表 7.11 列出了用式(7.52)和式(7.53)计算出的不同电压等级变电所雷电侵入波空间陡度 a' 值。由该表按已知的进线段长求 a' 值,就可根据图 7.33 和图 7.34 求得变压器或其他设备到避雷器的最大允许电气距离 l_m。

变电所侵入波空间陡度 a'(kV/m)　　　　表 7.11

额定电压(kV)	35	110	220	330
1km 进线段	1.0	1.5	—	—
2km 进线段或全线有避雷线	0.5	0.75	1.2	2.2

6. 35kV 及以上变电所的进线段保护

对于 35 ~ 110kV 无避雷线的线路,雷直击于变电所附近线路上时,流经避雷线的雷电流可能超过 5kA，而且陡度 a 也可能超过允许值。因此对 35～110kV 无避雷线线路，在靠近变电所的一段进线上必须架设避雷线，其长度一般取为 1～2km，如图 7.36 所示。进线段应具有较高的耐雷性能，我国有关标准规定不同电压等级进线段的耐雷水平见表 7.12。避雷线的保护角应为 20°左右，以尽量减少绕击机会。对于全线有避雷线的线路，我们也将变电所附近 2km 长的一段进线列为进线保护段，此段的耐雷水平及保护角也应符合上述规定。

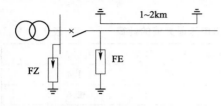

图 7.36　未沿全线架设避雷线的 35～110kV 线路的变电所的进线保护接线

这样，在进线段内雷绕击或反击而产生雷电侵入波的机会是非常小的，在进线段以外落雷时，则由于进线段导线本身阻抗的作用使流经避雷器的雷电流小于 5kA，同时在进线段内导线上冲击电晕的影响将使侵入波陡度和幅值下降。

不同电压等级进线段的耐雷水平　　　　　　表 7.12

额定电压(kV)	35	60	110	220	330
耐雷水平(kA)	30	60	75	120	140

在图 7.36 的标准进线段保护方式中，安装排气式避雷器 FE。这是因为线路断路器隔离开关在雷季可能经常开断而线路侧又带有工频电压（热备用状态），沿线袭来的雷电波（其幅值为 $U_{50\%}$）在此处碰到了开路的末端，于是电压可上升到 $2U_{50\%}$，这时可能使开关绝缘对地放电并引起工频短路，将断路器或隔离开关的绝缘支座烧毁，为此在靠近隔离开关或断路器处装设一组 FE。在断路器闭合运行时雷电侵入波不应使 FE 动作，也即此时 FE 应在变电所阀式避雷器保护范围之内。如 FE 在断路器闭合运行时侵入波使之放电，则将造成截波，可能危及变压器纵绝缘与相间绝缘。若缺乏适当参数的排气式避雷器，则 FE 可用阀式避雷器 FZ 代替。

7.35kV 小容量变电所的简化进线保护

对 35kV 的小容量变电所，可根据变电所的重要性和雷电活动强度等情况来采取简化的进线保护。35kV 小容量变电所范围小，避雷器距变压器的距离一般在 10m 以内，这样，在变压器多次截波冲击耐压值 U_J 和避雷器 5kA 残压 $U_{c.5}$ 不变的情况下入波陡度 a 允许增加，故进线长度可以缩短到 500～600m，为了限制流入变电所阀式避雷器的雷电流，在进线首端可设一组排气式避雷器 FB 或保护间隙，如图 7.37 所示。

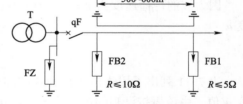

图 7.37　35kV 小容量变电所的简化进线保护

十一、变压器的防雷保护

1. 多绕组变压器的防雷保护

就双绕组变压器而言，当变压器高压侧有雷电波侵入时，通过绕组间的静电和电磁耦合，会使低压侧出现过电压。但实际上，双绕组变压器在正常运行时，高压侧与低压侧断路器都是闭合的，两侧都有避雷器保护，所以一侧来波，传递到另一侧去的电压不会对绕组造成损害。

三绕组变压器在正常运行时,可能出现只有高、中压绕组工作而低压绕组开路的情况。这时,当高压侧或中压侧有雷电波作用时,因处于开路状态的低压绕组对地电容较小,低压绕组上的静电感应分量可达很高的数值以至危及低压绕组的绝缘。由于静电分量使低压绕组三相电压同时升高,因此为了限制这种过电压,应在低压绕组三相出线上加装阀式避雷器。变压器低压绕组当接有 25m 以上金属外皮电缆时,因对地电容增大,足以限制静电感应分量,可不必再装避雷器。

三绕组变压器的中压绕组虽然也有开路运行的可能性,但其绝缘水平较高,一般可以不必装设上述限制静电耦合电压的避雷器。

2. 自耦变压器的防雷保护

自耦变压器除有高、中压自耦绕组之外,还有三角形接线的低压非自耦绕组,以减小系统的零序阻抗和改善电压波形。在该低压非自耦绕组上,为限制静电感应电压,需在三相出线上装设阀式避雷器。此外,根据自耦变压器的运行方式,会在高、中压侧产生过电压。下面我们依据其运行方式,来分析过电压产生情况以及保护措施。

(1)高、低压绕组运行,中压开路

图7.38a)为自耦变压器自耦绕组的线路图,A 为高压端,A′为中压端,O 为接地末端。设它们的变比为 K。当幅值为 U_0 的侵入波加在高压端 A 时,绕组中的起始电位(图中曲线1)与稳态分布(曲线2)以及最大电位包络线(曲线3),如图7.38b)所示。在开路的中压端子 A′上出现的最大电压约为高压侧电压 U_0 的 $2/K$ 倍,这可能使处于开路状态的中压端套管闪络,因此在中压侧与断路器之间应装设一组避雷器,如图7.38d)中 FZ2,以便当中压侧断路器开路时保护中压侧绝缘。

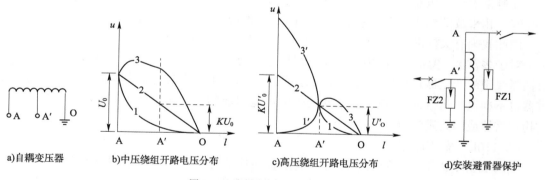

a)自耦变压器　　b)中压绕组开路电压分布　　c)高压绕组开路电压分布　　d)安装避雷器保护

图7.38　自耦变压器防雷保护分析

(2)中、低压绕组运行,高压开路

当高压侧开路中压侧端上出现幅值为 U_0' 的侵入波时,O 到 A′这段绕组中电位的起始分布、稳态分布以及最大电位包络线如图7.38c)中曲线1、2、3 所示,这与末端接地的变压器绕组相同。由 A′到 A 端绕组的电位稳态分布是由与 A′O 段稳态分布相应的电磁感应所形成,高压端稳态电压为 KU_0',如图7.38c)中曲线2。A′A 段绕组的电位起始分布及振荡过程中电位分布如图7.38c)中曲线 1′和 3′,与末端开路的变压器绕组相同。A 点的电位最高可能达到 $2KU_0'$,这将危及处于开路状态的高压端绝缘。因此在高压端与断路器之间也必须装一组避雷器,如图7.38d)中 FZ1。

3. 变压器中性点保护

1) 中性点绝缘水平

中性点绝缘水平可分为全绝缘和分级绝缘两种。凡中性点绝缘与相线端的绝缘水平相等,叫作全绝缘。一般在 60kV 及以下的电力变压器中性点是全绝缘的。如果中性点绝缘低于相线端绝缘水平,叫作分级绝缘。一般在 110kV 及以上时,大多中性点是分级绝缘的。

2) 不同电压等级的中性点保护

(1) 60kV 及以下的电网中的变压器

我国 60kV 及以下的电网中,变压器中性点是非直接接地的。这种电网因额定电压较低,所以线路绝缘不高,加上 35kV 及其以下的线路通常又不架避雷线,所以常有沿线路三相来雷电波的机会,据统计,三相来波的机会约占 10%。当三相来波时,波侵入变压器绕组到达非直接接地的中性点,相当于遇到末端开路的情况,冲击电压会上升约一倍,虽然变压器中性点是全绝缘的,也会造成威胁。但运行经验表明,这种电网的雷害故障一般每 100 台一年只有 0.38 次,实际上是可以接受的。35 ~ 60kV 中性点雷害之所以较少,是由于以下几方面的原因:

① 流过避雷器的雷电流小于 5kA,一般只有 1.4 ~ 2.0kA,此时避雷器的残压与 $U_{0.5}$ 相比减小了 20% 左右;

② 实际上变电所进线不只一条,它是多路进线,一条线路的来波可由其他线路流走一部分电流,这就进一步减少了流经避雷器中的雷电流 i_b;

③ 大多数来波是以线路远处袭来的,其陡度很小;

④ 变压器绝缘有一定裕度;

⑤ 避雷器到变压器间的距离实际值比允许值近一些;

⑥ 三相来波的概率只有 10%,机会不是很多,据统计约 15 年才有一次。

因此我国有关标准规定,36 ~ 60kV 变压器中性点一般不需保护。

对于多雷区、单路进线的中性点非直接接地的变电所,宜在中性点上加装避雷器保护。装有消弧线圈的变压器且有单路进线运行的可能时,也应在中性点上加装避雷器,并且非雷季避雷器也不准退出运行,以限制消弧线圈的磁能可能引起的操作过电压。避雷器可任选金属氧化物避雷器或阀式避雷器。

(2) 110kV 及以上电网

我国 110kV 以上的电网的中性点一般是直接接地的,但为了继电保护的需要,其中一部分变压器的中性点是不接地的,如中性点采用分级绝缘且未装设保护间隙,应在中性点加装避雷器,且宜选变压器中性点金属氧化物避雷器。如果变压器的中性点是全绝缘的,但变电所为单进线且为单台变压器运行,也应在中性点加装避雷器。这些保护装置应同时满足下列条件:

① 其冲击放电电压应低于中性点冲击绝缘水平;

② 避雷器的灭弧电压应大于因电网一相接地而引起的中性点电位升高的稳态值 U_0,以免避雷器爆炸;

③ 保护间隙的放电电压应大于电网一相接地而引起的中性点电位升高的暂态最大值 U_{om},以免继电保护不能正确动作。

十二、旋转电机的防雷保护

1. 旋转电机的防雷保护特点

这里讲的旋转电机防雷保护是指直配电机的防雷保护。所谓直配电机，就是指与架空线路直接相连的旋转电机（包括发电机、调相机、大型电动机等）。这些旋转电机是电力系统中重要而且昂贵的设备，由于它们与架空线直接相连，线路上的雷电波可直接侵入电机，故其防雷保护显得特别突出。如若这些重要设备遭受雷害，损失重大，且影响面广，因此要求其保护特别可靠。它的防雷保护具有以下几个特点：

（1）由于结构和工艺上的特点，在相同电压等级的电气设备中，它的绝缘水平是最低的。因为旋转电机不能像变压器等静止设备那样可以利用液体和固体的联合绝缘，而只能依靠固体介质绝缘。在制造过程中可能产生气隙和受到损伤，绝缘质量不均匀，容易发生局部游离而使绝缘逐渐损坏。试验证明，电机主绝缘的冲击系数接近于1。旋转电机主绝缘的出厂冲击耐压值与变压器冲击耐压值见表7.13。从表可知，旋转电机出厂冲击耐压值仅为变压器的0.25～2.5倍。

（2）电机在运行中受到发热、机械振动、臭氧、潮湿等因素的作用使绝缘容易老化。电机绝缘损坏的累积效应也比较强，特别在槽口部分，电场极不均匀，在过电压作用下容易受伤，日积月累就可能使绝缘击穿，因此，运行中电机主绝缘的实际冲击耐压将较表7.13中所列数值低。

电机和变压器的冲击耐压值　　　　　　　　　　　　表7.13

电机额定电压 （kV，有效值）	电机出厂工频耐压 （kV，有效值）	电机出厂冲击耐压 （kV，幅值）	同级变压器出厂冲击 耐压（kV，幅值）	FCD 型磁吹避雷器 3kA 下残压（kV，幅值）
10.5	$2U_N+3$	34	80	31
13.8	$2U_N+3$	43.3	108	40
15.75	$2U_N+3$	48.8	108	45

（3）保护旋转电机用的磁吹避雷器（FCD 型）的保护性能与电机绝缘水平的配合裕度很小，电机出厂冲击耐压值只比磁吹避雷器残压高8%～10%。

（4）由于电机绕组的匝间电容很小，所以当冲击波作用时可以把电机绕组看成是具有一定波阻和波速的导线，波沿电机绕组前进一匝后，匝间所受电压正比于侵入波陡度，要使该电压低于电机绕组的匝间耐压，必须把来波陡度限制得很低，试验结果表明，为了保护匝间绝缘必须将侵入波陡度限制在 5kV/μs 以下。

（5）电机绕组中性点一般是不接地的，三相进波时在直角波头情况下，中性点电压可达进波电压的两倍，因此，必须对中性点采取保护措施。试验证明，侵入波陡度降低时，中性点过电压也随之减小，当侵入波陡度至 2kV/μs 以下时，中性点不至于损坏。

表7.14 列出了保护旋转电机中性点的避雷器。由上面分析知，直配电机的防雷保护包括主绝缘、匝间绝缘和中性点绝缘。

保护旋转电机中性点的避雷器　　　　　　　　　　　　表7.14

电机额定电压（kV）	3	6	10	13.5	15.75
中性点避雷器形式	FCD-2,FZ-2	FCD-4,FZ-4	FCD-10,FZ-6	FCD-10	FCD-10

2. 直配电机的防雷措施

根据旋转电机防雷保护特点知道,要保护主绝缘、匝间绝缘和中性点绝缘,仅依靠磁吹避雷器不行,从表 7.13 中看到电机出厂冲击耐压仅稍高于相应等级的 FCD 型磁吹避雷器 3kA 时残压 $U_{c.3}$,因此还需与其他措施配合起来保护,才能降低侵入波陡度并限制流过 FCD 的雷电流不超过 3kA。

作用在直配电机上的大气过电压有两类:一类是与电机相连的架空线路上的感应雷过电压;另一类是由雷电直击于与电机相连的架空线路而引起的。其中感应雷过电压出现的机会较多,因此可以增加导线对地电容以降低感应过电压。直配电机的防雷保护元件主要有:避雷器、电容器、电缆段和电抗器等。采取这些综合保护措施就可以限制流经 FCD 型避雷器中的雷电流小于 3kA;可以限制侵入波陡度和降低感应过电压。下面我们分别叙述这些保护元件的作用原理。

(1)避雷器保护

它的主要功能是降低侵入波幅值。正如表 7.13 中所指出,出厂时的电机冲击耐压仅稍高于相应电压等级的 FCD 型磁吹避雷器 3kA 时残压 $U_{c.3}$,所以,一般不用普通阀式避雷器(它的残压比较高),而采用电机用 FCD 型磁吹避雷器。但由于磁吹避雷器的残压是在雷电流为 3kA 下的残压,所以还需配合进线保护措施(见电缆段保护)以限制流经 FCD 型避雷器中的雷电流。

(2)电容器保护

它的主要功能是限制侵入波陡度和降低感应雷过电压。限制侵入波陡度的主要目的是保

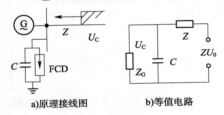

a)原理接线图　　　b)等值电路

图 7.39　电机母线上装设电容

护匝间绝缘和中性点绝缘。通常采用在发电机母线上装设电容的办法来降低侵入波陡度,如图 7.39 所示。若侵入电容限制入侵波为幅值 U_0 的直角波,则发电机母线上电压(即电容 C 上电压 U_c)可按图 7.39b)的等值电路计算,计算结果表明,每相电容为 $0.25 \sim 0.5 \mu F$ 时,能够满足侵入波陡度等于 $2kV/\mu s$ 的要求,同时也能满足限制感应过电压使之低于电机冲击耐压强度的要求。

(3)电缆进线段保护

采用电缆与排气式避雷器联合作用的典型进线保护段如图 7.40 所示。雷电波侵入时,排气式避雷器 FE1 动作,电缆芯线与外皮经 FE1 短接在一起,雷电流流过 FE1 和接地电阻 R_1 所形成的电压 iR_1 同时作用在外皮与芯线上,沿着外皮将有电流 i_2 流向电机侧,于是在电缆外皮本身的电感 L_2 上将出现压降 $L_2\dfrac{di_2}{dt}$,此压降是由环绕外皮的磁力线变化造成的,这些磁力线也必然全部与芯线相匝链,结果因互感 M 在芯线上也感应出一个大小相等,其值为 $L_2\dfrac{di_2}{dt}$ 的反电动势来,反电动势作用下的电缆"集肤效应"使芯线中就不会有电流流过;但因电缆外皮末端的接地引下线总有电感 L_3 存在(假定电厂接地网的接地电阻很小,可忽略),i_2 流过 L_3 时会产生电压降 $L_3\dfrac{di_2}{dt}$,而 $L_3\dfrac{di_2}{dt}$ 通过电缆外皮加到电缆芯线上产生了电流 i_1,$L_3\dfrac{di_2}{dt}$ 越大则流经芯线

的电流 i_1 就越大。电缆进线段主要功能是将流经 FCD 型避雷器中的雷电流限制为 i_1 使之小于 3kA,如图 7.40b) 等值电路所示。

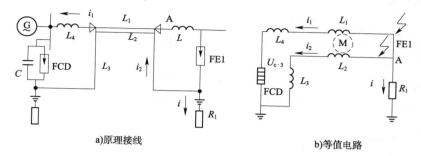

a)原理接线   **b)等值电路**

图 7.40   有电缆段的进线保护接线(三相进波时参数)

L_1、L_2、L_3、L_4-电缆芯线、外皮、末端外皮接地线、末端芯线至发电机连线的自感;M-电缆外皮与芯线间互感;

$U_{c.3}$-FCD 磁吹避雷器 3kA 下残压;R_1-FE1 的接地电阻

根据图 7.40b) 的等值电路,经计算表明,当电缆长度为 100m,电缆末端外皮接地引下线到接地网的距离为 12m,R_1 等于 5Ω 时,电缆段首端落雷且雷电流幅值为 50kA 时,流经每相 FCD 的雷电流不会超过 3kA,此时保护接线的耐雷水平为 50kA。

(4)电抗器保护

它的主要功能是在雷电波侵入时抬高电缆首端冲击电压,从而使排气式避雷器放电。从电缆段保护原理知,它的限流作用完全依靠 FE1 动作,但是电缆的波阻远比架空线小,侵入波到达图 7.40 中 A 点将发生负反射,使 A 点电压降低,故实际上 FE1 的动作是有困难的。若 FE1 不动作,则电缆段的限流作用将不能发挥,流经 FCD 的电流就有可能超过 3kA,为了避免上述情况的发生,可以在电缆首端 A 点与 FE1 之间加装 100~300μH 电感量的电抗器 L,由于电抗器装在架空线与电缆段之间,当沿线路有雷电波侵入时,由于电感 L 的作用,使雷电波发生全反射,从而提高了 FE1 上的电压,使 FE1 容易放电。此外,也可以将 FE1 沿架空线前移 70m,如图 7.41a) 右半部所示,前移 70m 的架空线的作用与在 A 点加装 100~300μH 的电感可获相同效果。前移后 FE1 的接地端应通过电缆首端外皮的接地装置接地,其连接线悬挂在导线下面 2~3m 处,其目的是为了增加两线间的耦合,增加导线上感应电势以限制流经导线中的电流。当雷电波侵入时,电缆首端 A 点的负反射波尚未到达 FE1 处,FE1 已动作,但由于 FE1 的接地端到电缆首端外皮的连接线上的压降不能全部耦合到导线上去,所以沿导线的相电缆芯线流动的电流就会增大,遇到强雷可能超过每相 3kA,为了防止这一情况,应在电缆首端 A 点再加装一组排气式避雷器 FE2,当遇强雷时,此避雷器也动作,这样,电缆段的限流作用就可以充分发挥了。

3. 直配电机的防雷保护接线

与架空线直接相连的旋转电机的防雷保护接线方式,可利用前面所讲述的保护措施,也结合电机的容量或重要性考虑决定。由于前述各防雷元件对电机的保护还不能认为完全可靠,考虑到 60000kW 以上电机的重要性,我国禁止直配这种电机。下面我们以单机容量为 25000~60000kW 的大容量直配电机和 6000kW 以下的小容量直配电机为例,介绍它们的防雷保护接线方式。

(1)大容量直配电机

大容量直配电机 25000～60000kW 的典型防雷保护接线如图 7.41 所示。

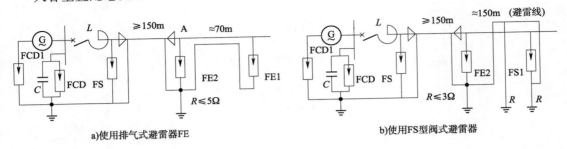

a)使用排气式避雷器FE　　　　　　　　　b)使用FS型阀式避雷器

图 7.41　25000kW～60000kW 直配电机保护接线图

图 7.41 中 L 为限制工频短路电流用电抗器,非为防雷专设;L 前加设一组 FS 型避雷器以保护电抗器和电缆终端。由于 L 的存在,侵入波到达 L 处将发生反射使电压提高,FS 动作使流经 FCD 的电流得到进一步限制,为了保护中性点绝缘,除了限制侵入波陡度不超过 2kV/μs 外,尚需在中性点加装避雷器 FCD1,考虑到电机在受雷击同时可能有单相接地存在,中性点将出现相电压,故中性点避雷器 FCD1 的灭弧电压应大于相电压,可按表 7.17 选定。若电机中性点不能引出,则需将每相电容增大至 1.5～2μF,以进一步降低侵入波陡度确保中性点绝缘。若无合适的排气式避雷器 FE,可用阀式避雷器 FS1 和 FS2 代替,如图 7.41b),因为阀式避雷器放电后有一定的残压,此时电缆段限流作用大为降低,所以要将 FS1 前移到离电缆首端约 150m 处,并将这 150m 架空线用避雷线保护,每根杆接地电阻 R 应小于或等于 3Ω,避雷线的保护角应不大于 30°,并最好将电抗器前面和中性点避雷器均改为 FCD 型磁吹避雷器。

(2)小容量直配电机

容量较小(6000kW 以下)或少雷区的直配电机可不用电缆进线段,其保护接线如图 7.42a)所示,在进线保护段长度 l_b 内应装设避雷针或避雷线。侵入波在 FCD 动作形成图 7.42b)的等值电路,流经 FCD 的雷电流与 FE1 的接地电阻 R 有关,R 越小,则流经 FCD 的雷电流越小,因此规程建议:对 3.6kV 线路取 $l_b/R \geqslant 200$;对 10kV 线路取 $l_b/R \geqslant 150$。一般进线长度 l_b 可取为 450～600m,若 FE1 的接地电阻达不到上两式的要求,可在 $l_b/2$ 处再装设一组排气式避雷器 FE2,见图 7.42a)中虚线所示。图中 FS 是用来保护开路状态的断路器和隔离开关的。

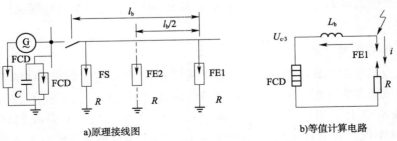

a)原理接线图　　　　　　　　　　b)等值计算电路

图 7.42　1500～6000kW 以下和少雷区 6000kW 以下直配电机的保护接线图

4. 非直配电机的保护

根据我国运行经验,在一般情况下,无架空直配线的电机不需要装设电容器和避雷器。在多雷区,特别重要的发电机,则宜在发电机出线上装设一组 FCD 型避雷器,如变压器侧装设 FCZ 型磁吹避雷器,对电机侧是否要装设避雷器,可视具体情况而定。

若发电机与变压器间有长于 50m 的架空母线或软连线,对此段母线除应对直击雷保护外,还应防止雷击附近而产生的感应过电压,此时应在电机每相出线架上装不小于 0.15μF 的电容器或磁吹避雷器。

单元 7.2　工频过电压

学习目标

1. 掌握电力系统中内过电压与工频过电压的基本概念、分类及其特点;

2. 就空载线路电容效应引起的工频过电压,了解其产生的原因以及它对电力系统的影响并领会各基本概念;

3. 对由空载线路电容效应引起的工频过电压,分析其产生原因,并能针对各影响因素进行量化的分析与解释。

学习内容

工频过电压指系统中由线路空载、不对称接地故障和甩负荷引起的频率等于工频(50Hz)或接近工频的高于系统最高工作电压的过电压。电力系统内部由于故障、断路器操作或其他原因引起的回路中电磁能相互转换或传递而引起的电压升高称为内过电压,包括暂时过电压、操作过电压。

一、内过电压与工频过电压

前面分析讨论了由于大气中雷电引起的雷电过电压及其保护措施。除此而外还有另一大类过电压,这就是由电力系统中某些内部的原因引起的过电压,称为内过电压。引起电力系统中出现内过电压的主要原因有:系统中断路器(开关)的操作、系统中的故障(如接地)以及系统中电感、电容在特定情况下的配合不当。根据过电压特点和产生原因的不同,电力系统的内过电压包括两类,即操作过电压和暂时过电压。

操作过电压是在电网从一种稳态向另一新稳态的过渡过程中产生的,其持续时间较短,而暂时过电压基本上与电路稳态相联系,其持续时间较长。

暂时过电压包括工频过电压和谐振过电压。

由于电力系统中存在储能元件的电感和电容,所以出现内过电压的实质是电力系统内部电感磁场能量与电容电场能量的振荡、互换与重新分布,在此过程中系统中出现高于系统正常运行条件下最高电压的各种内过电压。既然内过电压的能量来源于电网本身,所以它的幅值与电网的工频电压大致上有一定的倍数关系。一般用内过电压的幅值与系统的最高运行相电压幅值的倍数 K 来表示内过电压的大小。

电压倍数与系统电网结构、系统运行方式、操作方式、系统容量、系统参数、中性点连接方式、断路器性能、故障性质等诸多因素有关,并具有明显的统计性。我国电力系统绝缘配合要求内过电压倍数 K 不大于表7.15所示数值。

表 7.15
要求限制的内过电压倍数

系统电压等级(kV)	500	330	110～220	60 及以下
内过电压倍数 K	2.4	2.75	3	4

在正常或故障时,电力系统中所出现的幅值超过最大工作相电压、频率为工频 50Hz 的过电压称为工频过电压,也称工频电压升高。此类过电压表现为工频电压下幅值升高。

工频过电压就其本身过电压倍数的大小来讲,对系统中正常绝缘的电气设备一般是不构成危险的,但是考虑下列情况,对工频过电压仍需予以重视。

(1)工频电压升高的大小将直接影响操作过电压的实际幅值。伴随工频电压升高,若同时出现操作过电压,那么操作过电压的高频分量将叠加在升高的工频电压之上,从而使操作过电压的幅值达到很高的数值。

(2)工频电压升高的大小影响保护电器的工作条件和保护效果。例如避雷器的最大允许工作电压就是由避雷器安装处工频过电压值的大小来决定的,如工频过电压较高,那么避雷器的最大允许电压也要提高,这样避雷器的冲击放电电压和残压也将提高,相应地被保护设备的绝缘水平也要随之提高。

(3)工频电压升高持续时间长(甚至可持续存在),对设备绝缘及其运行性能有重大影响。例如,引起油纸绝缘内部游离、污秽绝缘子、闪络、铁芯过热、电晕等。

在各电压等级系统中,工频过电压都存在,也都会带来上述 3 种影响作用,但是对于超高压系统,工频过电压显得尤为重要,这是因为在超高压系统中,目前在限制与降低雷电和操作过电压方面有了较好的措施,输电线路较长,工频电压升高相对比较高。因而持续时间较长的工频电压升高对于决定超高压系统电气设备的绝缘水平将起越来越大的作用。

常见的几种工频过电压为:①空载线路电容效应引起的工频电压升高;②不对称短路时,在正常相上的工频电压升高;③甩负荷引起的工频电压升高。而一般发电机都有快速灭磁保护,所以发电机突然甩负荷引起的工频过电压是非主要的工频过电压。

二、空载线路电容效应引起的工频过电压

输电线路具有分布参数,线路有感性阻抗,还有对地电容。在距离较短的情况下,工程上可用集中参数的感性阻抗 X_L、电阻 r 和电容 C_1、C_2 所组成的 π 型电路来等值,如图 7.43a)所示。一般线路的容抗远大于线路的感抗,故在线路末端空载($\dot{I}_2 = 0$)的情况下,在首端电压 $\dot{U}_1$ 的作用下,回路中流过的电流为电容性电流 $\dot{I}_{C_2}$。由于线路感性阻抗中 L 上电压 $jX_L \dot{I}_{C_2}$ 和电容 C_2 上电压 $\dot{U}_2$ 已分别超前和滞后 $\dot{I}_{C_2} 90°$,r 上压降与 $\dot{I}_{C_2}$ 同相,又因为 $\dot{U}_1 = \dot{U}_2 + r \dot{I}_{C_2} + jX_L \dot{I}_{C_2}$,由此可得到如图 7.43b)所示的相量图。

由相量图可以看到:空载线路末端电压值 $\dot{U}_2$ 较线路首端电压值 $\dot{U}_1$ 有较大的升高,这就是空载线路的电容效应(空载线路总体表现为电容性阻抗)所引起的工频电压升高或工频过电压。对于距离较长的线路,一般需要考虑它的分布参数特性,输电线路就需要采用如图 7.44

所示的 π 型链式电路来等值。图中 R_0、L_0、G_0 及 C_0 分别表示线路单位长度的电阻、电感、对地电导及电容，x 为线路上某点到线路末端的距离，$\dot{E}$ 为系统电源电压，X_S 为系统电源等值电抗。

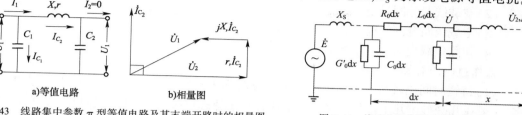

图 7.43   线路集中参数 π 型等值电路及其末端开路时的相量图

图 7.44   线路分布参数 π 型链式等值电路

根据图 7.44 所示的分布参数 π 型链式等值电路，我们可以求得线路上距末端 x 处电压为：

$$\dot{U}_x = \frac{\dot{E}\cos\theta}{\cos(al+\theta)}\cos ax \tag{7.54}$$

$$\theta = \arctan\frac{X_S}{Z}, \quad Z = \sqrt{\frac{L_0}{C_0}}, a = \frac{\omega}{v}$$

式中：$\dot{E}$——系统电源电压；

Z——线路导线波阻抗；

ω——电源角频率；

v——光速。

由式(7.54)可见，沿线路的工频电压从线路末端开始向首端按余弦规律分布，在线路末端电压最高。

单元7.3   操作过电压

学习目标

1.掌握电力系统中几种操作过电压产生的基本原因及产生的物理过程；

2.掌握影响过电压大小的因素及限制过电压的措施。

学习内容

操作过电压是在电力系统中由于操作所引起的过电压，是内部过电压中的一类。这里所称的操作，包括正常的操作，如空载线路的合闸与分闸等，还包括非正常的故障，如线路通过间歇性电弧接地。

一、操作过电压的一般特性

产生操作过电压的原因是：在电力系统中存在储能元件的电感与电容，当正常操作或故障时，电路状态发生了改变，由此引起了振荡的过渡过程，这样就有可能在系统中出现超过正常工作电压的过电压，这就是操作过电压。在振荡的过渡过程中，电感的磁场能量与电容的电场能量互相转换。在某一瞬间储存于电感中的磁场能量会转变为电容中的电场能量，由此在系统中就出现数倍于系统电压的操作过电压。

电力系统中常见的操作过电压有：

（1）中性点绝缘系统的间歇电弧接地过电压；

（2）空载线路分闸过电压；

（3）空载线路合闸过电压；

（4）切除空载变压器过电压。

操作过电压有如下特点：

（1）持续时间比较短。操作过电压的持续时间虽比雷电过电压长，但比工频过电压短得多，一般在几毫秒至几十毫秒。操作过电压存在于暂态过渡过程之中，当同时又存在工频电压升高时，操作过电压表现为在工频过电压基础上叠加暂态的振荡过程，可使操作过电压的幅值达到更高的数值。

（2）由于电感中磁场能量与电容中电场能量都来源于系统本身，所以操作过电压幅值与系统相电压幅值有一定倍数关系。目前我国有关规程中规定选择绝缘时的计算用操作过电压倍数表示（表7.16）。

操作过电压的倍数 K

表7.16

系统电压（中性点接地模式）	过电压（相对地）	系统电压（中性点接地模式）	过电压（相对地）
35～60kV（经消弧线圈或不接地）	4.0	330kV（直接接地）	2.75
110～154kV（经消弧线圈接地）	3.5	500kV（直接接地）	2.0
110～220kV（直接接地）	3.0		

（3）操作过电压的幅值与系统的各种因素有关，且具有强烈的统计性。在影响操作过电压的各种因素中，系统的接线与断路器的特性起着很重要的作用。另外，许多影响操作过电压的因素，如影响合闸过电压的合闸相位等因素有很大的随机性，因此操作过电压的具体幅值也具有很大的随机性。但是不同幅值操作过电压出现的概率服从一定的规律分布，这就是操作过电压的统计特性。一般认为操作过电压幅值近似以正态分布规律分布。

（4）各类操作过电压依据系统的电压等级不同，显示的重要性也不同。在电压等级较低的中性点绝缘的系统中，单相间隙电弧接地过电压最引人注意。对于电压等级较高的系统，随着中性点的直接接地，切除空载变压器与空载线路分闸过电压就较为突出。而在超高压系统中，空载线路合闸过电压已成为重要的操作过电压。

（5）操作过电压是决定电力系统绝缘水平的依据之一。系统电压等级越高，操作过电压的幅值随之也越高，另一方面，由于避雷器性能在高电压等级系统中的不断改善，大气过电压保护的不断完善，使得操作过电压对电力系统绝缘水平的决定作用越来越大。在超高压系统中，操作过电压对某些设备的绝缘选择将逐渐起着决定性的作用。

由于系统运行方式、故障类型、操作过程的复杂多样，以及其他各种随机因素的影响，所以对操作过电压的定量分析，大都依靠系统中的实测记录、模拟研究以及计算机计算。这里就几种常见操作过电压进行一些定性的分析，分析各种操作过电压的形成机理、过电压幅值的分析、影响过电压幅值的因素以及常采用的过电压限制措施。

二、间歇电弧接地过电压

1.过电压产生原因

间歇电弧接地过电压发生于中性点不接地（也称中性点绝缘）的系统中。为什么要采用中性点不接地呢？主要是因为这种系统的供电可靠性高。单相接地故障是系统运行时的主要故障形式。在中性点不接地系统中发生单相接地，如图 7.45 中 A 相接地时，由于中性点对地绝缘，所以无短路电流流过接地点。因为 A 相与 C 相、A 相与 B 相通过对地电容 C_2 和 C_3 构成回路，此时流过接地点的电流为电容电流 $\dot{I}_d = \dot{I}_B + \dot{I}_C$；与此同时，系统三相电源电压仍维持对称不变，所以这种系统在一相接地情况下，不必立即切除线路中断对用户的供电，运行人员可借助接地指示装置来发现故障并设法找出故障所在及时处理，这样就大大提高了供电可靠性。

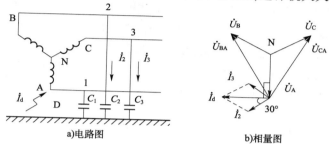

图 7.45 单相接地后的电路图及相量图

从另一方面看，中性点不接地系统会带来两个不利影响：①非故障相的对地相电压升至线电压；②引起间歇电弧接地过电压。第一个影响不会构成对绝缘的危险，因为这些系统的绝缘水平要比线电压高得多。至于第二个影响，由于间歇电弧接地过电压幅值高（可能超过绝缘水平）、持续时间长（这类系统允许带单相接地运行 $0.5 \sim 2h$）、出现的概率相当大，所以对这种过电压需予以充分重视。

电力系统中大多数接地故障都伴有电弧发生。中性点不接地系统中单相接地时，这种电弧接地电流就是流过非故障相对地电容的电流。当这种接地电容电流在 $6 \sim 10kV$ 线路中超过 30A，在 $20 \sim 60kV$ 线路中超过 10A（对应线路较长）时，接地电弧不会自行熄灭，又不会形成稳定持续电弧（因为这种电容电流并不足够大），而是表现为接地电流过零时电弧暂时性熄灭，随后在恢复电压作用下又重新出现电弧→电弧重燃，而后又过零暂时熄灭……即出现电弧时熄灭时重燃的不稳定状态，这种电弧称之为间歇性电弧。每次间歇性电弧发生时，将引起电磁暂态的振荡过渡过程，在过渡过程中会出现过电压，这种过电压就是间歇电弧接地过电压。所以在中性点不接地系统中出现间歇电弧接地过电压的根本原因是接地电弧的间歇性熄灭与重燃。而出现这种间歇性电弧的条件：一是电弧性接地；二是接地电流超过某值。

2. 过电压产生的物理过程

下面我们通过讨论伴随间歇性电弧熄灭重燃时所发生的过渡过程来说明间歇电弧接地过电压的形成与发展。

（1）等值电路图

中性点不接地系统的等值电路如图 7.46a）所示。C_1、C_2、C_3 为各相对地电容，且设 $C_1 = C_2 = C_3 = C_0$，设 A 相对地发生电弧接地，以 D 表示故障点发弧间隙。u_A、u_B、u_C 为三相电源电压，u_1、u_2、u_3 为三相线路对地电压，即 C_1、C_2、C_3 上的电压。U_{xG} 为电源相电压幅值。u_{BA}、u_{CA} 为电源 B、C 相对 A 相的线电压。

（2）$t = t_1$ 时 A 相电弧接地

假定在 A 相电压达到最大值的 t_1 时电弧接地，这是过电压最严重的情况。则 A 相电弧接地发弧前 $t = t_1^-$ 瞬时，$u_1 = U_{xG}$，$u_2 = -0.5U_{xG}$，$u_3 = -0.5U_{xG}$（这些为初始值 U_0）。

在 t_1 瞬间，A 相电弧接地，即图 7.46a）中间隙 D 发弧导通，A 相电容 C_1 上电荷通过间隙电弧泄放入地，其电压 u_1 突降为零（稳态值 U_S），即电压幅值突变量 $U_S - U_0 = -U_{xG}$（从 U_{xG} 变至 0）。相对应 B、C 相电容 C_2、C_3 上电压 u_2、u_3 从 $-0.5U_{xG}$ 变至 $-1.5U_{xG}$（稳态值 U_S）。A 相接地使电容 C_2、C_3 上电压由 B、C 相对中性点 N 的相电压 u_B、u_C 改变为对 A 相的线电压 u_{BA}、u_{CA}，幅值也是突变 $U_S - U_0 = -U_{xG}$，见图 7.46 中 t_1 时刻图线。u_2、u_3 电压的这种改变是要通过电源线电压 u_{BA}、u_{CA} 经电源电感对 C_2、C_3 的充电来完成的，突变过程是一个高频衰减振荡过程，高频振荡过程结束后 C_2、C_3 上的电压在 t_1^+ 至电弧熄灭的时间里等于 u_{BA}、u_{CA}，波形图如图 7.46b）、c）中 $t_1 \sim t_2$ 段图线所示。

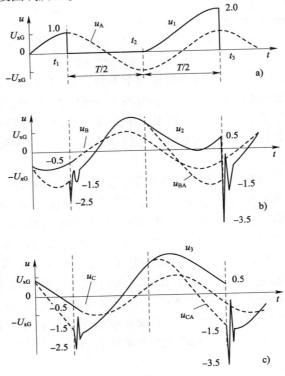

图 7.46 工频电流过零时熄弧的电弧接地电压发展过程

由图 7.46b）、c）中 t_1 时刻震荡过程的波形可以看出，对衰减振荡过程来讲，振幅最大值为电压改变量 $U_S - U_0$，健全相最大对地电压 U_m（C_2、C_3 上的电压）应等于该相初始值 U_0 与 2 倍电压改变量之和，即：

$$U_m = 2(U_S - U_0) + U_0 = 2U_S - U_0 \tag{7.55}$$

这样在 $t = t_1$ 时的振荡过渡过程中，C_2、C_3 上出现的过电压最大幅值：

$$U_{2m} = 2(-1.5U_{xG}) - (-0.5U_{xG}) = -2.5U_{xG}$$

$$U_{3m} = -2.5U_{xG}。$$

（3）$t = t_2$ 时，A 相接地电弧第一次熄灭

故障点的电弧电流中包含工频分量 $\dot{I}_B + \dot{I}_C$ 和逐渐衰减的高频分量，高频分量衰减至零后（设高频过零不熄弧），电弧电流就是工频电流 $\dot{I}_B + \dot{I}_C$，其相位与 U_A 差 90°[见图 7.46b）所示]。那么经过半个工频周期达到 $t = t_2$ 时，由于 U_A 达到负的幅值，所以工频电弧电流过零，电弧第一次熄灭。熄弧前 $t = t_1^-$ 瞬时三相对地电容的电压是 $u_1 = 0$，$u_2 = u_{BA} = 1.5U_{xG}$，$u_3 = u_{CA} = 1.5U_{xG}$。

这其实是各相对 A 相的电压。熄弧后 $t = t_1^+$ 瞬时，三相对地电容的电压仍然是：$u_1 = 0$，$u_2 = u_3 = 1.5U_{xG}$。

但 A 相不再与地短路，u_1、u_2、u_3 不再等于各相对 A 相的电压。在熄弧时 B、C 相线路上储有电荷 $q = 2C_0 \times 1.5U_{xG} = 3C_0 U_{xG}$，熄弧后这些电荷无处泄漏，于是在三相对地电容间平均分配，其结果使三相导线对地有一个电压偏移 $q/3C_0 = U_{xG}$。这样，接地电弧第一次熄灭后，三相导线对地电容上的电压变为相电压叠加此偏移电压，见图 7.47 中 $t_2 \sim t_3$ 部分。虽然 u_1、u_2、u_3 的参考点由熄弧前的 A 相变为熄弧后的大地，但是熄弧前后各电容上的电压没有突变，有的只是电压的计算参考点由 A 相变为地，因此不会有 t_1 时刻那样的衰减振荡现象。

（4）$t = t_3$ 时电弧重燃

熄弧后 A 相对地电压逐渐恢复，再经过半个工频周期，在 $t = t_3$ 时，$u_A = U_{xG}$，A 相对地电压 u_1 幅值达 $2U_{xG}$。如果此时再次发生电弧（称电弧重燃），u_1 再次降为零。与 $t = t_1$ 情况类似，其电压 u_1 突降为零，即电压幅值改变了 $0 - 2U_{xG} = -2U_{xG}$（从 $2U_{xG}$ 变至 0）。B、C 相电容 C_2、C_3 上电压 u_2、u_3 的幅值也应改变 $-2U_{xG}$，即从 $U_0 = 0.5U_{xG}$ 变至 $-1.5U_{xG}$。U_{BA}、U_{CA} 经电源电感对 C_2、C_3 的充电使 u_2、u_3 上再次出现振荡，高频振荡过程结束后 C_2、C_3 上的电压又由相电压转变为线电压。振荡过程中的最大过电压值由式（7.55）有：

$$U_{2m} = 2U_S - U_0 = 2(-1.5U_{xG}) - 0.5U_{xG} = -3.5U_{xG}$$
$$U_{3m} = -3.5U_{xG}。$$

见图 7.46 中 $t = t_3$ 时波形图。

以后发生的隔半个工频周期的熄弧与再隔半个周期的电弧重燃，过渡过程与上面完全重复，且过电压的幅值也与之相同。从以上分析可看到，中性点不接地系统发生间歇性电弧接地时，故障相、非故障相上最大过电压值分别为相电压幅值的 2 倍和 3.5 倍。

长时期来的试验和研究表明：工频过零熄弧与振荡高频过零熄弧（前面讨论时假设高频震荡电流过零时电弧不熄灭）都是可能的；故障相的电弧重燃也不一定在最大恢复电压值时发生，并具有很大的分散性。因而间歇电弧接地过电压也具有很强烈的随机统计性质。目前普遍认为，间歇电弧接地过电压的最大值不超过 3.5 倍，一般在 3 倍以下。

3. 影响过电压的因素

影响间歇电弧接地过电压大小的因素主要有：

（1）电弧熄灭与重燃时的相位。这种因素具有很大的随机性。上述分析得到 3.5 倍过电压的熄灭和重燃时的相位对应最严重情况时的相位。

（2）系统的相关参数。如考虑线间电容时比不考虑线间电容时，在同样情况下的这种过电压要低。还有，在振荡过程中过电压幅值的估算值由于实际线路的损耗也达不到此

数值。

（3）中性点接地方式。间歇电弧接地过电压仅存在于中性点不接地系统中。若将中性点直接接地，一旦发生单相接地，此时就是单相对地短路，接地点将流过很大的短路电流，不会出现间歇性电弧，从而彻底消除间歇电弧接地过电压。但由于接地点流过很大的短路接地电流，稳定的接地电弧不能自行熄火，必须由断路器跳闸将其尽快熄灭从而切除短路电流。这样，操作次数增多，并由此增加许多设备，又影响供电的连续性，所以在单相接地故障较为频繁的低电压等级（35kV 及以下）系统中仍不采用中性点直接接地。在中性点不接地系统中限制间歇电弧接地过电压的有效措施就是中性点经消弧线圈接地。

4. 消弧线圈及其对限制电弧接地过电压的作用

消弧线圈是一个接在中性点与地之间铁芯有气隙的电感线圈，其伏安特性相对来说不易饱和。下面分析消弧线圈是如何限制（降低）间歇电弧接地过电压的。在原中性点不接地系统的中性点与地之间接上一消弧线圈 L，如图 7.47a）所示。

同样假设 A 相发生电弧接地。A 相接地后，流过接地点的电弧电流除了原先的非故障相通过对地电容 C_2、C_3 的电容电流相量和 $(\dot{I}_B + \dot{I}_C)$ 之外，还包括流过消弧线圈 L 的电流（A 相接地后，消弧线圈上的电压即为 A 相电源电压）$\dot{I}_L$，根据如图 7.47b）所示的相量图分析，$\dot{I}_L$ 与 $(\dot{I}_B + \dot{I}_C)$ 相位反向，所以适当选择消弧线圈的电感量 L 值，亦即适当选择电感电流 $\dot{I}_L$ 的值，可使得接地电流 $\dot{I}_d = \dot{I}_L + (\dot{I}_B + \dot{I}_C)$ 的数值（称经消弧线圈补偿后的残流）减小到足够小，使接地电弧很快熄灭，且不易重燃，从而限制（降低）了间歇电弧接地过电压。

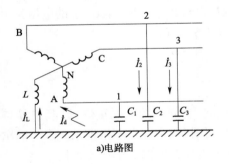

a)电路图

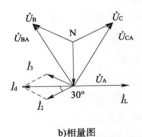

b)相量图

图 7.47　中性点经消弧线圈接地后的电路图及向量图

为了避免危险的中性点电压升高。最好使三相对地电容对称。因此在电网中要进行线路换位。但由于实际上对地电容电流受各种因素影响是变化的，且线路数目也会有所增减，很难做到各相电容完全相等，为此要求消弧线圈处于不完全调谐（全补偿）工作状态。

通常消弧线圈采用过补偿 5% ~ 10% 运行（即 $v = -0.05 \sim -0.1$）。之所以采用过补偿是因为电网发展过程中可以逐渐发展成为欠补偿运行，不至于像欠补偿那样因为电网的发展而导致脱谐度过大，失去消弧作用。其次是若采用欠补偿，在运行中部分线路可能退出，则可能形成全补偿，产生较大的中性点电压偏移，有可能引起零序网络中产生严重的铁磁谐振过电压。中性点经消弧线圈接地后，在大多数情况下能够迅速地消除单相的接地电弧而不破坏电网的正常运行，接地电弧一般不重燃，从而把单相间歇电弧接地过电压限制到不超过 2.5 倍数的数值。然而,消弧线圈的阻抗较大,既不能释放线路上的残余电荷,又不能降低过电压的稳态分量,因而对其他形式的操作过电压不起作用。

三、空载线路分闸过电压

1.过电压产生原因

空载线路的分闸(切除空载线路)是电网中最常见的操作之一。对于单端电源的线路,正常或事故情况下,在将线路切除时,一般总是先切除负荷,后断开电源,两端电源的线路,两断路器的跳开总是存在一定的差异(一般约为 0.01 ~ 0.05s),所以后断开的操作即为空载线路的分闸。运行经验表明,在 35 ~ 220kV 电网中,都曾因为切除空载线路时出现过电压而引起多次绝缘闪络和击穿。经统计,切除空载线路时出现的分闸过电压不仅幅值高,而且持续时间长,可达 0.5 ~ 1 个工频周期以上。所以在确定 220kV 及以下电网绝缘水平时,空载线路分闸过电压是最重要的操作过电压。空载线路分闸过电压是空载线路分闸操作时,在空载线路上出现的过电压。这是因为断路器分闸后,断路器触头间可能会出现电弧的重燃,电弧重燃又会引起电磁暂态的过渡过程,从而产生这种切除空载线路过电压。所以,产生这种过电压的根本原因是断路器开断空载线路时断路器触头间出现电弧重燃。切除空载线路时,流过断路器的电流为线路的电容电流,其比起短路电流要小得多。但是能够切断巨大短路电流的断路器却不一定能够不重燃地切断空载线路,这是因为断路器分闸初期,触头间恢复电压值较高,断路器触头间抗电强度耐受不住高幅值恢复电压而引起电弧重燃。

2.过电压产生的物理过程

空载线路是容性负载,定性分析时可用 T 型集中参数电路来等值,如图 7.48a)所示。图中 L_T 为线路电感,C_T 为线路对地电容,L_S 为电源系统等值电感(即发电机、变压器漏感之和),电源电势为 $e(t)$。图 7.48a)的电路可以进一步简化成图 7.48b)所示等值电路。下面就图 7.48b)所示的等值电路来分析空载线路分闸过电压的形成与发展过程。

设电源电势:

$$e(t) = E_m \cos\omega t$$

则电流:

$$i(t) = \frac{E_m}{X_{CT} - X_L}\cos(\omega t + 90°) \tag{7.56}$$

因此电流 $i(t)$ 超前电源电压 $e(t)$ 90°。

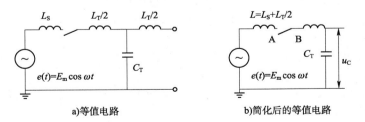

图 7.48 切除空载线路时的等值电路

在空载线路分闸过程中,电弧的熄灭和重燃具有很大的随机性,在我们以下的分析过程中,以产生过电压最严重的情况来考虑。

(1)$t = t_1$ 时,发生第一次熄弧

如图 7.49 所示,$t = t_1$ 时,$e(t) = -E_m$,由于电流 i 超前电压 u 90°,所以此时流过断路器的工频电流恰好为零。此时断路器分闸,断路器断口 A、B 间断流。若断路器不在 t_1 时刻分闸,设在 t_1 前工频半周内任何一个时刻分闸,只要不发生电流的突然截断现象,断路器断口间即是电弧电流,且总是要等到电流过零,即在 $t = t_1$ 时第一次熄弧。

断路器分闸后,线路电容 C_T 上的电荷无处泄漏,使得线路上保持这个残余电压 $-E_m$。即

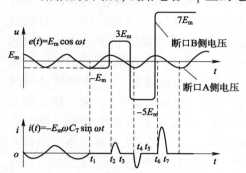

图 7.49 中断路器断口 B 侧对地电压保持 $-E_m$。然而断路器断口 A 侧的对地电压 u 在 t_1 之后仍要按电源做规律的余弦变化(见图 7.49 中的虚线),断路器触头间(即断口间)的恢复电压 u_{AB} 为:

$$u_{AB} = e(t) - (-E_m) = E_m(1 + \cos\omega t) \quad (7.57)$$

$t = t_1$ 时,$u_{AB} = 0$,随后恢复电压 u_{AB} 越来越高,在 $t = t_2$(再经过半个周期)时达到最大,为 $2E_m$。

在 t_1 之后若断路器触头间去游离能力很强,触头间抗电强度的恢复超过恢复电压的升高,则电弧

图 7.49 空载线路分闸过电压的产生过程

从此熄灭,线路被真正断开,这样无论在母线侧(即断口 A 侧)或线路侧(即断口 B 侧)都不会产生过电压。但若断路器断口间抗电强度的恢复赶不上断口间恢复电压的升高,断路器触头间(即断口间)可能发生电弧重燃。

(2)$t = t_2$ 时发生第一次重燃

电弧重燃时刻具有强烈的统计性,从而使这种过电压的数值大小也具有统计性。当考虑过电压最严重的情况时,假定在恢复电压 u_{AB} 达到最大时发生电弧重燃,也即在图 7.49 中 $t = t_2$ 时发生第一次电弧重燃。此刻电源电压 $e(t)$ 通过重燃的电弧突然加在 L_S 和具有初始值(U_0)为 $-E_m$ 的线路电容 C_T 上,并使其改变为 $+E_m(U_S)$ 状态,而此回路是一振荡回路,所以电弧重燃后将产生暂态的振荡过程,而在振荡过程中就会产生过电压。振荡回路的固有频率 $f_0 = \dfrac{1}{2\pi\sqrt{L_S C_T}}$ 要比工频 50Hz 大得多,因而 $T_0 = \dfrac{1}{f_0}$ 要比工频周期 0.02s 小得多,这样可以认为在暂态高频振荡期间电源电压 $e(t)$ 保持 t_2 时的值 E_m 不变,同时高频振荡过程可用图 7.50a)所示等值电路进行分析。振荡过程中线路上电压波形(即 C_T 上的电压波形)如图 7.50b)所示。若不计及回路损耗所引起的电压衰减,则线路上最大过电压幅值按下式计算:

$$U_m = 2U_S - U_0 = 2E_m - (-E_m) = 3E_m \quad (7.58)$$

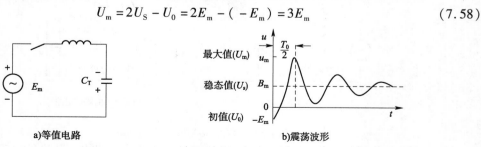

图 7.50 电弧重燃时的等值电路及震荡波形

（3）$t = t_3$ 时发生第二次熄弧

当线路上电压（即 C_T 上电压）振荡达到最大值 $3E_m$ 后，由于振荡回路中流过的是电容电流，当断路器中流过的高频振荡电流恰好为零时（t_3 时刻），电弧第二次熄灭（断路器试验的示波图表明，电弧几乎全部都在高频振荡电流第一次过零瞬间熄灭）。电弧第二次熄灭后，线路对地电压保持 $3E_m$，而断路器断口 A 侧的对地电压在 t_3 之后要按电源做规律的余弦变化（见图 7.49 中的虚线），断路器触头间恢复电压 u_{AB} 越来越高，再经半个工频周期将达最大（$4E_m$）。

（4）$t = t_4$ 时发生第二次重燃

考虑过电压最严重的情况，恢复电压 u_{AB} 达到最大 $4E_m$ 时发生电弧第二次重燃。电弧重燃后又要发生暂态的振荡过程，在此振荡过程中，C_T 上电压的初始值（U_0）为 $3E_m$，振荡过程结束后的稳态值（U_S）为 E_m，所以产生的过电压幅值（U_m）为：$U_m = 2U_S - U_0 = 2(-E_m) - 3E_m = -5E_m$。

假若继续每隔半个工频周期电弧重燃一次，则过电压将按 $3E_m$、$-5E_m$、$7E_m$……的规律变化，越来越高，直到触头已有足够的绝缘强度，电弧不再重燃为止。同样，在母线上也将出现过电压。

3. 影响过电压的因素

以上分析过程是理想化的，是考虑最严重的情况。在实际中，过电压将受一系列因素影响。

（1）断路器的性能

由于空载线路分闸过电压是由电弧重燃引起的，所以过电压与断路器的灭弧性能有很大关系。油断路器重燃次数较多，有时可达 $6 \sim 7$ 次，过电压往往较高；而 SF_6 断路器较油断路器灭弧性能更好，所以 SF_6 断路器基本不重燃，过电压也较低。当然，重燃次数不是决定过电压大小的唯一判据，另外还要看电弧重燃的时刻（重燃不一定发生在电源电压达到最大值时）以及电弧熄灭时刻（这决定线路上残余电压的高低），这两个因素具有很大随机性。但是，断路器灭弧性能差，重燃次数多，发生高幅值过电压的概率就大。

（2）母线出线数

当母线上有多回出线时，一路线路分闸，工频电流过零熄弧，分闸的空载线路电压 $-E_m$，但未分闸的其他线路将随电源电压变化，半个周期后断路器触头间出现幅值为 $2E_m$ 恢复电压，电弧可能重燃，在重燃的一瞬间，未断开的线路（电压为 E_m）上的电荷将迅速与断开线路（电压为 $-E_m$）上的残余电荷重合，使断开线路的残余电荷降为零（或为正），使得电弧重燃之后暂态过程中稳态值与起始值的差别减小，从而使过电压减小。

（3）线路负载及电磁式电压互感器

当线路末端有负载（如末端接有一组空载变压器）或线路侧装有电磁式电压互感器时，断路器分闸后，线路上残余电荷经由它们泄放，将降低线路上的残余电压，从而降低重燃后的过电压。

（4）中性点接地方式

中性点直接接地系统中，各相有自己的独立回路，相间电容影响不大，空载线路分闸过电压的产生过程如上所述。当中性点不接地或经消弧线圈接地时，由于三相断路器分闸的不同期性,会形成瞬间的不对称电路,使中性点发生偏移。三相间互相影响,使分闸时断路器中电弧的重燃和熄灭过程变得更复杂,在不利的条件下,会使过电压显著增高。一般比中性点直接接地时的过电压要高出 20% 左右。

另外,当过电压较高时,线路上出现电晕所引起的损耗,也是影响(降低)空载线路分闸过电压的一个因素。

4. 限制过电压措施

由于空载线路分闸过电压出现比较频繁,持续时间长(可达 1 ~ 2 个工频半波),且作用于全线路,所以它是选择线路绝缘水平和确定电气设备试验电压的重要依据。因此,限制这种过电压,对于保证电力系统安全运行和进一步降低电网绝缘水平具有十分重要的经济意义。目前,降低这种过电压的措施主要有以下几种。

(1)提高断路器灭弧性能

因为空载线路分闸过电压的主要成因是断路器开断后触头间电弧的重燃。那么限制这种过电压的最有效措施就是改善断路器的结构,提高触头间介质的恢复强度和灭弧能力,以减少或避免电弧重燃。现在我国生产的空气断路器、带压式灭弧装置的少油断路器以及 SF_6 断路器都大大改善了灭弧性能,减少了在开断空载线路时的电弧重燃。

(2)采用带并联电阻的断路器

通过断路器的并联电阻降低断路器触头间的恢复电压,避免电弧重燃,这也是限制这种过电压的一种有效措施。

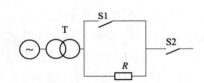

图 7.51 带并联电阻断路器限制空载
线路分闸过电压

如图 7.51 所示,在断路器主触头 S1 上并联一分闸电阻 R(约 3000Ω)和辅助触头 S2 以实现线路的逐级开断。线路分闸时,主触头 S1 先断开,此时 S2 仍闭合,由于 R 串在回路中从而抑制了 S1 断开后的振荡。而这时 S1 触头两端间的恢复电压是电阻 R 上的压降,其值较低,故主触头间电弧不易重燃。经 1.5 ~ 2 个工频周期,辅助触头断开,由于串入电阻后,线路上的稳态电压降低,线路上残余电压较低,故触头S2 上的恢复电压不高,S2 中的电弧也不易重燃。即使 S2 触头间发生电弧重燃,由于电阻的阻尼作用及对线路残余电荷的泄放作用,过电压也会显著下降。实践表明,即使在最不利情况下发生重燃,过电压实际也只有2.28 倍。

近年来我国在 110 ~ 220kV 线路上进行了一些实测,结果表明,使用重燃次数较多的断路器时,出现 3.0 倍过电压的概率为 0.86%;使用重燃次数较少的空气断路器时,出现 2.6 倍过电压的概率为 0.73%;使用油断路器时测得的最大过电压为 2.8 倍;当使用有中值和低值并联电阻断路器时,过电压被限制到 2.2 倍以下;在中性点不接地和经消弧线圈接地电网中,这种过电压一般不超过 3.5 倍。在 110 ~ 220kV 系统中这种过电压低于线路绝缘水平,所以国生产的 110 ~ 220kV 系统的各种断路器一般不加并联电阻。在超高压电网中,断路器都带有并联电阻,从而基本上消除了电弧的重燃,也就基本上消除了这种过电压,如在 330kV 线路上测到这种过电压最大仅为 1.19 倍。

四、空载线路合闸过电压

1. 过电压产生原因

空载线路的合闸有两种情况,即计划性合闸和故障跳闸后的自动重合闸。由于合闸初始条件的不同,过电压大小是不同的。空载线路无论是计划性合闸还是自动重合闸,合闸之后都要发生电路状态的改变,又由于 L、C 的存在,这种状态改变,即从一种稳态到另一稳态的暂态过程表现为振荡型的过渡过程,而过电压就产生于这种振荡过程中。振荡过程中最大过电压幅值同样可用式(7.58)估算。

2. 过电压产生的物理过程

(1)计划性合闸

在计划性合闸时,线路上不存在接地,线路上初始电压(U_0)为零。断路器合闸后,电源电压通过系统等值电感 L_S 对空载线路的等值电容 C_T 充电,若合闸瞬间电源电压刚好为零则合闸后直接进入稳态而无暂态过程,若合闸时电源电压(U_S)非零,则合闸后回路中将发生高频振荡过程。考虑过电压严重的情况,即在电源电压 $e(t)$ 为幅值 E_m(或 $-E_m$)时合闸,则根据式(7.54)合闸最大过电压幅值

$$U_m = 2(U_S) - U_0 = 2E_m - 0 = 2E_m(或 -2E_m)$$

考虑回路中存在损耗,最严重的空载线路合闸过电压要比 $2E_m$(或 $-2E_m$)低。

(2)自动重合闸

自动重合闸是线路发生故障跳闸后,由自动装置控制而进行的合闸操作,这是中性点直接接地系统中经常遇到的一种操作。如图 7.52 所示,某相(假设 C 相)接地后,断路器 QF1、QF2 跳闸,经 Δt 时间间隔后,QF1、QF2 先后自动合闸,则先合闸的动作属于空载合闸。假如 QF2 先跳开,之后 QF1 再跳闸,流过断路器 QF1 中健全相的电流是线路电容

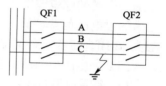

图 7.52　自动重合闸示意图

电流,故当电流为零,电压达幅值 E_m 时(两者相位差 90°),断路器 QF1 熄弧。因此断路器 QF1 跳闸熄弧后,线路上残余电压也将为此值。

当断路器空载合闸时,考虑过电压最严重的情况,即重合闸时电源电压恰好与线路残余电压极性相反且为幅值(如 $U_S = -E_m$,$U_0 = E_m$),则合闸时过渡过程中最大过电压为:

$$U_m = 2(U_S) - U_0 = 2(-E_m) - E_m = -3E_m(或 E_m)$$

在实际情况下,在断路器空载重合前,线路上的残余电荷将通过线路泄漏电阻入地,使线路残余电压有所下降,残余电压下降的速度与线路绝缘子污秽情况、气候条件有关。另外在重合闸时刻电源电压不一定恰好在幅值,也并不一定与线路残余电压极性相反,因此过电压的数值要低于此值。

若线路不采用三相重合闸,只是故障相跳闸与重合闸,则重合闸过电压与计划性合闸过电压相同,因重合的故障相上无残余电压。

3. 影响过电压的因素

(1)合闸相位

由于断路器在合闸时有预击穿现象,即在机械上断路器触头未闭合前,触头间的电位差已

足够击穿介质使触头在电气上先行接通。因而,较常见的合闸是在接近最大电压时发生的。对油断路器的统计表明,合闸相位多半处在最大值附近的±30°范围之内。但对于快速的空气断路器与 SF_6 断路器,预击穿对合闸相位影响较小,合闸相位的统计分布较均匀,既有0°时的合闸,也有90°时的合闸。

(2)线路残余电压的大小与极性

这对重合闸过电压影响甚大。残余电压大小取决于故障引起分闸后健全相上残余电荷的泄漏速度,这与线路绝缘子的污秽状况、大气湿度、雨雪等情况有关,在0.3~0.5s重合闸时间内,残余电压一般可下降10%~30%。

另外,空载线路合闸过电压还与系统参数、电网结构、断路器合闸时三相的同期性、母线的出线数、导线的电晕等因素有关。

4.限制过电压措施

(1)采用带并联电阻的断路器

这是目前限制合闸过电压特别是重合闸过电压的主要措施。与图7.52相同,在断路器主触头S1上并联一合闸电阻(数百欧)与辅助触头S2以实现线路的逐级合闸。线路合闸时,主辅触头动作次序与分闸时相反。合闸时,辅助触头S2先闭合,电阻 R 的串入对回路中的振荡过程起阻尼作用,使过渡过程中过电压降低,电阻越大阻尼作用越强,过电压也就越低。经1.5~2个工频周期左右,主触头S1闭合,将合闸电阻 R 短接,完成合闸操作。由于S1闭合前主触头两端的电位差即 R 上的压降,而 R 上压降由于之前的振荡被阻尼而较低,所以S1闭合之后的过电压也就较低。很明显,此时 R 越小,S1闭合后过电压越低。从以上分析可见,辅助触头S2闭合时要求合闸电阻 R 大,而主触头S1闭合时要求合闸电阻小,两者综合考虑时,可以找到某一电阻值,在此电阻值下,可将合闸过电压限制到最低。

(2)消除和削弱线路残余电压

采用单相自动重合闸后完全消除了线路残余电压,重合闸时就不会出现高值过电压。而线路侧装有电磁式电压互感器时,通过泄放线路上的残余电荷,有助于降低重合闸过电压。

(3)同步合闸

通过专门装置控制,使断路器触头间电位差接近于零时完成合闸操作,使合闸暂态过程降低到最微弱的程度,从而基本消除合闸过电压。

(4)安装避雷器

采用熄弧能力较强,通流容量较大的磁吹避雷器、复合型避雷器或氧化锌避雷器作为这种过电压的后备保护。

此外,对于两端供电的线路,先合闸系统电源容量较大的一端,后合闸电源容量较小的一端,有利于降低合闸过电压,因为合闸过电压是叠加在工频电压基础之上的。

近年来,我国在220kV线路上做了不少试验,综合这些试验数据,得出的最大合闸过电压倍数见表7.17,在超高压电网中,断路器都采用了带并联电阻,合闸过电压一般不超过2.0倍。

位置	母线	线首	线末
合闸过电压	1.50	1.86	1.92
重合闸过电压	2.50	2.61	2.97

五、切除空载变压器过电压

1. 过电压产生原因及物理过程

切除空载变压器也是一种常见的操作，用断路器切除空载变压器时可能出现幅值较高的过电压。同样，切除电抗器、电动机、消弧线圈等电感性负荷时也会产生类似的过电压。图 7.53 为切除空载变压器的等值电路。

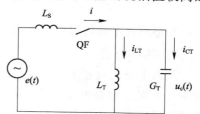

图中 L_T 为空载变压器的励磁电感，C_T 为变压器的等值对地电容，L_S 为母线侧电源的等值电感，QF 为断路器。

图 7.53　切除空载变压器的等值电路

空载变压器切除前，流过空载变压器的电流（空载电流）几乎就是流过电感的励磁电流（$X_{CT} \gg X_{LT}$），而且仅为变压器额定电流的 $0.5\% \sim 4\%$，小的甚至只有 0.3%。断路器的灭弧能力是按切断大的电流（如短路电流）设计的，在切断大电流时，断路器分闸后触头断口间仍有电弧，这种电弧要到工频电流过零时熄灭，此时等值电感 L_T 中贮藏的磁场能量为零，在切除过程中不会产生过电压。但是当断路器切断相对很小的空载励磁电流时，灭弧能力显得异常强大从而使空载电流未到零之前就发生熄弧，造成这种空载电流从某一数值突然降至零，这就是所谓的空载电流的突然"截断"。由于这种电流的"截断"使得截断前 L_T 中的磁场能量全部转变成截断后 C_T 中的电场能量，从而产生这种切空载变压器过电压。

设空载电流 $i = I_0$ 时发生截断（即由 I_0 突然至零），$I_0 = I_m \sin\alpha$（α 为截流时的相角），此时电源电压为 U_0，$U_0 = U_m \sin(\alpha + 90°) = -U_m \cos\alpha$（空载励磁电流滞后电源电压 $90°$）。截流前瞬时回路总能量为：

$$\frac{1}{2}L_T I_0^2 + \frac{1}{2}C_T U_0^2 = \frac{1}{2}L_T I_m^2 \sin^2\alpha + \frac{1}{2}C_T(-U_m)^2 \cos^2\alpha$$

电流截断瞬时，L_T 中能量全部转变成电容 C_T 中的能量，此时电容上电压达到最大，设为 U_C，则根据能量守恒：

$$\frac{1}{2}C_T U_C^2 = \frac{1}{2}L_T I_m^2 \sin^2\alpha + \frac{1}{2}C_T(-U_m)^2 \cos^2\alpha$$

考虑 $I_m \approx \dfrac{U_m}{2\pi \cdot f L_T}$，$f_0 \dfrac{1}{2\pi}\dfrac{1}{\sqrt{L_T C_T}}$（自振频率）有：

$$U_C = U_m \sqrt{\cos^2\alpha + \left(\frac{f_0}{f}\right)^2 \sin^2\alpha}$$

过压倍数：

$$K = \frac{U_C}{U_m} = \sqrt{\cos^2\alpha + \left(\frac{f_0}{f}\right)^2 \sin^2\alpha} \tag{7.59}$$

实际上,磁场能量转化为电场能量的过程中必然有损耗,这可通过引入一转化系数 $\eta_m(\eta_m < 1)$ 加以考虑,则:

$$K = \sqrt{\cos^2\alpha + \eta_m\left(\frac{f_0}{f}\right)^2\sin^2\alpha} \tag{7.60}$$

转化系数 η_m 一般小于 0.5,国外大型变压器实测数据在 0.3 ~ 0.45 之间,自振频率 f_0 与变压器的参数和结构有关,通常为工频的 10 倍以上,但超高压变压器则只有工频的几倍。显然当空载励磁电流在幅值处被截断,即 $a = 90°$ 时过电压数值达到可能的最大值,所以:

$$K = \sqrt{\eta_m\frac{f_0}{f}} \tag{7.61}$$

2. 影响过电压的因素及限压措施

（1）影响因素

从以上分析可看出,切除空载变压器过电压的大小与空载电流截断值以及变压器的自振频率 f_0 有关。空载电流的截断值与断路器的灭弧性能有关。灭弧性能差的断路器（尤其是多油断路器）,由于电流的截断值小,切空载变压器时过电压较低,而灭弧性能好的断路器（如空气断路器、SF_6 断路器）,由于截流能力强,切空载变压器时过电压较高。另外,当断路器去游离作用不强时（由于灭弧能力差）,截流后在断路器触头间可引起电弧重燃,而这种电弧的重燃使变压器侧的电容电场能量向电源释放,从而降低这种过电压。

使用相同断路器,即在相同截流下,当变压器引线电容较大时（如空载变压器带有一段电缆或架空线）,使等值电容加大,过电压降低。对切除 110 ~ 220kV 空载变压器做过的不少试验表明,在中性点直接接地的电网中,这种过电压一般不超过 3 倍相电压;在中性点不接地电网中,一般不超过 4 倍相电压。

（2）限压措施

目前,限制切除空载变压器的主要措施是采用阀型避雷器。切空变过电压虽然幅值较高,但由于其持续时间短,能量小（要比阀型避雷器允许通过的能量小一个数量级）,故可用阀型避雷器加以限制。用来限制切空变过电压的避雷器应接在断路器的变压器侧,否则在切空变时将使变压器失去避雷器的保护。另外,这组避雷器在非雷雨季节也不能退出运行。如果变压器高低压侧电网中性点接地方式一致,那么可不在高压侧而只在低压侧装阀型避雷器,这就比较经济方便。如果高压侧中性点直接接地,而低压侧电网中性点不是直接接地的,则只在变压器低压侧装避雷器时,应装磁吹阀型避雷器或氧化锌避雷器。

课后习题

1. 雷云对地放电的过程分为哪几个阶段？各有什么特点？
2. 简要说明行波沿无损导线传播时为什么会产生折射和反射？
3. 某变电所母线上接有三路出线,其波阻抗均为 500Ω。
   （1）设有峰值为 1000kV 的过电压波沿线路侵入变电所,求母线上的电压峰值。
   （2）设上述电压同时沿线路 1 及 2 侵入,求母线上的过电压峰值。

4. 如题 4 图所示,线路 B 端为短路状态时,试画出 S 闭合后线路中点 C 的电压和电流波形。

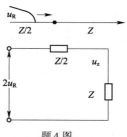

5. 排气式避雷器的构造和工作原理是怎样的？ 试分析与保护间隙的相同与不同点。

6. 试全面比较阀式避雷器与氧化锌避雷器的性能。

7. 在过电压保护中对避雷器有哪些要求？ 这些要求是怎样反映到阀式避雷器的电气特性参数上来的？

题 4 图

8. 某原油罐直径 ϕ 为 10m,高出地面 h_x 为 10m,若采用单根避雷针保护,且要求避雷针与罐距离 S 不得少于 5m,试计算该避雷针的高度。

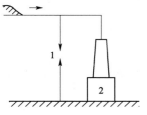

9. 试计算题 9 图所示接地装置在流经冲击电流为 40kA 时的冲击接地电阻,垂直接地体为直径 1.8cm 的圆管,长 3m,土壤电阻率 ρ 为 $2 \times 10^2 \Omega \cdot m$,接地装置的冲击系数 a_{ch} 为 0.65,利用系数 η 为 0.75。

10. 输电线路防雷的基本措施是什么？

11. 35kV 及以下的输电线路为什么一般不采取全线架设避雷线的措施？

题 9 图　保护间隙与被保护设备
1-保护间隙;2-被保护设备

12. 某 35kV 水泥杆铁横担线路结构如题 12 图所示。导线弧垂为 3m,导线型号为 LJ-50 型,绝缘子串由 3XX-4.5 组成,其长度为 0.6m,50% 放电电压为 350kV,水泥杆无人工接地,自然接地电阻为 20Ω。试计算其耐雷水平和雷击跳闸率。

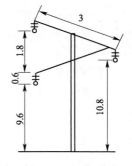

13. 阀式避雷器与被保护设备间的电气距离对其保护作用有什么影响？

14. 一般采取什么措施来限制流经避雷器的雷电流使之不超过 5kA,若超过则可能出现什么后果？

题 12 图　35kV 杆塔(单位:m)

15. 说明变电所进线保护段的作用及对它的要求。

16. 试述变电所进线保护段的标准接线中各元件的作用。

17. 说明直配电机防雷保护的基本措施及其原理,以及电缆段对防雷保护的作用。

18. 内过电压的分类。

19. 工频电压升高是怎样产生的。

20. 由空载线路电容效应引起工频电压升高的影响因素。

21. 消弧线圈的作用及消弧线圈补偿度的选择。

22. 对用来限制操作过电压避雷器的要求。

23. 比较断路器灭弧性能对切除空载线路和对切除空载变压器过电压的影响。

参 考 文 献

[1] 安顺和. 电工安全操作实用技术手册[M]. 北京:机械工业出版社,2005.

[2] 李树海. 电工[M]. 北京:化学工业出版社,2009.

[3] 张梦欣. 安全用电[M]. 北京:中国劳动保障出版社,2011.

[4] 国家电网公司. 国家电网公司电力安全工作规程[M]. 北京:中国电力出版社,2005.

[5] 陈化钢,等. 高低压开关电器故障诊断与处理[M]. 北京:中国水利水电出版社,2000.

[6] 蓝小萌. 电业安全[M]. 北京:中国电力出版社,2007.

[7] 人力资源和社会保障部教材办公室. 安全用电[M]. 北京:中国劳动社会保障出版社,2001.

[8] 王川波. 高电压技术[M]. 北京:中国电力出版社,1994.

[9] 邱毓昌,施围,张文元. 高电压工程[M]. 西安:西安交通大学出版社,1997.

[10] 常美生. 高电压技术[M]. 北京:中国电力出版社,2007.

[11] 文远芳. 高电压技术[M]. 北京:中国电力出版社,2007.

[12] 山西省电力公司. 电气安全工器具[M]. 北京:中国电力出版社,2001.

[13] 李健民,罗军. 安全用电[M]. 北京:中国铁道出版社,2011.